长江上游梯级水库群多目标联合调度技术丛书

长江上游降水径流预报与水库群蓄水联合优化调度策略

郭生练　吴旭树　陈柯兵　何绍坤　著

中国水利水电出版社
www.waterpub.com.cn
·北京·

内 容 提 要

本书系统地介绍了长江上游降水径流预报与水库群蓄水联合优化调度的理论方法和研究进展，通过大量的文献资料综述和长江上游流域和水库群的应用示范，对中长期降水径流预报和水库群蓄水联合优化调度等关键技术开展了研究。主要内容包括：长江上游降水时空变化规律和特征，长期降水预报方法研究与应用，ECMWF 降水预报产品评估和校正，洪水遭遇研究理论和方法，汛期洪水分期计算，水库群蓄水调度模型与次序策略，多目标高效求解算法，水库群提前蓄水联合优化调度，基于月降雨径流预报判定三峡水库蓄水时机，溪洛渡-向家坝-三峡水库蓄水联合调度方案，金沙江下游梯级与三峡水库蓄水调度及其影响。书中介绍的方法客观全面，既有新理论方法介绍，又便于实际操作应用；在确保防洪安全的前提下，可显著地提高水库群的综合利用效益。

本书适用于水利、电力、交通、地理、气象、环保、国土资源等领域的广大科技工作者、工程技术人员参考使用，也可作为高等院校高年级本科生和研究生的教学参考书。

图书在版编目（C I P）数据

长江上游降水径流预报与水库群蓄水联合优化调度策略 / 郭生练等著. -- 北京：中国水利水电出版社，2020.12

（长江上游梯级水库群多目标联合调度技术丛书）

ISBN 978-7-5170-9320-6

Ⅰ. ①长… Ⅱ. ①郭… Ⅲ. ①长江流域－上游－降水预报－关系－水库蓄水－并联水库－水库调度－研究②长江流域－上游－径流预报－关系－水库蓄水－并联水库－水库调度－研究 Ⅳ. ①TV697.1②P457.6③P338

中国版本图书馆CIP数据核字(2020)第270104号

审图号：GS（2021）6200 号

书　　名	长江上游梯级水库群多目标联合调度技术丛书 **长江上游降水径流预报与水库群蓄水联合优化调度策略** CHANG JIANG SHANGYOU JIANGSHUI JINGLIU YUBAO YU SHUIKUQUN XUSHUI LIANHE YOUHUA DIAODU CELÜE
作　　者	郭生练　吴旭树　陈柯兵　何绍坤　著
出版发行	中国水利水电出版社 （北京市海淀区玉渊潭南路 1 号 D 座　100038） 网址：www. waterpub. com. cn E-mail：sales@waterpub. com. cn 电话：（010）68367658（营销中心）
经　　售	北京科水图书销售中心（零售） 电话：（010）88383994、63202643、68545874 全国各地新华书店和相关出版物销售网点
排　　版	中国水利水电出版社微机排版中心
印　　刷	北京印匠彩色印刷有限公司
规　　格	184mm×260mm　16 开本　17 印张　414 千字
版　　次	2020 年 12 月第 1 版　2020 年 12 月第 1 次印刷
印　　数	0001—1000 册
定　　价	**158.00 元**

凡购买我社图书，如有缺页、倒页、脱页的，本社营销中心负责调换

随着长江上游大型梯级水库群的开发与建设，以三峡工程为核心的干支流控制性水库群已形成规模，并在我国水资源、水电能源、水生态安全格局中发挥着关键作用。水库群通过蓄放水操作改变水资源时空分布格局，从而实现防洪、发电、供水、生态和航运等功能和效益。水库的汛末提前蓄水关系到水库供水期的兴利效益，其中最为关键的影响因素为水库的起蓄时机及蓄水进程。水库汛末起蓄时机的确定需要综合考虑防洪风险、水库蓄满率、航运、发电及生态蓄水量等多种因素，是一个复杂且亟待解决的科学问题。每年汛末期在制定面临年份的蓄水调度规则时，还需要根据短期、中期及长期气象水文预报结果，在确保水库及上下游地区防洪安全的前提下，考虑分期控制蓄水位上限的约束，尽可能提前蓄水和提高水库的蓄满率，以增加非汛期水资源有效供给，满足和改善下游用水需求缺口，提高水库群的综合利用效益。作者及其课题组积极参与该领域的多项课题研究与应用实践，与同事和研究生们一起，发表了100多篇学术论文，积累了丰富的经验和知识。

本书是在综合国内外许多资料的基础上，经过反复酝酿而写成的，其中一些章节融入了作者十多年来的主要研究成果。本书的第1章论述国内外有关水库群蓄水联合调度存在的问题和研究进展；第2章分析长江上游降水时空变化规律和特征；第3章开展长江上游长期降水预报方法研究与应用；第4章评估和校正长江上游ECMWF降水和径流预报产品；第5章基于Copula函数的洪水遭遇研究理论和方法；第6章对干支流水文控制站汛期洪水进行分期；第7章给出水库群蓄水调度模型与次序策略；第8章对比水库群多目标高效求解算法；第9章探讨长江上游水库群提前蓄水联合优化调度技术；第10章基于月降雨径流预报判定三峡水库蓄水时机；第11章提出溪洛渡-向家坝-三峡水库提前蓄水联合调度方案；第12章开展金沙江下游梯级与三峡水库蓄水联合调度及其影响研究。本书的出版，希望能为我国进一步开展中长期降水径流预测预报和水库群提前蓄水联合优化调度研究起到一个抛砖引玉的作用。

本书是在"十三五"国家重点研发计划项目"长江上游梯级水库群多目标联合调度技术"（2016YFC0402206）资助下完成的。全书由郭生练负责统稿，吴旭树、陈柯兵、何绍坤参与了部分章节的编写。武汉大学水资源与水电工程科学国家重点实验室的周研来、杨光、刘章君、巴欢欢、熊丰、张剑亭等参与了部分研究工作。

长江规划勘测设计研究院等合作单位提供了许多资料和技术支持；武汉大学王俊教授、熊立华教授、刘攀教授等专家学者对本书进行了评审，提出了许多宝贵的意见和建议。在此一并感谢。

由于作者水平有限，编写时间仓促，书中难免存在缺陷和不妥之处，有些问题有待进一步深入探讨和研究；在引用文献时，也可能存在挂一漏万的问题，希望读者和有关专家批评指出，请将意见反馈给作者，以便今后改正。

作者

2020 年 8 月于武汉珞珈山

目录

第 1 章

概　　述

随着长江上游大型梯级水库群的开发与建成，以三峡工程为核心的干支流控制性水库群已形成规模，并在我国水资源、水电能源、水生态安全格局中发挥着关键作用。水库群通过蓄放水操作改变水资源时空分布格局，从而实现防洪、发电、供水、生态和航运等功能和效益。水库的汛末提前蓄水关系到水库供水期利用效益的正常发挥，其中最为关键的影响因素为水库起蓄时机及蓄水进程。水库汛末起蓄时机的确定需要综合考虑防洪风险、水库蓄满率、航运、发电及生态蓄水量等多种因素，是一个复杂的且亟待解决的科学问题。

1.1　水库群蓄水联合调度存在的问题

现行蓄水期调度方案多采用等水位蓄水方案，即从开始蓄水至蓄水期末这段时间内，水库水位等量上升，至蓄水期末到达正常蓄水位。这种形式的蓄水方案常导致汛末蓄满率较低，原因在于，水库的库容分布呈 V 形，即对应同样的水位增幅，底部的库容增量小于上部的库容增量，而汛末蓄水期前期来水较多，后期逐渐减少，因此，等水位蓄水的方式导致前期大量来水直接下泄，后期来水不足无法蓄满。此外，长江上游水库群汛末蓄水期的调度方案均为单独设计，很少考虑流域内其他已建或在建水库的相互作用，无法充分发挥整体效益。当前情况下，对于规模巨大的水库群，尚未有一种有效的调度形式能够实现复杂串并联水库群的整体联合调度。

复杂串并联水库群的优化求解问题属于具有高维度、非线性、多目标等特性的复杂优化问题，无法采用常规优化算法如动态规划（DP）、单纯形法、解析法等进行求解。目前在水库群优化调度问题中有着较为广泛应用的方法是第二代非支配排序遗传算法（NSGA-Ⅱ）、多目标粒子群算法（MPSO）、差分演化算法（DEMO）、Pareto 储存式动态维度搜寻（PA-DDS）等。对于多目标优化性能的评价则主要从收敛性和分布性这两个方面来考虑，收敛性是指求解的最优解与非劣最优解的趋近程度，分布性则是指所求解的空间分布范围大小及其在目标空间分布的均匀程度。

1.2　水库提前蓄水优化调度研究进展

水库汛末提前蓄水关系到水库供水期的兴利效益，其中最为关键的影响因素为水库的起蓄时机及蓄水进程。水库汛末起蓄时机的确定需要综合考虑防洪风险、水库蓄满率、航运、发电及生态蓄水量等多种因素，是一个复杂的且亟待解决的科学问题。每年汛末期在制定面临年份的蓄水调度规则时，还需要根据短期、中期及长期气象水文预报结果，在确保水库及上下游地区防洪安全的前提下，在分期控制蓄水位的约束下，尽可能减少弃水，抬高水库的蓄水位，以利于水库尽快蓄满，抬高发电水头，减少枯水期的蓄水量，更有利于改善下游地区的用水缺口，从而提高水库的综合利用效益。下面从提前蓄水防洪安全及常用优化调度方式展开论述。

1. 提前蓄水防洪安全

为使水库能按设计条件发挥其防洪、发电、航运等综合利用效益，汛末提前蓄水是实现洪水资源化的有效途径。但提前蓄水期间会占用一部分的防洪库容，可能会增加一定的防洪风险。因此，确保蓄水期间的防洪安全是水库汛末提前蓄水的前提条件。

纪恩福等[1]针对岗南水库多年运行水位达不到正常蓄水位这一问题，采用风险效益的分析法，对岗南水库提高汛限水位的可能性进行了研究，切合实际地给出了合理的汛限水位，使水库蓄水期的起蓄水位抬高，提高了水库的兴利效益。李义天等[2-3]在分析三峡水库洪水的基础上，提出了9月分旬控制蓄水的方案，并且还全面比较了三峡水库汛末推迟蓄水方案和提前蓄水方案对三峡工程防洪、发电及航运的影响，对各蓄水方案的综合效益进行初步评价，归纳了各蓄水方案的利弊。彭杨等[4]通过对三峡水库汛末分期设计洪水进行调洪演算，计算得到了不同提前蓄水方案下的防洪风险率及其相应的风险损失，并以此为基础，建立了三峡水库蓄水期的水沙联合调度模型，较好地解决了不同蓄水方式下，三峡水库的防洪、发电及航运等多目标决策问题。郭家力等[5]基于贝叶斯方法，建立了水文防洪风险分析模型，采用多输入单输出系统模型把出库流量演进至防洪控制点。根据拟订的提前蓄水方案，选用实测的60年日径流资料分别计算了提前蓄水和非提前蓄水两种情况下的风险率。研究发现，三峡水库提前蓄水并未增加长江中游荆江河段的防洪风险。李雨等[6]建立了三峡水库提前蓄水的防洪风险与效益分析模型，对多组分台阶蓄水方案，从防洪风险和蓄水效益两个方面进行了优选，并推荐三峡水库可从9月1日及以后开始蓄水。欧阳硕等[7]针对流域干支流梯级水库群汛末竞争性蓄水这一工程问题，在保证防洪安全的前提下，将流域水库群蓄水原则与 K 值判别式法相结合，提出了一种新的蓄放水策略来判定流域梯级水库各水库的蓄水时机和次序，但其仅仅是生成了梯级水库群联合蓄水调度的非劣质解集，并没有提出能权衡好防洪、发电、航运等多目标的蓄水决策方案。

2. 直接优化调度图

提前蓄水常用优化方式为直接优化蓄水调度控制线，与优化水库调度图方法一致。张铭等[8]基于DPSA逐次逼近动态法，在满足保证率要求前提下以多年平均发电量为目标对水库调度图进行优化，验证了模型和算法的有效性和可行性；刘攀等[9]根据三峡水库运行初期的调度规则建立了动态汛限水位和蓄水时机优化的实时调度模型，利用历史实测资料以防洪、发电和航运等指标进行多目标优化，运用模糊决策的方法对得到的非劣解集进行分析，得到了相对合理的动态汛限水位与蓄水时机方案；黄强等[10]采用基于模拟的优化方法直接对梯级总调度图和一连串的单一水库调度图进行优化，来挖掘梯级水库联合优化调度规则；李玮等[11]将各单一水库调度图划分为若干梯级总出力控制区并进行联合优化，通过对比各调度图并按照一定规则确定梯级时段总出力，然后采用库容效率系数法分配各电站出力进行补偿调度。在防洪调度规则提取方面，刘招等[12]采用基于模拟的方法对防洪预报调度图进行了优化，效果较好；刘心愿等[13]采用"优化-模拟-检验"模式对采用考虑综合利用要求的三峡水库汛末提前蓄水方案进行了研究，既确保防洪安全又能最大限度挖掘综合利用效益，为研究水库汛末蓄水调度问题提供了一种新的思路和方法；刘心愿等[14]采用"优化-模拟-检验"模式研究了三峡水库的汛期防洪优化调度图，结果表明能在防洪安全的前提下实现效益的最大化。

3. 拟合调度函数

水库调度函数是最常用的一种优化调度规则提取方法，在水库调度规则提取研究中应用最为广泛，也取得了大量研究成果。张勇传等[15]提出水库群优化调度函数及其参数识别方法，并成功应用于水库群优化调度；陈洋波和陈惠源[16]采用聚合分解法，探讨了水库群隐随机优化联调函数；姚华明等[17]提出考虑状态与短期径流预报共同作用的水库系统补偿调节实时调度函数，能直接提供水库群系统最优决策向量，比单库常规调度图操作更加全面，精度也较高；黄强和王世定[18]研究了采用逐步优化算法来获取水库线性和非线性调度规则的方法；万俊等[19]采用隐随机优化法对一综合利用水库群系统进行求解，采用多元线性回归的方法制定出每个时段的调度函数及相应调度规则；袁宏源等[20]考虑到水文现象的连续性讨论了一种更适合于水资源系统优化运行决策规则制作的时间序列模型——混合回归疏系数模型，该模型能充分反映水库群最优运行的规律，在一定程度上克服了逐步回归法和多变量自回归模型的缺陷，且求解灵活、操作方便；裘杏莲等[21]提出了调度函数与充分考虑系统特点的时空分区控制规则相结合的优化调度模式，提高了确定性优化调度方法的实用性和有效性；马细霞等[22]采用确定性动态规划方法和多元回归的方法来制定每个时段的调度函数；雷晓云等[23]基于目标规划模拟法得到了水库群多级保证率优化调度函数，并证明了其在水库群联合调度中的合理可行性；高似春等[24]以确定性优化方法为基本途径，以回归分析为基本手段，并利用基于模拟运行与确定性优化调度的迭代算法，来寻求合理的、有效的可指导水库实际运行的调度规则；周晓阳等[25]基于辨识型优化调度理论，通过综合若干合理的水库调度原则建立了梯级水库的非线性实时调度函数，并通过参数辨识优选出调度规则，可以减轻"维数灾"效应；任德记和陈洋波[26]基于隐随机优化方法，采用完全多项式和广义线性多项式优化出最优决策规律，得到较好的调度效果；李承军等[27]提出了双线性调度函数，并证实了其有效性。

1.3　长江上游水库群概况

1. 长江上游自然地理特征分析

三峡工程坝址宜昌以上为长江上游（$25°\sim35°N$，$95°\sim112.5°E$，图1.1），河道全长约4500km，多年平均流量为14300m^3/s，多年平均年径流量为4510亿m^3，控制流域面积约100万km^2，约占长江全流域面积的55%以上。该部分河段的落差大、峡谷深、水流湍急，主要支流有雅砻江、岷江、嘉陵江、乌江等。长江上游流域覆盖面积宽广，包含青藏高原，东至湖北宜昌，北到陕西南部，南至云南以及贵州北部的广大地区，涉及青海、西藏、四川、云南、贵州、重庆、陕西、湖北等多个省（自治区、直辖市）。

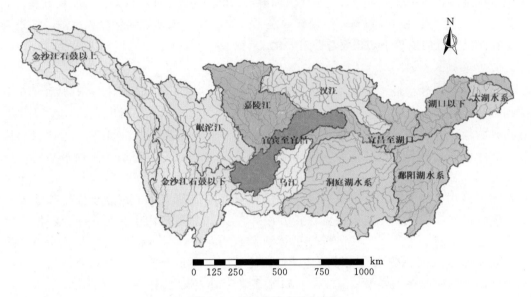

图 1.1　长江流域水系分布图

长江上游大部分地区年降水量为 800～1600mm，降水年内分布十分不均。冬季（12月至次年 1 月）降水量为全年最少。春季（3—5 月）降水量逐月增加。8 月，主要雨区已由中下游推移至长江上游，四川盆地西部月降水量超过 200mm。秋季（9—11 月），各地降水量逐月减少，大部分地区 10 月降水量比 7 月减少 100mm 左右。连续最大 4 个月降水量占全年总量的百分率为 60%～80%，出现时间大多在 6—9 月。月最大降水量多出现在7—8 月，占全年总量的 40% 左右。在雅砻江下游、渠江、乌江东部及汉江上游，9 月降水量大于 8 月。

长江上游河段蕴藏着丰富的水能资源，可能开发水能资源装机容量约 2.1 亿 kW，对应年发电量约 10400 亿 kW·h，分别占全国和长江流域的 47.5% 和 89%，存在巨大水能资源挖掘潜力。

2. 长江上游水库群简介

我国在长江上游规划建设了长江三峡、金沙江溪洛渡、向家坝等一批库容大、调节性能好的水库，已建成或在建、规划中的主要水库共计 30 座（水库群概化图见图 1.2），总调节库容高达 1566 亿 m³，其中预留防洪库容 519 亿 m³，装机规模超过 1 亿 kW，均占长江上游总量的 90% 以上。各水库主要特征参数详见表 1.1。长江上游水库群的调度主要是依据《长江流域综合规划（2012—2030 年）》《长江流域防洪规划》以及国家防汛抗旱总指挥部办公室批复的《2018 年度长江上中游水库群联合调度方案》。

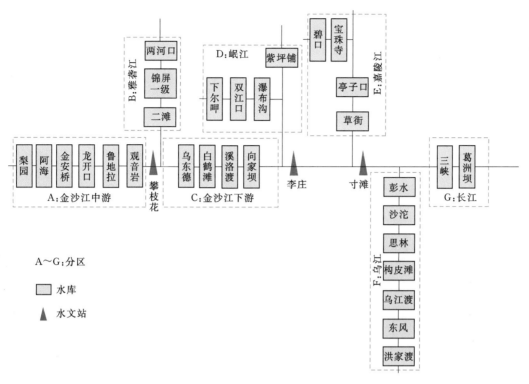

图 1.2　长江上游干支流水库群概化图

表 1.1　　　　　　　　　　　长江上游 30 座水库主要特征参数

序号	水系名称	水库名称	控制流域面积 /万 km²	调节库容 /亿 m³	防洪库容 /亿 m³	调节性能	装机容量 /GW
1	长江	三峡	100	165	221.5	不完全年调节	22.50
2		葛洲坝	100	0.85（反调节库容）		日调节	2.72
3	金沙江	梨园	22	0.83	1.73	周调节	2.40
4		阿海	23.54	2.38	2.15	日调节	2.00
5		金安桥	23.74	3.46	1.58	周调节	2.40
6		龙开口	24	1.13	1.26	日调节	1.80
7		鲁地拉	24.73	3.76	5.64	日调节	2.16
8		观音岩	25.65	5.55	5.42/2.53	不完全年调节	3.00
9		乌东德	40.61	26.0	24.40	季调节	10.20
10		白鹤滩	43.03	104.0	75.0	季调节	16.00
11		溪洛渡	45.44	64.62	46.50	不完全年调节	13.86
12		向家坝	45.88	9.03	9.03	季调节	6.40
13	雅砻江	两河口	6.56	65.6	20.0	多年调节	3.00
14		锦屏一级	10.26	49.11	16.05	年调节	3.60
15		二滩	11.64	33.93	9.43	季调节	3.30

续表

序号	水系名称	水库名称	控制流域面积/万 km²	调节库容/亿 m³	防洪库容/亿 m³	调节性能	装机容量/GW
16		洪家渡	0.99	33.60	1.50	多年调节	0.60
17		东风	1.82	4.90	0.40	不完全年调节	0.57
18		乌江渡	2.78	13.5	1.80	季调节	1.25
19	乌江	构皮滩	4.33	29.02	4.0/2.0	年调节	3.00
20		思林	4.86	3.17	1.84	日调节	1.05
21		沙沱	5.45	2.87	2.09	日调节	1.12
22		彭水	6.9	5.18	2.32	年调节	1.75
23		紫坪铺	2.27	7.75	1.67	季调节	0.76
24	岷江	下尔呷	1.55	19.3	8.70	多年调节	0.54
25		双江口	3.93	19.17	6.60	年调节	2.00
26		瀑布沟	6.85	38.94	11/7.27	不完全年调节	3.60
27		碧口	2.6	1.46	2.2	季调节	0.30
28	嘉陵江	宝珠寺	2.84	13.4	2.8	不完全年调节	0.70
29		亭子口	6.11	17.32	10.58/14.38	年调节	1.10
30		草街	15.61	0.65	1.99	日调节	0.50

注 以上水库因汛期汛限水位不同而具有不同防洪库容：①观音岩水库 7 月汛限水位为 1123m，8—9 月汛限水位为 1128.8m；②瀑布沟水库 6—7 月汛限水位为 836.2m，8—9 月汛限水位为 841m；③碧口水库 5 月 1 日至 6 月 14 日汛限水位为 697m，6 月 15 日至 9 月 30 日汛限水位为 695m；④构皮滩水库 6—7 月汛限水位为 626.24m，8 月汛限水位为 628.1m。

参 考 文 献

[1] 纪恩福，冯平，陈根福，等.水库联合调度下超汛限蓄水的风险效益分析 [J].水力发电学报，1995，13 (2)：8-16.

[2] 李义天，甘富万，邓金运.三峡水库 9 月分旬控制蓄水初步研究 [J].水力发电学报，2006，24 (1)：61-66.

[3] 李义天，彭杨，谢葆玲，等.三峡水库汛末蓄水方案比较 [J].水电能源科学，2002，20 (1)：9-11.

[4] 彭杨，李义天，张红武.三峡水库汛末蓄水时间与目标决策研究 [J].水科学进展，2003，14 (6)：682-689.

[5] 郭家力，郭生练，李天元.三峡水库提前蓄水防洪风险分析模型及其应用 [J].水力发电学报，2012，30 (4)：16-21.

[6] 李雨，郭生练，郭海晋，等.三峡水库提前蓄水的防洪风险与效益分析 [J].长江科学院院报，2013，30 (1)：8-14.

[7] 欧阳硕，周建中，周超，等.金沙江下游梯级与三峡梯级枢纽联合蓄放水调度研究 [J].水利学报，2013，44 (4)：435-443.

[8] 张铭，王丽萍，安有贵，等.水库调度图优化研究 [J].武汉大学学报（工学版），2004，37 (3)：5-7.

[9] 刘攀，郭生练，王才君，等.三峡水库动态汛限水位与蓄水时机选定的优化设计 [J].水利学报，

2004 (7): 86 – 91.

[10] 黄强, 张洪波, 原文林, 等. 基于模拟差分演化算法的梯级水库优化调度图研究 [J]. 水力发电学报, 2008, 27 (6): 13 – 17.

[11] 李玮, 郭生练, 朱凤霞, 等. 清江梯级水电站联合调度图的研究与应用 [J]. 水力发电学报, 2008, 27 (5): 10 – 15.

[12] 刘招, 黄文政, 黄强, 等. 基于水库防洪预报调度图的洪水资源化方法 [J]. 水科学进展, 2009, 20 (4): 578 – 583.

[13] 刘心愿, 郭生练, 刘攀, 等. 考虑综合利用要求的三峡水库提前蓄水方案研究 [J]. 水科学进展, 2009, 20 (6): 851 – 856.

[14] 刘心愿, 郭生练, 李响, 等. 考虑水文预报误差的三峡水库防洪调度图 [J]. 水科学进展, 2011, 22 (6): 771 – 779.

[15] 张勇传, 刘鑫卿, 王麦力, 等. 水库群优化调度函数 [J]. 水电能源科学, 1988, 6 (1): 69 – 79.

[16] 陈洋波, 陈惠源. 水电站库群隐随机优化调度函数初探 [J]. 水电能源科学, 1990, 8 (3): 216 – 223.

[17] 姚华明, 矛茗, 钟琦, 等. 水库群最优调度函数的研究 [J]. 水电能源科学, 1990, 8 (1): 85 – 90.

[18] 黄强, 王世定. 水库的线性和非线性调度规则的研究 [J]. 西北水资源与水工程, 1992, 3 (3): 10 – 17.

[19] 万俊, 于馨华, 张开平, 等. 综合利用小水库群优化调度研究 [J]. 水利学报, 1992 (10): 84 – 89.

[20] 袁宏源, 罗洋涛, 秦师华, 等. 水库群优化运行的混合回归疏系数模型 [J]. 水电能源科学, 1994, 12 (4): 230 – 236.

[21] 裴杏莲, 汪同庆, 戴国瑞, 等. 调度函数与分区控制规则相结合的优化调度模式研究 [J]. 武汉水利电力大学学报, 1994, 27 (4): 382 – 387.

[22] 马细霞, 贺北方, 马竹青, 等. 综合利用水库最优调度函数研究 [J]. 郑州工学院学报, 1995, 16 (3): 17 – 21.

[23] 雷晓云, 陈惠源, 荣航仪, 等. 水库群多级保证率优化调度函数的研究及应用 [J]. 灌溉排水, 1996, 15 (2): 14 – 18.

[24] 高似春, 陈惠源, 万俊. 隐随机优化调度及其调度规则的研究 [J]. 中国农村水利水电, 1997 (2): 40 – 42.

[25] 周晓阳, 马寅午, 张勇传. 梯级水库的参数辨识型优化调度方法 (Ⅱ) ——最优调度函数的确定 [J]. 水利学报, 1999 (9): 10 – 19.

[26] 任德记, 陈洋波. 水库群隐随机优化调度最优决策规律研究 [J]. 水力发电, 2002 (1): 57 – 60.

[27] 李承军, 陈毕胜, 张高峰. 水电站双线性调度规则研究 [J]. 水力发电学报, 2005, 24 (1): 11 – 15.

第 2 章

长江上游降水时空变化规律和特征分析

2.1 降水时空变化特征研究

长江上游河系众多，山脉纵横，拥有三峡、溪洛渡、乌东德、白鹤滩、向家坝等巨型梯级水库群（图1.2），流域内降水对水库群的防洪和蓄水调度影响巨大。因此，分析长江上游降水时空变化规律，可帮助三峡水库防洪调度和决策。国内学者对长江流域降水时空变化规律开展了一系列研究，丰富了人们对流域降水特性的认识。张录军和钱永甫[1]定义了降雨集中期与降雨集中度，讨论了长江流域不同地段汛期降水在时间和空间上的分布特征及变化规律，结果表明降水集中度和集中期能够定量地表征降水量在时空场上的非均匀性。苏布达等[2]研究了 1960—2004 年长江流域极端强降水，总结了强降水量、年平均极端降水强度及年极端降水日数在长江流域中下游呈显著的增加趋势，而长江流域上游及中下游极端强降水的年内分布均有往 6 月聚合的趋势。Wang 等[3]基于 147 个气象观测站 1960—2008 年资料，分析了长江流域降雨集中度的时空变化，发现长江中游地区的降雨集中度最高，下游次之，上游集中度较低，并且上游降雨集中度呈下降趋势。Gao 等[4]探究了长江流域极端降雨的时空变化，结果表明 20 世纪 70 年代末期以来，流域极端降雨出现明显突变。

针对长江上游降水特性的研究，Xiao 等[5]研究了 1960—2005 年三峡大坝邻近地区的降雨发生规律，发现沿着长江干流的南部和北部地区降雨发生规律大不相同，当南部降雨多（少）时，北部降雨则变少（多）。袁雅鸣和陈新国[6]选用 1951—2009 年长江上游各区面雨量资料，重点对该期间秋季的长江上游降雨时空分布以及形成秋季降水的成因进行了分析探讨，得到 9 月上游偏北偏西地区降雨量较大而 10 月以后上游偏南偏东地区降雨量较大的初步结论。孙甲岚等[7]研究发现，长江上游降雨有降低趋势，主要以 4 年、7 年和 15 年为周期变化，以冬春季降雨减少为主。Li 等[8]以长江上游为研究区，探讨了库区小时尺度降雨特性，揭示了库区北部多山地区降雨强度比南部地区要大、库区短历时强降雨盛行的规律。肖莺等[9]分析研究了长江上游面雨量的低频特征，发现长江上游夏季低频强降水事件在频次、持续天数、降雨强度和最大面雨量特征量上排首位，秋季次之，春季最小，但各流域之间特征量存在着较大的差异。张俊等[10]从不同子流域极端降水事件入手，利用 1961—2017 年长江流域各子流域面雨量资料分析长江流域极端降水事件，结果表明 20 世纪 60 年代长江上游极端多雨事件频发，70 年代以全流域极端少雨为主，80 年代极端多雨事件中心转移至长江中下游，90 年代长江上游变为极端少雨事件中心，2000 年以来长江流域处在由少雨向多雨转变的年代际背景中。

总结以往文献研究发现，目前虽有关于长江流域降水和极端降水的时空演变特征研究，但针对长江上游的降水特性研究仍然欠缺，且由于降水具有高时空异相性，局部地区的降水和极端降水规律仍不清晰，工程运行管理人员对流域降水形势把握不大，难以为三峡入库径流预报提供经验总结[11]。因而有必要探究长江上游的降水时空变化规律，一方面为丰富对降水特性的认识，另一方面为三峡水库防洪调度工作提供经验参考。

2.2 三峡水库流域极端降水时空变化特征研究

2.2.1 研究区域与数据

三峡水库流域指长江源头至湖北宜昌河段，全长约 4500km，总集水面积约为 100 万 km², 流域空间跨度为 24°～36°N，90°～112°E，如图 2.1 所示。流域除源头外，大部分地区属于亚热带季风气候区，温暖湿润，多年平均年降水量在 1000mm 左右，多年平均气温为 16～18℃，自东向西跨过 3 大地形阶梯，地势西高东低，上下游落差约 7000m，下游出口为三峡大坝。区域内降水均汇入长江，最后从三峡汇出，主要支流有嘉陵江、岷江和雅砻江等。流域降水空间分布不均，南多北少，干湿季分明，80%以上的年降水量集中在汛期 5—10 月，且汛期各月降水差异明显（图 2.2）。流域极端降水多发生在汛期，有时可持续数天，对三峡等上游水库有明显的影响[8]。流域历史上曾遭受过多次极端降水过程而导致严重洪灾。如发生在 1954 年和 1998 年期间的极端强降水过程，引起十分严峻的大洪灾，造成数以千计的人畜死亡和巨大的经济损失。再如 2018 年 7 月在嘉陵江和岷江一带的持续性暴雨造成了严峻的洪灾形势，为三峡水库带来了巨大的防洪压力。由此可见，总结流域汛期的极端降水特征对三峡水库防洪调度具有重要意义。

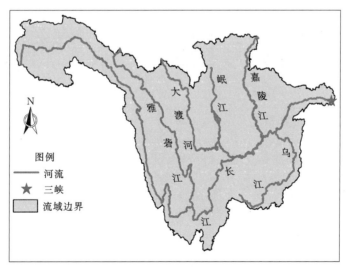

图 2.1 三峡水库流域示意图

研究中采用中国地面降水日值 0.5°×0.5°格点数据集（V2.0）(http：//www.cma.

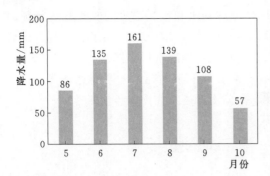

图 2.2 三峡水库流域汛期 5—10 月多年
平均月降水量（统计时段：1961—2017 年）

gov. cn），数据长度为 1961—2017 年。该数据集由地面 2472 个雨量站的降水记录插值而来，数据质量经过国家气象信息中心的严格审查和控制，是目前国家最新发布的格点降水数据资料[12]。

2.2.2 研究方法和检验

2.2.2.1 考虑前后期降水的极端降水事件

在现有多数文献中，定义日降水量大于或等于 1mm 为有雨天[13-15]。以此为基础，定义连续有雨天为一次降水事件。采用 99% 百分位值提取极端日降水事件，出现至少一次极端日降水的降水事件称为考虑前后期降水的极端降水事件（Event-based Extreme Precipitation，EEP），如图 2.3 所示。按照这个定义，EEP 既包含了极端日降水事件，又涵盖了极端日降水的前期和后期降水过程，其降水量为极端日降水和前后期降水量的总和。由此可见，EEP 降水量一般比 99% 百分位值的极端日降水量要大。值得指出的是，如果极端日降水无前后期降水的情况，EEP 则与 99% 百分位值的极端日降水意义相同（以下简称 1day_EEP，如图 2.3 中的 EEP_i）。

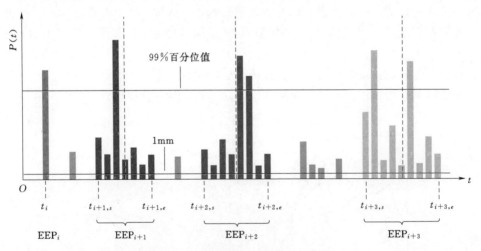

图 2.3 EEP 事件及不同雨型示意图

（竖直虚线为 EEP 的中间时刻，绿色、红色、蓝色、黄色 EEP 分别代表 1day_EEP、TDP1、TDP2 和 TDP3）

采用降水 4 个变量刻画极端降水特征，即频率、降水量、历时和集中度。以图 2.3 中的 EEP_{i+1} 为例，每一场 EEP 的降水量、历时和集中度计算式如下：

$$
\begin{cases}
d_{i+1} = t_{i+1,e} - t_{i+1,s} + 1 \\
V_{i+1} = \int_{t_{i+1,s}}^{t_{i+1,e}} P(t)\mathrm{d}t \\
e_{i+1} = \left[\sum_{k=1}^{n} P(t_{i+1,k})\right]/V_{i+1}, \quad n=1,2,3\cdots
\end{cases}
\tag{2.1}
$$

式中：d_{i+1} 为历时，d；V_{i+1} 为降水量，mm；e_{i+1} 为集中度；$t_{i+1,s}$ 和 $t_{i+1,e}$ 分别为 EEP 开始和结束时间，d；n 为发生于 EEP 事件过程中的超过 99% 百分位值的极端日降水次数（对于 EEP_{i+1}，$n=1$）；$t_{i+1,k}$ 为第 k 次极端日降水发生时间，d；$P(t)$ 为降水量时间序列，mm。

由式（2.1）可知，集中度反映了极端日降水在 EEP 中的比重，比值越大，意味着极端日降水的前后期降水量比例越小，降水强度越高。特别地，对于 1day_EEP 事件，其历时为 1d，集中度恒等于 1。

2.2.2.2 EEP 雨型划分

自然界的极端降水过程十分复杂，因而难以选出最适合的雨型来描述。在以往的研究中，所提到的雨型可分为理论雨型和经验雨型两种[16-17]。鉴于无法确定哪种雨型最适合三峡水库流域的 EEP 事件，根据 EEP 定义，极端日降水在 EEP 过程中属于雨峰，按照极端日降水在 EEP 中出现的时间，将 EEP 雨型划分为以下 3 类：

（1）TDP1：所有极端日降水发生在 EEP 事件的中间时刻之前。

（2）TDP2：所有极端日降水发生在 EEP 事件的中间时刻之后。

（3）TDP3：部分极端日降水发生在 EEP 事件的中间时刻之前，同时部分发生在 EEP 事件的中间时刻之后，如图 2.3 所示。

由上可见，TDP1 描述的是雨峰靠前的雨型，TDP2 为雨峰靠后的雨型，TDP3 则为双峰雨型。应当指出的是，1day_EEP 事件不存在雨型（仅持续一天）。另外，对于 EEP 仅包含一次极端日降水事件且该事件恰好发生在 EEP 中间时刻的情况，计算并比较 EEP 中间时刻前后的降水总量，若中间时刻之前的降水量大于之后的，则雨型归为 TDP1，否则列入 TDP2。

2.2.2.3 Mann-Kendall 趋势分析

采用非参数统计的 Mann-Kendall（MK）统计方法[18]分析三峡水库流域 EEP 事件变化趋势及显著性。MK 检验方法首先计算统计指标：

$$s = \sum_{k=1}^{n-1} \sum_{j=k+1}^{n} \mathrm{sgn}(x_j - x_k) \tag{2.2}$$

且

$$\mathrm{sgn}(x) = \begin{cases} 1, & x > 0 \\ 0, & x = 0 \\ -1, & x < 0 \end{cases} \tag{2.3}$$

式中：x_j 和 x_k 为数据值；n 为序列长度。

根据以上公式，计算参数值 z：

$$z = \begin{cases} \dfrac{s-1}{\sqrt{\mathrm{var}(s)}}, & s > 0 \\ 0, & s = 0 \\ \dfrac{s+1}{\sqrt{\mathrm{var}(s)}}, & s < 0 \end{cases} \tag{2.4}$$

给定显著性水平 α，当 $|z| \leqslant \dfrac{\alpha}{2}$ 时，表示序列的趋势显著。当 $s > 0$ 时，表示序列呈现

上升趋势；$s < 0$ 则为下降趋势；而 $s = 0$ 表示序列无趋势。选用 0.05 显著性水平进行序列趋势显著性检验。

另外，选用非参数统计的 Sen 趋势计算方法分析极端日降水的趋势大小[19]，其计算公式为

$$\beta = \text{Median}\left(\frac{x_j - x_i}{j - i}\right), \forall 1 \leqslant i < j \leqslant N \tag{2.5}$$

式中：β 为 Sen 趋势斜率；x_i 和 x_j 分别为时间 i 和 j 的序列值；N 为序列长度。

2.2.2.4 自相关检验

应当注意的是，MK 的基本假设是序列的数据为随机分布形式，因此，有必要在 MK 趋势检验之前检验序列的自相关性。其中，一阶自相关模型有如下形式[20]：

$$y_t - \rho y_{t-q} = \beta t + \alpha + \varepsilon_t, q \leqslant n - 1 \tag{2.6}$$

式中：y_t 和 y_{t-q} 分别为时间 t 和 $t-q$ 时的序列值；ρ 为滞后 q 个时段的序列自相关系数；β 和 α 分别为线性趋势的斜率和截距；ε_t 为无相关残余项；n 为序列的长度。

2.2.3 EEP 空间分布特征与变化趋势分析

2.2.3.1 累积频率及降水量占比分布

图 2.4（a）和图 2.4（b）分别展示了 1961—2017 年 4 种不同 EEP 对应的累积频率和累积降水量占 EEP 总频率和总降水量的百分比情况。由图可知，1day_EEP 频率占比较高的地区主要是嘉陵江和沱江下游以及向家坝至三峡水库区间的中上部（乌江与长江干流交汇点以上），占比超过 15%。相比之下，金沙江一带频率比重较小，大部分地区占比小于 5%。对于 TDP1，频率占比最高的为雅砻江、大渡河、金沙江乌江以及向家坝至三峡水库区间的中部地区，部分地区频率占比超过 40%，占比较低的为岷江和嘉陵江区域，不到 30%。岷江和嘉陵江区域的 TDP2 占比较高，大部分地区超过 55%，而向家坝至三峡水库区间和乌江流域的 TDP2 占比相对较低，小于 45%。如果看 TDP3，不难发现频率占比最大的为金沙江和雅砻江流域，大部分超过 10%，其他地区的 TDP3 占比较低，大多在 4% 以下。总体而言，三峡水库流域极端降水雨型为 TDP1 和 TDP2 的最为常见，而 1day_EEP 和 TDP3 发生的频率较小。

通过比较频率和降水量占比空间分布不难发现，EEP 降水量占比空间分布格局与频率占比相似。1day_EEP 降水量占比超过 10% 的地区主要为嘉陵江和沱江下游及向家坝至三峡水库区间的中上部，而金沙江地区降水量占比小（普遍小于 2%）；TDP1 降水量占比大于 40% 的地区主要集中在雅砻江、大渡河、金沙江乌江以及向家坝至三峡水库区间的中部地区，岷江和嘉陵江地区占比不到 30%；TDP2 降水量占比高于 55% 的地区为岷江和嘉陵江，占比小于 45% 的地区为向家坝至三峡水库区间和乌江；TDP3 占比高的区域为金沙江和雅砻江，基本高于 17%，其他地区占比则相对较低，多数在 7% 以下。上述说明，EEP 降水频率和降水量两者密切相关，EEP 频率高的地区降水总量一般较大。

2.2.3.2 主导雨型分析

由前面 EEP 频率分析可知，TDP1 和 TDP2 是三峡水库流域常见的极端降水雨型。为进一步剖析流域的主导雨型，对于某一格点，统计 1961—2017 年发生频率最高的雨型，

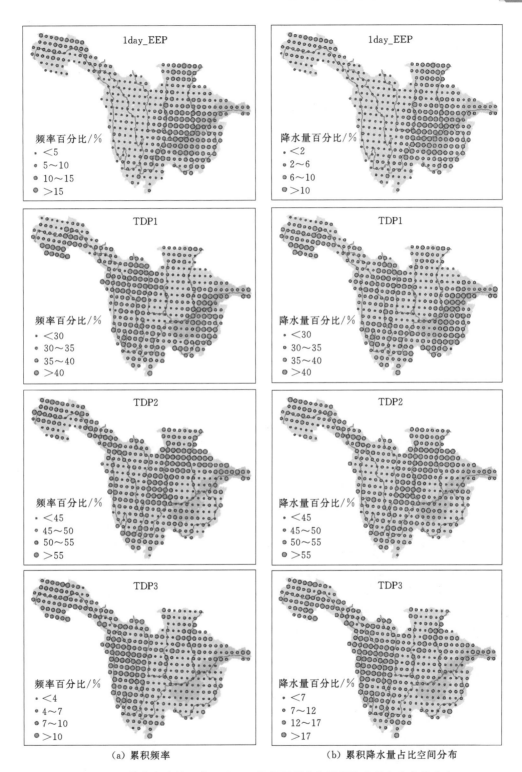

（a）累积频率　　　　　　　　　　　　（b）累积降水量占比空间分布

图 2.4　三峡水库流域 4 种不同 EEP 的累积频率和累积降水量占比空间分布

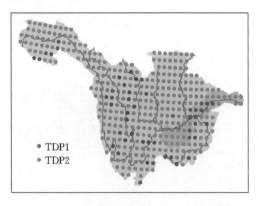

图 2.5　三峡水库流域 1961—2017 年
EEP 主导雨型空间分布

将之作为主导雨型。如有两种或以上雨型频率相同，则比较这几种雨型 57 年间的降水总量，降水量多的雨型为主导雨型。

图 2.5 为三峡水库流域 1961—2017 年 EEP 主导雨型空间分布情况，可知三峡水库流域主导雨型为 TDP1 和 TDP2，并无 1day_EEP 或 TDP3，这与图 2.4 揭示的规律一致。从分布图来看，流域大部分地区的主导雨型为 TDP2，说明流域多数情况下的极端降水雨峰靠后。但在局部地区上，如雅砻江中下游、大渡河上游和向家坝至三峡水库区间的中部地区，主导雨型则为 TDP1，说明这些地区的极端降水雨峰通常靠前。对于实际工程建设而言，雨峰靠后的极端降水往往比雨峰靠前的威胁要大，因此在实践中 TDP2 极端降水应引起足够的重视。

2.2.3.3　场次 EEP 空间分布特征

为总结三峡水库流域每一场 EEP 的基本规律，对 1961—2017 年期间发生的每场 EEP 的降水量、历时和集中度进行统计并平均（以下称场次降水量、历时和集中度）。图 2.6 展示了 4 种不同 EEP 的场次降水量空间分布情况。岷江、嘉陵江、乌江以及向家坝至三峡水库区间的 1day_EEP 场次降水量较大，普遍在 50mm 以上，即为暴雨水平；金沙江的场次降水量较小，基本在 20mm 以下。TDP1 场次降水量的空间分布格局与 TDP2 相似，两者降水量较大的区域均为金沙江、雅砻江和嘉陵江流域，多数在 100mm 以上，但长江源头的场次降水量小于 60mm。相比于其他 3 种 EEP，TDP3 的场次降水量较大，除长江源头、嘉陵江和岷江源头外，其他地区的场次降水量均在 100mm 以上，其中雅砻江、嘉陵江和乌江流域部分地区量级超过 180mm。从 EEP 定义可知，TDP3 至少包含两次极端日降水，因而在量级上高于其他类型的 EEP 是合理的。

图 2.7 描绘了 TDP1、TDP2 和 TDP3 场次历时和集中度的空间分布（1day_EEP 场次历时和集中度为固定值，不作展示）。由图可知，3 种不同 EEP 类型的场次历时较长的区域主要集中在雅砻江和大渡河，向家坝以下的地区历时较短。具体而言，雅砻江与大渡河区域的 TDP1 场次历时绝大多数在 9d 以上，而 TDP2 为 8d 以上，TDP3 则为 14d 以上；向家坝以下的区域 TDP1 场次历时多在 5d 以内，TDP2 和 TDP3 分别在 4d 和 6d 以内。3 种 EEP 的场次集中度空间分布格局与场次历时的相反，向家坝以上的地区集中度较低，普遍在 0.5 以下，而向家坝以下的地区集中度高，基本可达到 0.8 甚至更高。另外，长江源头的 TDP2 和 TDP3 集中度也相对较高，为 0.6～0.8。

2.2.3.4　变化趋势分析

对 EEP 的年频率、降水量、场次历时和集中度序列滞后 1 年、2 年和 3 年情形下的自相关性进行检验，结果见表 2.1。很明显，基本上序列的自相关系数未超过 0.05 显著性水平，说明 EEP 的年频率、降水量、场次历时和集中度均可认为随机分布，可应用 MK 方法检验其趋势。

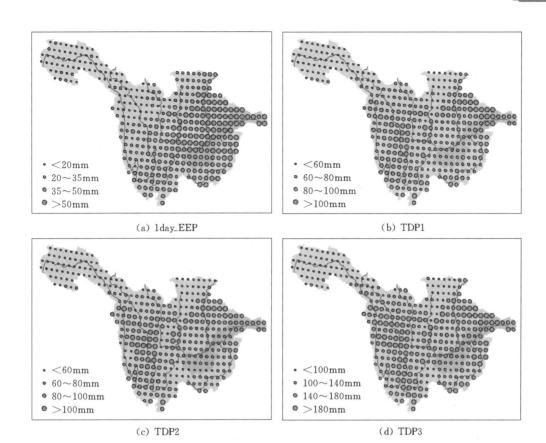

图 2.6　三峡水库流域 4 种不同 EEP 的场次降水量空间分布

表 2.1　　　　　4 种 EEP 年频率、降水量、场次历时和集中度的自相关检验

变量	滞时/年	1day_EEP	TDP1	TDP2	TDP3
年频率	1	0.08	0.04	0.15	−0.08
	2	0.17	0.13	0.24	0.05
	3	0.16	0.13	0.19	0.11
降水量	1	0.13	−0.01	0.22	0.06
	2	0.09	0.03	−0.17	0.01
	3	−0.12	0.18	**0.28**	−0.16
场次历时	1		0.12	−0.22	0.19
	2		−0.09	0.15	−0.06
	3		0.17	0.11	0.08
集中度	1		−0.15	0.18	0.21
	2		−0.12	0.17	0.08
	3		−0.12	−0.14	−0.11

注　加粗数值为自相关系数超过 0.05 显著性水平。

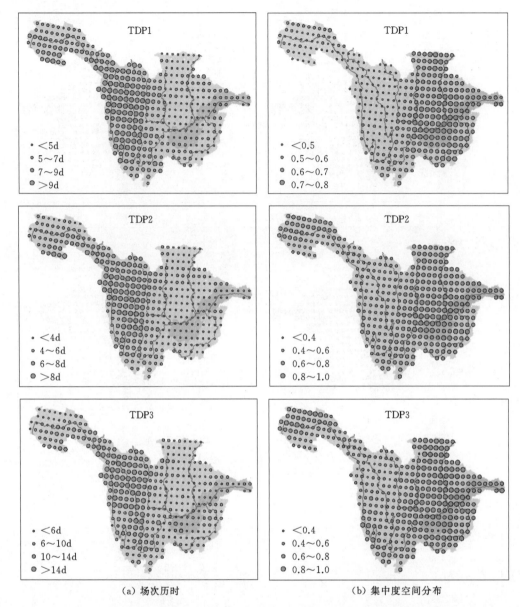

（a）场次历时　　　　　　　　　　　（b）集中度空间分布

图 2.7　三峡水库流域 TDP1、TDP2、TDP3 雨型场次历时和集中度空间分布

4 种不同 EEP 的年频率、降水量、场次历时和集中度变化趋势检验结果列于表 2.2。由表可知，在年频率和降水量方面，除 TDP3 外其余 EEP 年频率和降水量均呈上升趋势，但仅有 TDP2 的年频率和降水量趋势显著，其增长率分别为 0.04 次/年和 0.55mm/年；TDP3 呈微弱的下降趋势，其年频率和降水量变化趋势分别为 −0.02 次/年和 −0.38mm/年。TDP1 场次历时呈下降趋势，增长率为 −0.13d/年，而 TDP2 和 TDP3 场次历时趋势则相反，分别为 0.11d/年和 0.07d/年，但三者的趋势均未达到 0.05 显著性水平。对于集中度，检验结果表明无论哪一种 EEP 其集度的变化趋势基本为零，即 EEP 的集中度在1961—2017 年期间基本上保持稳定。

表 2.2 三峡水库流域 EEP 年频率、降水量、场次历时和集中度变化趋势

变量	雨型	1day＿EEP	TDP1	TDP2	TDP3
年频率	T/年	0.01	0.02	**0.04**	−0.02
	MK	0.47	0.66	2.04	−0.86
	p 值	0.18	0.12	<0.05	0.23
降水量	T/(mm/年)	0.21	0.43	**0.55**	−0.38
	MK	0.44	1.43	2.64	−1.05
	p 值	0.22	0.09	<0.05	0.15
场次历时	T/(d/年)		−0.13	0.11	0.07
	MK		−0.34	1.05	0.28
	p 值		0.26	0.19	0.31
集中度	T/年		0	0.01	0
	MK		0.33	0.48	0.25
	p 值		0.42	0.27	0.53

注 加粗数值为自相关系数超过 0.05 显著性水平。

2.3 向家坝至三峡水库区间极端日降水特征

向家坝至三峡水库区间位于长江上游流域的下游河段，是一个多山、狭长的地带，区间内的极端降水往往能迅速且明显影响三峡大坝。另外，受亚洲东南夏季风和印度西南季风的交替作用以及山岳效应的影响，向家坝至三峡水库区间内的极端降水机制复杂难测。而目前的三峡短期降水预报中，仅能预报日降水量，并不能提供日内降水的时程分配，无法为洪水过程预报提供更细化的来水信息。本节着重分析和总结该区间内极端日降水的雨型，以及不同雨型的时空分布规律，以期为三峡短期入库洪水预报提供经验参考。

2.3.1 研究区域与数据

向家坝至三峡水库区间地跨 104°~111°E，27°~32°N，如图 2.8 中红色边框所示，总集水面积约为 10 万 km²，途经区间的长江干流长度达 1000km。区间地处亚热带季风气候区，多年平均年降雨量为 1150mm，多年平均气温为 16℃，区间年内降水时间分布不均匀，汛期一般从 5 月开始，10 月结束，期间的降雨总量可占全年的 70% 以上[16]。向家坝至三峡水库区间地势差异较大，南岸高程大致高于北岸，区间有 8 条长江的主要支流汇入：嘉陵江、沱江、岷江、横江、南广河、赤水河、綦江和乌江，其中嘉陵江和长江干流的交汇点处为重庆市。汛期极端降水形成的区间洪水往往能在一天之内到达下游出口处的三峡大坝，洪峰流量通常在 10000m³/s 以上[8]。虽然该区间内有雨量站和水文站等测站，但区间来水并未受工程控制，若未及时对区间降水形势跟进，将给三峡削峰调度乃至长江中下游防汛带来不利。因此，有必要将向家坝至三峡水库区间作为重点研究对象，分析区间的极端日降水及雨型特征。

采用区间内 442 个雨量站的小时降水数据，由长江水利委员会水文局提供。数据经过

质量控制，包括一致性审查和错误记录的剔除，但原始数据中不同雨量站的数据长度有所差别，为保持数据长度的一致和连续性，从 442 个雨量站中挑选出 76 个降水记录比较连续、数据长度均为 2003—2016 年（共 14 年）的雨量站，挑选出的 76 个雨量站空间分布如图 2.8 所示。按照中国气象局规定，日降水量超过 50mm 的降水称为暴雨（时间间隔为当日 08：00 至次日 08：00，详见 http：//www.cma.gov.cn）。由于资料长度限制，极端日降水不宜用百分位值法确定，应采用阈值法，故研究中以日降水超过 50mm 为极端日降水事件。

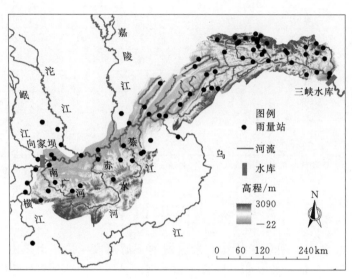

图 2.8 向家坝至三峡水库区间及雨量站分布图

2.3.2 极端日降水雨型划分

选用 Molokov 等[21] 提出的 7 种典型雨型（TRM1～TRM7）描述向家坝至三峡水库区间的极端日降水过程。这 7 种雨型可分别反映单峰、多峰和均匀的日降水雨型，较贴近自然降水过程特征，自提出以来受到国内外诸多学者的认可。图 2.9 为 7 种典型雨型的示意图，其中，TRM1 雨型反映单峰且雨峰靠前的雨型，TRM2 反映单峰而雨峰靠后雨型，TRM3 反映单峰且雨峰居中雨型，TRM4 为均匀雨型；TRM5～TRM7 表示双峰雨型，其中 TRM5 为雨峰靠前和靠后情形，TRM6 为雨峰靠前和居中情形，TRM7 则为雨峰居中和靠后的情况。

模糊识别法由岑国平等[22] 于 1998 年提出并运用到暴雨雨型划分研究中，该方法适合处理没有明确边界条件（判别条件）的问题。通过计算向家坝至三峡水库区间实际发生的极端日降水过程和上述 7 种 TRM 的相似性来判断极端日降水雨型归属于何种典型雨型，具体判别过程如下：

将极端降水历时（24h）划分为 m 个等时段，计算每个时段雨量与日降水量的比率：

$$x_i = \frac{H_i}{H}, \quad i = 1,2,3,\cdots,m \tag{2.7}$$

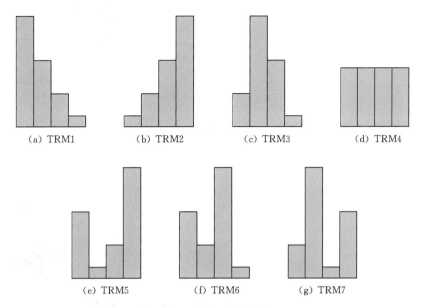

图 2.9　7 种典型雨型示意图

式中：H_i 为第 i 个时段内的降雨量；H 为极端日降水总量。由此可得到一组向量：

$$X=(x_1,x_2,\cdots,x_m) \tag{2.8}$$

而 7 种典型雨型的对应向量为

$$V_k=(v_{k1},v_{k2},\cdots,v_{km}),\quad k=1,2,\cdots,7 \tag{2.9}$$

式中：元素 v_{ki} 与上述元素 x_i 的意义相似；k 代表图 2.9 中的雨型模式。那么可得到实际雨型和 7 种典型雨型之间的相似度：

$$\sigma_k=1-\sqrt{\frac{1}{m}\sum_{i=1}^{m}(v_{ki}-x_i)^2},\quad k=1,2,\cdots,7 \tag{2.10}$$

σ_k 值越大，代表实际雨型与典型雨型的相似度越高，当 σ_k 值最大时，则认为归属于第 k 种典型雨型。

每年汛期，三峡的入库径流预报的时间精度通常是 6h，结合实际生产需要，极端日降水时段划分为 4，即 $m=4$。

2.3.3　极端日降水时空分布特征

2.3.3.1　雨型及空间分布

向家坝至三峡水库区间 2003—2016 年期间发生的极端日降水均划分为 7 种典型 TRM，各种雨型发生的频率占比见图 2.10。由结果可知，雨型为 TRM2，即单峰且雨峰靠后的雨型发生次数占总极端日降水次数的 45.12%，是最为频繁发生的雨型。TRM1 和 TRM3 雨型则分别占 13.37% 和 14.39%。相比之下，双峰雨型发生的频率远低于单峰雨型，特别是 TRM5 和 TRM6 雨型，仅占 5.20% 和 3.20%。

图 2.11 描绘了 2003—2016 年期间向家坝至三峡水库区间 7 种典型雨型发生频率的空间分布情况。就整个区域而言，除 TRM2 雨型外，其他雨型在这 14 年期间累计发生的频

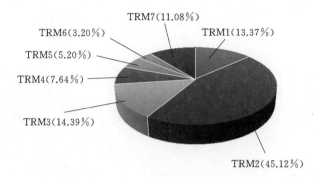

图 2.10 向家坝至三峡水库区间 7 种典型雨型发生的频率占比

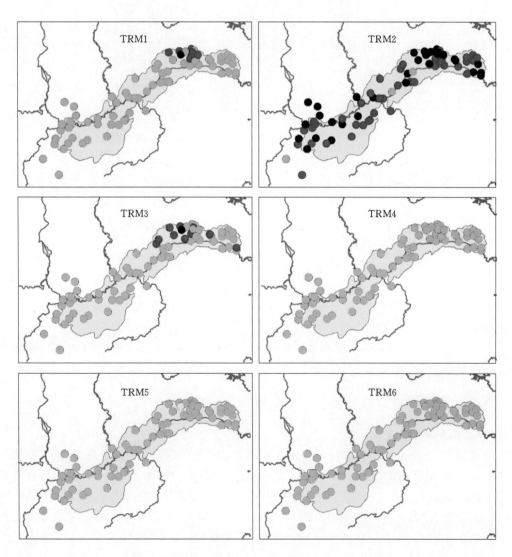

图 2.11 (一) 向家坝至三峡水库区间 7 种典型雨型的累积频率空间分布图

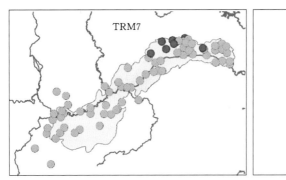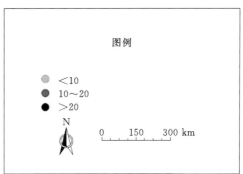

图 2.11（二）　向家坝至三峡水库区间 7 种典型雨型的累积频率空间分布图

率基本在 10 次以下。在地区尺度上，雨型 TRM1、TRM3 和 TRM7 发生次数超过 10 次的基本在向家坝至三峡水库区间的下部地区（靠近三峡大坝的区域）。TRM2 雨型发生频率的空间分布格局与其他雨型差别较大，几乎整个向家坝至三峡水库区间均发生频率超过 10 次的 TRM2 雨型，约有一半站点记录到 TRM2 的累积频率超过 20 次。由此可知，TRM2 雨型是向家坝至三峡水库区间最为常见的雨型。

2.3.3.2　量级水平与分布规律

极端降水的量级反映了一场极端降水事件的潜在破坏力，降水量级水平越高，表明降水的破坏力越大[11]。如我国日降水量超过 50mm 而小于 100mm 的降水事件称为暴雨，超过 100mm 低于 250mm 为大暴雨，高于 250mm 为特大暴雨。分析向家坝至三峡水库区间的极端日降水的量级水平，可为区间（特别是缺乏降水预报手段的地区）的防洪减灾规划和基础设施建设提供参考依据。

图 2.12 给出了向家坝至三峡水库区间不同站点多年平均（2003—2016 年）极端日降水的量级水平。根据图 2.12 可知，总体而言，7 种 TRM 的多年平均极端日降水量级均在 100mm 以下，即向家坝至三峡水库区间的极端日降水量多数在 50~100mm，即为暴雨水平。具体而言，降水量级在 50~75mm 的站点稍多于 75~100mm 量级的站点数，但两者的空间分布规律不明显。除此之外，区间的上部（靠近向家坝的地区）少数站点的降水量级水平在 100mm 以上，意味着上部极端日降水的量级可能大于中部和下部地区。

2.3.3.3　变化趋势分析

应用 3 个变量反映极端日降水特征，即年频率、降水量和峰值强度。为分析其变化趋势，对 3 个变量逐年进行统计，即统计极端日降水的年频率、年降水量和年峰值强度，其中年频率为年内向家坝至三峡水库区间极端日降水发生的总次数，年降水量为对应的年内区间总面雨量（采用泰森多边形方法进行计算[12]），年峰值强度定义为年内区间所有极端日降水事件峰值强度的平均值（单位：mm/h）。趋势分析中采用方法为 MK 趋势检验方法和自相关检验。

在分析极端日降水变量的趋势之前，对变量序列滞后 1 年、2 年和 3 年情形下的自相关性进行检验，结果见表 2.3。由表 2.3 可知，在绝大多数情况下序列的自相关系数未超过 0.05 显著性水平，表明极端日降水的 3 个变量可认为是随机分布的，故可应用 MK 方法进行趋势分析。

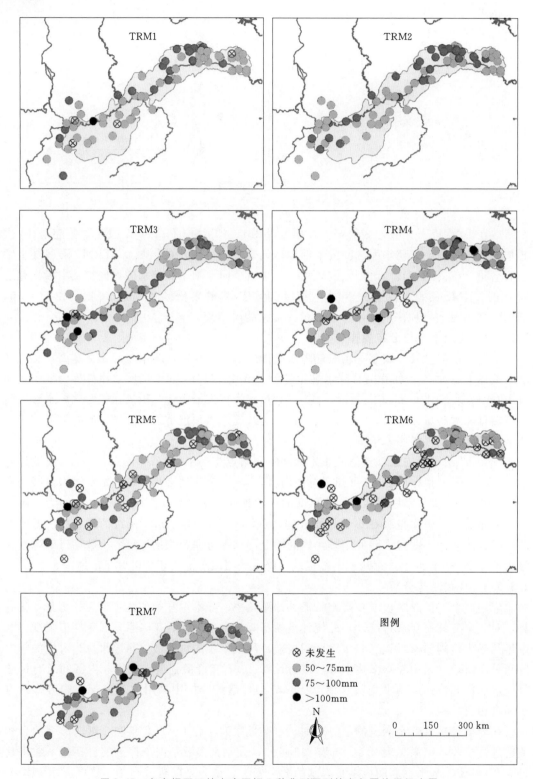

图 2.12　向家坝至三峡水库区间 7 种典型雨型的多年平均量级水平

表 2.3　　　　　极端日降水年频率、降水量和峰值强度变量的自相关检验

雨型	年　频　率			降　水　量			峰　值　强　度		
滞时/年	1	2	3	1	2	3	1	2	3
TRM1	0.15	0.39	0.30	0.17	0.46	0.28	0.22	0.17	0.18
TRM2	0.32	0.17	0.16	0.28	0.05	0.16	0.45	0.28	0.17
TRM3	0.11	0.04	0.09	0.03	0.04	0.06	−0.24	0.23	−0.20
TRM4	0.22	−0.16	−0.13	0.12	−0.06	−0.02	−0.01	0.34	−0.25
TRM5	0.13	0.25	0.18	0.10	0.17	0.16	−0.12	−0.40	0.13
TRM6	**0.66**	0.29	0.18	**0.68**	0.29	0.17	0.39	−0.26	−0.32
TRM7	0.03	0.33	0.18	0.10	0.39	0.19	−0.26	−0.23	0.02
平均	−0.38	−0.11	0.38	−0.39	−0.08	0.31	0.34	0.20	0.06

注　加粗数值为自相关系数超过 0.05 显著性水平。

表 2.4 列出了 7 种典型雨型对应的年频率、降水量和峰值强度 3 个变量在 2003—2016 年期间的变化趋势。可知，雨型为 TRM1 和 TRM5 的极端日降水事件分别以 2.3 次/年和 1.25 次/年的速度增长，且增长趋势显著；相反，雨型为 TRM2 和 TRM7 的极端日降水事件分别以 3.2 次/年和 1.96 次/年的速度显著下降。其他雨型的极端日降水事件发生次数变化不明显。降水量变化趋势规律与年频率相似：TRM1 和 TRM5 分别以每年 2.48mm 和 1.15mm 的趋势显著增加，而 TRM7 以每年 2.03mm 的速度显著减少。相比之下，峰值强度的趋势多数不明显，仅有 TRM2 以每年 0.41mm/h 的速度显著增强，其他雨型的峰值强度变化不明显。

表 2.4　　　　　7 种典型雨型对应的年频率、降水量和峰值强度趋势

雨型	年　频　率			降　水　量			峰　值　强　度		
	T/(次/年)	MK	p 值	T/(mm/年)	MK	p 值	T/[mm/(h·年)]	MK	p 值
TRM1	**2.30**	2.30	<0.05	**2.48**	2.35	<0.05	0.41	1.65	0.11
TRM2	**−3.20**	−2.30	<0.05	−3.08	−1.70	0.10	**0.41**	3.02	<0.05
TRM3	−1.50	−1.48	0.15	−1.54	−1.59	0.13	0.11	0.55	0.62
TRM4	−0.89	−1.54	0.14	−0.92	−1.37	0.19	−0.03	−1.10	0.30
TRM5	**1.25**	2.43	<0.05	**1.15**	2.30	<0.05	0.05	0.16	0.91
TRM6	0.86	1.65	0.11	0.80	1.64	0.11	0.16	0.55	0.62
TRM7	**−1.96**	−2.25	<0.05	**−2.03**	−2.52	<0.05	−0.03	−0.33	0.78

注　T 代表趋势大小；MK 为 MK 方法统计值；加粗数值对应为趋势显著（p 值小于 0.05）。

2.3.3.4　主导雨型演变规律

为分析向家坝至三峡水库区间主导雨型的演变情况，对于某一站点，其主导雨型为当年频率最高的雨型，若有两种或以上雨型频率相同，则比较当年这几种雨型的降水总量，降水量多的雨型为主导雨型；如果多种雨型的年频率和降水量均相同，则年平均峰值强度最高的雨型为主导雨型。分析每个站点每年的主导雨型并对不同主导雨型的站点数进行总

结，结果列于表 2.5。由表 2.5 可知，单峰雨型 TRM1、TRM2 和 TRM3 是向家坝至三峡水库区间的主导雨型，与图 2.10 的结果一致。值得指出的是，TRM1 在区间内发生的频率虽然低于 TRM3，但其空间规模（站点数）却大于 TRM3，可见 TRM3 空间上更为集中。另外，统计结果表明，雨型 TRM1 空间规模逐渐扩大，而 TRM2 则呈现相反情形。对于均匀雨型 TRM4，双峰雨型 TRM5、TRM6 和 TRM7，仅在少数站点上为主导雨型，并且其空间规模变化不明显。

表 2.5　　向家坝至三峡水库区间 76 个站点 2003—2016 年主导雨型归类情况

年份	主 导 雨 型						
	TRM1	TRM2	TRM3	TRM4	TRM5	TRM6	TRM7
2003	15 (19.7%)	44 (57.9%)	5 (6.6%)	3 (3.9%)	1 (1.3%)	2 (2.6%)	6 (7.9%)
2004	8 (10.5%)	53 (69.7%)	10 (13.2%)	1 (1.3%)	2 (2.6%)	1 (1.3%)	1 (1.3%)
2005	10 (13.2%)	52 (68.4%)	4 (5.3%)	3 (3.9%)	2 (2.6%)	0	5 (6.6%)
2006	6 (7.9%)	61 (80.3%)	2 (2.6%)	3 (3.9%)	1 (1.3%)	2 (2.6%)	1 (1.3%)
2007	11 (14.5%)	47 (61.8%)	8 (10.5%)	5 (6.6%)	1 (1.3%)	0	4 (5.3%)
2008	9 (11.8%)	51 (67.1%)	10 (13.2%)	2 (2.6%)	0	0	4 (5.3%)
2009	10 (11.8%)	53 (69.7%)	5 (6.6%)	4 (5.3%)	2 (2.6%)	0	3 (3.9%)
2010	16 (21.1%)	42 (55.3%)	15 (19.7%)	0	1 (1.3%)	0	2 (2.6%)
2011	13 (17.1%)	51 (67.1%)	6 (7.9%)	2 (2.6%)	2 (2.6%)	0	2 (2.6%)
2012	15 (19.7%)	50 (65.8%)	4 (5.3%)	2 (2.6%)	0	4 (5.3%)	1 (1.3%)
2013	25 (32.9%)	36 (47.4%)	7 (9.2%)	3 (3.9%)	2 (2.6%)	2 (2.6%)	1 (1.3%)
2014	21 (27.6%)	44 (57.9%)	4 (5.3%)	3 (3.9%)	4 (5.3%)	0	0
2015	20 (26.3%)	32 (42.1%)	4 (5.3%)	5 (6.6%)	2 (2.6%)	5 (6.6%)	8 (10.5%)
2016	26 (34.2%)	39 (51.3%)	5 (6.6%)	2 (2.6%)	2 (2.6%)	1 (1.3%)	1 (1.3%)
T	**1.20**	**−1.18**	−0.12	0.03	0.08	0.11	−0.12
MK	3.02	−2.42	−0.61	0.23	1.14	0.47	−1.77
p	<0.05	<0.05	0.58	0.86	0.28	0.68	0.09

注　表中数值为站点数，括号中的百分比为对应站点数与总的站点数（76 个）比值；T 表示站点数的趋势（反映主导雨型空间规模变化情况）；MK 为 MK 方法统计值；加粗数值对应为趋势显著（p 值小于 0.05）。

图 2.13 给出了 2003—2016 年期间主导雨型的空间变化情况。结果表明，在 2010 年之前仅有少数站点的主导雨型为 TRM1，2010 年之后 TRM1 逐步向下游发展。相反，TRM2 雨型在 2010 年之前广泛分布于向家坝至三峡水库区间，但随后由于 TRM1 的发展，其主导性有所削弱，特别是向家坝至三峡水库区间的下部地区，2010 年之后主导雨型有从 TRM2 转变为 TRM1 的倾向。相比于 TRM1 和 TRM2，主导雨型 TRM3 的空间格局变化规律不明显，在 2010 年之前 TRM3 徘徊于下部地区，但随后其空间规模逐渐缩小。主导雨型 TRM7 主要集中在下部地区，特别是 2003 年、2005 年和 2015 年，但其空间格局变化并不明显。至于其他雨型如 TRM5 等，仅零星分布于向家坝至三峡水库区间，因而空间格局变化难以确定。

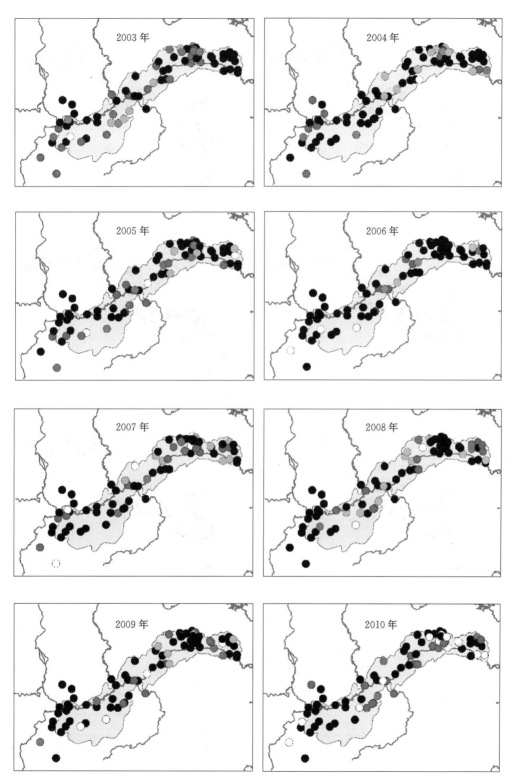

图 2.13（一） 向家坝至三峡水库区间 2003—2016 年期间各站点主导雨型变化过程

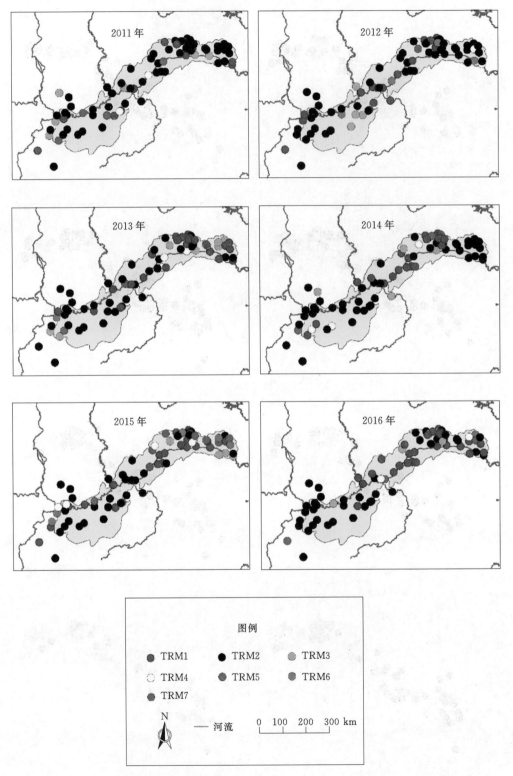

图 2.13（二）　向家坝至三峡水库区间 2003—2016 年期间各站点主导雨型变化过程

2.4 本章小结

本章提出了考虑前后期降水的极端降水事件（EEP）概念，分析了长江上游 EEP 雨型及时空分布特征，并着重探讨了向家坝至三峡水库区间极端日降水雨型及时空变化规律，得出以下结论：

（1）长江上游单峰且雨峰靠后的 EEP 占主导，且该雨型的降水频率和降水量在1961—2017 年期间均呈显著上升趋势，其他类型的 EEP 趋势不显著。长江源头和中部地区单峰和双峰 EEP 的场次降水量均普遍小于其他地区，向家坝以下地区单峰和双峰 EEP 的场次历时/集中度普遍短于/高于向家坝以上地区。

（2）向家坝至三峡水库区间单峰、雨峰靠后的极端日降水雨型占主导，雨型为单峰且雨峰靠前以及雨型为双峰且雨峰靠前、靠后的极端日降水事件发生频率和降水量在2003—2016 年期间呈增加趋势，而雨型为单峰且雨峰靠后以及雨型为双峰且雨峰居中、靠后的极端日降水事件发生频率呈相反趋势。

参 考 文 献

［1］ 张录军，钱永甫. 长江流域汛期降水集中程度和洪涝关系研究 ［J］. 地球物理学报，2004，47（4）：622 - 630.

［2］ 苏布达，姜彤，任国玉，等. 长江流域 1960—2004 年极端强降水时空变化趋势 ［J］. 气候变化研究进展，2006，2（1）：9 - 14.

［3］ WANG W, XING W, YANG T, et al. Characterizing the changing behaviours of precipitation concentration in the Yangtze River basin, China ［J］. Hydrological Processes, 2012, 27: 3375 - 3393.

［4］ GAO T, XIE L. Spatiotemporal changes in precipitation extremes over Yangtze River basin, China, considering the rainfall shift in the late 1970s ［J］. Global and Planetary Change, 2016, 147: 106 - 124.

［5］ XIAO C, YU R, FU Y. Precipitation characteristics in the Three Gorges Dam vicinity ［J］. International Journal of Climatology, 2010, 30: 2021 - 2024.

［6］ 袁雅鸣，陈新国. 长江上游秋季降雨特征及主要影响天气系统分析 ［J］. 人民长江，2011，42（6）：21 - 24.

［7］ 孙甲岚，雷晓辉，蒋云钟，等. 长江流域上游气温、降水及径流变化趋势分析 ［J］. 水电能源科学，2012，30（5）：1 - 4.

［8］ LI Z, YANG D, HONG Y, et al. Characterizing spatiotemporal variations of hourly rainfall by gauge and radar in the mountainous Three Gorges region ［J］. Journal of Applied Meteorology and Climatology, 2014, 53: 873 - 889.

［9］ 肖莺，杜良敏，张俊. 长江上面雨量低频特征分析 ［J］. 人民长江，2019，50（8）：87 - 90，150.

［10］ 张俊，高雅琦，徐卫立，等. 长江流域极端降雨事件时空分布特征 ［J］. 人民长江，2019，50（8）：81 - 86，135.

［11］ ZHANG X, ZWIERS F W, LI G, et al. Complexity in estimating past and future extreme short-duration rainfall ［J］. Nature Geoscience, 2017, 10: 255 - 259.

［12］ WU X，WANG Z，ZHOU X，et al. Observed changes in precipitation extremes across 11 basins in China during 1961—2013 ［J］. International Journal of Climatology，2016，36：2866 - 2885.

［13］ SHIH S F. Variation of daily rainfall distribution in south Florida ［J］. American Society of Agriculture Engineers，1986，31：149 - 153.

［14］ CONTRACTOR S，DONAT M G，Alexander L V. Intensification of the daily wet day rainfall distribution across Australia ［J］. Geophysical Research Letters，2018，45：8568 - 8576.

［15］ ZAMANI R，MIRABBASI R，NAZERI M，et al. Spatio temporal analysis of daily，seasonal and annual precipitation concentration in Jharkhand state，India ［J］. Stochastic Environmental Research and Risk Assessment，2018，32：1085 - 1097.

［16］ WU X，GUO S，LIU D，et al. Characterization of rainstorm modes along the upper mainstream of Yangtze River during 2003—2016 ［J］. International Journal of Climatology，2018，38：1976 - 1988.

［17］ CHEN Z，YIN L，CHEN X，et al. Research on the characteristics of urban rainstorm pattern in the humid area of southern China：a case study of Guangzhou City ［J］. International Journal of Climatology，2015，35：4370 - 4386.

［18］ 魏光辉，邓丽娟. 基于 MK 与 SR 非参数检验方法的干旱区降水趋势分析 ［J］. 西北水电，2014，4：1 - 4.

［19］ 刘志伟. 上砂河流域降水特征及变化趋势分析 ［J］. 安徽农学通报，2017，23：160 - 162.

［20］ SERINALDI F，KILSBY C G. The importance of pre-whitening in change point analysis under persistence ［J］. Stochastic Environmental Research and Risk Assessment，2016，30：763 - 777.

［21］ MOLOKOV M B，SHTIGORIN ΓΓ. The Rain Water and Confluent Channel ［M］. Beijing：Architectural Engineering Press，1956.

［22］ 岑国平，沈晋，范荣生. 城市设计暴雨雨型研究 ［J］. 水科学进展，1998，1：42 - 47.

第 3 章

长江上游长期降水预报方法研究与应用

3.1 降水预报方法与评价指标

3.1.1 单因子回归法

自然界的降水变量受诸多要素的影响（如气温和水汽压等），单因子回归模型的基本思想是寻求某一影响要素（因子）与预报对象即降水之间的线性关系。预报因子与预报对象之间的关系由以下公式表达：

$$y = a \cdot x + b + \varepsilon \qquad (3.1)$$

式中：x 为预报因子；y 为预报对象；a 为斜率（回归系数）；b 为截距；ε 为噪声项。

单因子回归模型结构简单、参数少，被认为是最简单也是较为有效的预报模型之一。但单因子回归模型也有局限性，主要体现在考虑的预报因子偏少，未能同时捕捉多个因子与预报对象之间的关系，对实际复杂的气候、天气系统反映过于简单化。

3.1.2 多因子回归法

与单因子回归模型不同，多因子回归模型则是将多个预报因子纳入考虑，并同样假定这些预报因子与预报对象之间为线性相关关系，其表达式为

$$y = \sum_{i=1}^{n} a_i \cdot x_i + b + \varepsilon \qquad (3.2)$$

式中：x_i 为第 i 个预报因子；y 为预报对象；a_i 为因子 x_i 对应的回归系数；b 和 ε 分别为常数项和噪声项。

多因子回归模型同时考虑了多个因子对预报对象的影响，相比单因子回归模型而言，该方法与复杂的气候和天气系统背景更为贴近。然而，多因子回归模型未必优越于单因子回归模型，其中一个重要原因是随着更多因子的加入，噪声信号可能随之增强，导致模型预报不确定性的增加[1]。

3.1.3 随机森林算法

随机森林算法是由加州大学伯克利分校 Leo Breiman 教授于 2001 年提出的一种统计学习理论，它是一个由多个分类回归树组成的组合分类器[2-3]。分类回归树的基本思想是一种二分递归分割方法，在计算过程中充分利用二叉树，按照一定的分割规则，将样本集分为两个子样本集，使得生成的分类回归树每个非叶节点都有两个分枝。对于子样本集，

也重复这个过程，直至不可再分成叶节点为止。随机森林算法适用于分类和回归预测两类问题，其中回归预测方程可表示为

$$h(x) = \frac{1}{N} \sum_{i=1}^{T} \{h(x, \theta_i)\} \qquad (3.3)$$

式中：$h(x)$ 为回归预测值；x 为输入向量；θ_i 为独立同分布随机向量；T 为分类回归树的个数；$\{h(x, \theta_i)\}$ 为分类回归树构成的集合树。

由式（3.3）可知，随机森林回归预测利用了集成学习思想，取各个分类回归树的均值作为回归预测的最终结果。由于分类回归树容易受局部变量的干扰导致分类错误或者产生过拟合的问题，Leo Breiman 教授采用袋装法改进了算法，即采用自举法从初始样本中抽取多个样本并为每个样本分别建立分类回归树，通过改变变量的取值，考查分类回归树的变化，并综合考虑整个随机森林的变化结果，采用 Permutation 随机置换的残差均方减少量评估预报因子的重要性。

随机森林算法在实际应用中具有很多优点，特别是对于存在多种类别的数据，随机森林产生的分类器系统准确度较高。不过，有关研究同时指出，随机森林算法也存在一些缺点和不足，比如随机森林算法对于元基础模型选择相对敏感，其分类器的集成能力在非敏感数据上表现欠佳。在噪声较大的数据集上，其分类或回归处理过程可能发生过拟合现象。另外，对于具有不同层次、不同级别的属性数据，随机森林算法容易失效。

3.1.4 支持向量机法

支持向量机法最初是由 Vapnik 领导的 AT&TBell 实验室研究小组于 1963 年提出的一种分类技术，后来 Vapnik 等通过引入不敏感损失函数，将算法推广到回归情形[4-5]。支持向量机回归的基本原理如下：设有训练集样本 $\{(x_1, y_1), (x_2, y_2), \cdots, (x_n, y_n)\}$，$x_i \in R_n, y_i \in R, i = 1, 2, \cdots, n$，其中 R_n 为 n 维空间集，R 为实数集，x_i 和 y_i 分别为输入量和输出量。通过非线性映射，将输入向量从二维函数映射到高维函数中，实现非线性转化为线性，故而将非线性函数回归问题转化为高维的线性函数回归问题。支持向量机的回归方程可表示为

$$f(x) = w^{\mathrm{T}} \cdot \varphi(x) + b \qquad (3.4)$$

式中：w 为权向量，且 $w \in R_n$，$b \in R$。

函数的线性约束条件可通过优化包进行求解，使得满足约束条件的情况下，目标最优而损失达到最小。权向量 w 的最小值寻优表达式为

$$J_{\min} = \frac{1}{2} \| w \|^2 + c \cdot \sum_{i=1}^{n} (\xi_i^* + \xi_i) \qquad (3.5)$$

约束条件：

$$\begin{cases} y_i - w \cdot \phi(x) - b \leqslant \varepsilon + \xi_i \\ w \cdot \phi(x) + b - y_i \leqslant \varepsilon + \xi_i^* \\ \xi_i, \xi_i^* \geqslant 0, \quad i = 1, 2, \cdots, n \end{cases} \qquad (3.6)$$

式中：c 为惩罚因子；ε 为精度参数；ξ_i 和 ξ_i^* 为松弛因子；$\| w \|$ 为与函数 f 复杂度相关的项。

支持向量机由于根据结构风险最小化的原则进行学习，因而具有较强的泛化能力。它将优化问题转化成求解凸二次规划问题，所得解全局最优，同时运用核函数巧妙解决了维数问题，是目前具有监督学习能力的优秀算法之一，在分类和回归预测方面有较好的应用前景。但是，支持向量机也存在一些问题，比如其中的参数选取问题，对预测模型的泛化性能影响很大，目前尚未有结构化的方法来实现参数的最优选取。

3.1.5 降水预报评价指标

《水文情报预报规范》（GB/T 22482—2008）规定，中长期水文预报误差在实测多年变幅的20％以内为合格，合格率 P 表示为

$$P = \frac{B}{A} \times 100\% \tag{3.7}$$

式中：B 为合格样本个数；A 为样本总数。

合格率达到85％及以上为甲等预报水平，70％～85％为乙等水平，60％～70％为丙等水平。

平均绝对误差是水文预报的最为常见指标之一，其表达式为

$$\text{MAE} = \frac{1}{m} \sum_{i=1}^{m} |f_i - o_i| \tag{3.8}$$

平均相对误差是另一个常用的降水预报评价指标，计算公式如下：

$$\text{MRE} = \frac{1}{m} \sum_{i=1}^{m} \frac{|f_i - o_i|}{o_i} \times 100\% \tag{3.9}$$

3.1.6 各种方法分析比较

采用上述4种方法构建模型预报长江上游1961—2017年逐月降水量，预报因子为厄尔尼诺（El Niño Southern Oscillation，ENSO，包括nino1＋2、nino3、nino3.4和nino4四个指标）、太平洋年代际涛动指数（Pacific Decadal Oscillation，PDO）、副热带南印度洋偶极子（South Indian Ocean Diploe index，SIOD）和北大西洋海温三极子模态（North Atlantic Triple index，NAT），时间跨度均为1961—2017年。nino1＋2、nino3、nino3.4、nino4和PDO时间序列由美国大气与海洋管理局提供（NOAA，详见 https：//www.noaa.gov/），SIOD和NAT序列来源于国家气候中心（NMIC，详见 https：//www.ncc-cma.net/cn/）。降水数据为中国地面降水日值0.5°×0.5°格点数据集（1961—2017年）。预报模型预见期设为1～3个月，通过滑动窗法滚动预报（窗口长度为30年）。一般而言，预报模型构建过程分为率定和检验两个阶段，但模型的可靠性和精度主要通过检验期来评定。限于篇幅，仅列出检验期模型结果。

3.1.6.1 单因子回归法预报结果

表3.1列出了每个预报因子回归模型预报检验对应的合格率 P 评估指标统计值。在汛期中，5月的降水预报最优预报因子为PDO，3种预见期下的合格率 P 为70％～85％，为乙等预报水平。nino3.4及nino4两个因子也为乙等水平，但合格率略低于PDO。6月

最优预报因子为 nino1＋2 和 SIOD，但其水平仅为丙等（$P<70\%$）。7 月、8 月的最优预报因子为 NAT，但预报结果基本在丙等水平左右。9 月的最优预报因子为 SIOD，其预报为乙等水平；nino4 和 PDO 预报水平大致在乙等水平，但合格率低于 SIOD。10 月最优预报因子则为 PDO，在预见期 1 个月的情形下，合格率为 74.07％，为乙等水平，但预见期 2～3 个月情形下的预报仅为丙等水平。采用 7 个因子分别构建单因子回归模型对长江上游汛期月降水预报中，5 月预报水平最高，大部分因子可达到乙等预报水平；9 月预报水平次之，整体上合格率高于其余月。相比于 ENSO 因子（nino1＋2、nino3、nino3.4 和 nino4）而言，PDO、SIOD 和 NAT 能更好地预报长江上游汛期的月降水量。对于非汛期，1 月最优预报因子为 nino1＋2，2～4 月和 12 月的最优预报因子为 SIOD 和 NAT，11 月为 ENSO 因子。但 1—3 月预报效果较差，不同预见期下合格率均在 70％以下，为丙等水平。4 月少部分预报达到乙等以上水平，大部分为丙等水平。11—12 月多数可达到甲等水平，合格率超过 85％。从全年来看，11—12 月预报效果最佳，4—10 月次之，1—3 月效果最差。

表 3.1　不同因子的单元回归模型在长江上游月降水预报检验（1991—2017 年）中的合格率 P　％

预报因子	预见期	1 月	2 月	3 月	4 月	5 月	6 月	7 月	8 月	9 月	10 月	11 月	12 月
nino1＋2	1 个月	**48.15**	37.04	40.74	77.78	74.07	**66.67**	66.67	59.26	66.67	62.96	**96.30**	85.19
	2 个月	**48.15**	40.74	40.74	70.37	74.07	**66.67**	66.67	55.56	66.67	62.96	92.59	85.19
	3 个月	40.74	37.04	51.85	70.37	66.67	**66.67**	62.96	55.56	66.67	62.96	**96.30**	85.19
nino3	1 个月	44.44	40.74	44.44	55.56	66.67	**66.67**	62.96	62.96	66.67	62.96	92.59	85.19
	2 个月	44.44	44.44	44.44	66.67	70.37	62.96	62.96	62.96	66.67	59.26	**96.30**	88.89
	3 个月	44.44	40.74	48.15	59.26	74.07	62.96	62.96	62.96	66.67	62.96	**96.30**	92.59
nino3.4	1 个月	40.74	40.74	40.74	55.56	70.37	62.96	62.96	62.96	66.67	62.96	85.19	85.19
	2 个月	37.04	37.04	40.74	59.26	70.37	59.26	59.26	62.96	66.67	59.26	**96.30**	85.19
	3 个月	37.04	37.04	40.74	55.56	74.07	62.96	62.96	62.96	66.67	62.96	**96.30**	88.89
nino4	1 个月	37.04	44.44	40.74	66.67	70.37	62.96	59.26	62.96	70.37	70.37	77.78	92.59
	2 个月	37.04	33.33	48.15	62.96	74.07	66.67	62.96	62.96	70.37	66.67	92.59	92.59
	3 个月	37.04	29.63	33.33	66.67	74.07	62.96	62.96	62.96	70.37	62.96	85.19	92.59
PDO	1 个月	33.33	25.93	40.74	55.56	**77.78**	59.26	59.26	51.85	70.37	**74.07**	59.26	88.89
	2 个月	37.04	18.52	18.52	70.37	**77.78**	59.26	59.26	55.56	74.07	62.96	59.26	88.89
	3 个月	33.33	25.93	29.63	70.37	74.07	59.26	62.96	55.56	66.67	59.26	51.85	85.19
SIOD	1 个月	33.33	25.93	**59.26**	51.85	74.07	**66.67**	59.26	59.26	**77.78**	59.26	88.89	85.19
	2 个月	33.33	22.22	40.74	59.26	70.37	**66.67**	59.26	51.85	**77.78**	59.26	81.48	92.59
	3 个月	25.93	29.63	40.74	74.07	70.37	**66.67**	59.26	55.56	74.07	59.26	85.19	88.89
NAT	1 个月	44.44	18.52	55.56	**85.19**	74.07	62.96	**70.37**	66.67	66.67	55.56	85.19	**96.30**
	2 个月	37.04	**48.15**	44.44	77.78	70.37	62.96	66.67	**70.37**	62.96	55.56	81.48	81.48
	3 个月	37.04	40.74	**59.26**	77.78	66.67	62.96	66.67	62.96	66.67	55.56	81.48	88.89

注　加粗下划线数值为对应月的最优预报结果。

表 3.2 为每个预报因子回归模型预报检验对应的 *MAE* 评估指标统计值。由表可知，汛期中 5 月降水预报 *MAE* 最小的为 nino4 因子，其次为 PDO。主汛期 6—8 月预报中，PDO、SIOD 和 NAT 3 个因子预报效果优于 ENSO 因子；丰水月 7—8 月预报的最优因子为 NAT，其最低平均绝对误差 *MAE* 分别为 24.85mm 和 26.63mm。后汛期 9 月和 10 月的 *MAE* 最小分别为 SIOD 和 nino3.4 因子；值得指出的是，ENSO 因子相比 PDO、SIOD 和 NAT 因子能更准确预报 10 月降水量。比较不同月单因子回归模型的预报结果发现，5 月和 10 月预报的 *MAE* 最小，其次为 6 月和 9 月，误差较大的为丰水月 7 月和 8 月。此外，尽管 6 月和 8 月历年降水量均值接近（图 2.2），无论采用哪个因子，8 月的预报误差明显高于 6 月；再比较 6 月和 9 月，前者历年降水量均值大于后者，但前者预报误差小于后者。这说明，单因子回归模型能较好预报汛期 6 月降水，但相对来说较难反映 8 月和 9 月的降水情况。非汛期中 1 月、4 月和 11 月的最优因子为 SIOD，其最低 *MAE* 分别为 3.02mm、7.92mm 和 7.70mm。2—3 月和 12 月的最优预报因子分别为 nino4、PDO 和 nino1＋2。

表 3.2　不同因子的单元回归模型在长江上游月降水预报检验（1991—2017 年）中的 *MAE*

单位：mm

预报因子	预见期	1 月	2 月	3 月	4 月	5 月	6 月	7 月	8 月	9 月	10 月	11 月	12 月
nino1＋2	1 个月	3.24	4.37	6.64	8.13	10.19	14.98	26.94	27.44	17.04	9.94	8.41	**4.20**
	2 个月	3.26	4.34	6.62	8.19	10.51	15.17	27.03	27.77	17.04	10.08	8.33	4.25
	3 个月	3.19	4.31	6.64	8.40	10.66	15.22	27.17	28.86	16.88	10.29	8.46	4.27
nino3	1 个月	3.21	4.23	6.46	8.54	9.93	15.12	27.20	27.36	17.31	9.28	8.48	4.51
	2 个月	3.21	4.29	6.53	8.48	10.23	15.17	27.46	27.29	17.14	9.51	8.39	4.55
	3 个月	3.19	4.28	6.60	8.64	10.13	15.23	28.01	28.34	16.82	9.74	8.53	4.49
nino3.4	1 个月	3.28	3.94	6.22	8.96	9.59	15.10	27.41	27.44	17.25	9.12	8.53	4.60
	2 个月	3.27	3.98	6.29	9.07	9.87	15.22	28.01	27.34	17.49	**9.08**	8.44	4.71
	3 个月	3.26	4.00	6.36	9.23	9.98	15.09	28.32	27.63	17.11	9.23	8.58	4.63
nino4	1 个月	3.20	3.86	6.28	8.99	**9.10**	15.11	27.29	27.39	16.59	9.47	8.55	4.81
	2 个月	3.21	**3.80**	6.26	9.17	9.35	15.15	26.84	27.37	16.88	9.37	8.46	4.89
	3 个月	3.22	3.91	6.31	9.39	9.44	15.11	27.11	27.25	16.58	9.43	8.56	4.85
PDO	1 个月	3.05	4.07	6.20	8.58	9.22	14.89	28.16	28.85	17.34	9.23	7.93	4.71
	2 个月	3.10	4.11	6.17	8.36	9.21	14.70	28.87	28.36	17.49	10.07	8.02	4.59
	3 个月	3.12	4.13	**6.11**	8.24	9.49	**14.68**	30.16	28.72	17.68	10.15	7.84	4.61
SIOD	1 个月	3.14	4.07	6.24	**7.92**	10.09	14.72	27.19	26.97	**15.20**	10.26	8.20	4.57
	2 个月	3.11	4.17	6.29	8.15	9.92	14.87	27.60	28.50	15.57	10.25	**7.70**	4.67
	3 个月	**3.02**	4.24	6.66	8.20	9.86	14.84	27.67	28.61	15.68	10.62	7.77	4.69
NAT	1 个月	3.16	4.08	6.33	8.96	9.81	14.69	**24.85**	27.02	17.69	10.88	7.97	4.73
	2 个月	3.17	4.09	6.29	8.92	9.93	15.05	25.44	**26.63**	17.75	10.42	7.89	4.83
	3 个月	3.25	4.17	6.19	8.59	10.20	14.96	25.29	26.92	17.26	10.48	8.20	4.55

注　加粗下划线数值为对应月的最优预报结果。

表3.3为降水预报的 *MRE* 评估指标统计值。在汛期，6月、7月、9月和10月降水预报的最优预报因子与 *MAE* 反映的相同，分别为 PDO、NAT、SIOD 和 nino3.4，但5月和8月则有所不同，分别为 PDO 和 SIOD。从 *MRE* 数值来看，5月、6月 *MRE* 较低，分别为12.49%和11.91%；8月和10月 *MRE* 较大，均超过20%。比较不同月的预报结果可知，5月和6月的 *MRE* 最小，不同的预见期均小于15%。但从历年均值看，6月降水量明显大于5月，因此6月的降水预报效果要优于5月。对于其余月，*MRE* 大部分超过20%。特别地，丰水月7月历年降水量明显大于后汛期9—10月，但不同预见期下7月预报的 *MRE* 均与9月的基本持平，且低于10月的 *MRE*，说明单因子回归模型对预报9月和10月降水能力上有所欠缺。再比较6月和与之降水量相当的8月及较之降水量偏少的9月和10月发现，不同预见期下6月的预报误差明显小于其他3个月，进一步说明单因子回归模型能较好预报6月的降水量。非汛期 *MRE* 要大于汛期，其中1—4月和11—12月，1—2月和11—12月不同预见期下的 *MRE* 大多数在30%~40%，4月预报效果最好，*MRE* 在20%以下，但3月预报较差，*MRE* 在40%以上。1月、3月和4月的最优因子为 SIOD，2月和12月最优因子则为 nino4 和 nino1+2。

表3.3 不同因子的单元回归模型在长江上游月降水预报检验（1991—2017年）中的 *MRE* ％

预报因子	预见期	1月	2月	3月	4月	5月	6月	7月	8月	9月	10月	11月	12月
nino1+2	1个月	40.44	43.00	46.44	17.32	14.01	12.26	20.56	24.58	20.98	22.35	38.64	**30.73**
	2个月	40.74	42.84	43.88	17.37	14.43	12.44	20.68	24.85	20.95	22.59	38.16	31.78
	3个月	39.93	42.84	45.19	17.79	14.54	12.46	20.82	25.69	20.63	23.03	39.05	31.69
nino3	1个月	39.86	41.76	44.49	18.08	13.57	12.29	20.45	24.59	21.45	20.86	38.86	35.39
	2个月	39.60	42.34	44.56	18.00	14.06	12.36	20.80	24.59	21.08	21.34	38.36	36.68
	3个月	39.44	42.34	44.69	18.31	13.95	12.41	21.25	25.35	20.41	21.81	39.32	34.93
nino3.4	1个月	40.43	39.98	43.70	18.99	13.13	12.29	20.47	24.63	21.56	20.44	37.79	36.57
	2个月	39.99	40.63	44.06	19.30	13.58	12.36	20.96	24.58	21.57	**20.31**	37.20	38.74
	3个月	40.24	40.91	44.51	19.63	13.74	12.30	21.25	24.71	20.83	20.63	38.16	37.00
nino4	1个月	39.67	39.31	44.48	18.97	12.53	12.25	20.20	24.42	20.70	20.98	38.18	40.67
	2个月	39.18	**39.20**	43.93	19.55	12.93	12.27	20.01	24.39	20.76	20.71	37.58	42.14
	3个月	39.82	40.47	44.36	20.05	13.06	12.25	20.34	24.28	20.28	20.86	38.27	41.48
PDO	1个月	38.92	41.71	43.73	18.25	**12.49**	12.04	20.97	26.07	21.45	20.91	36.58	40.87
	2个月	39.85	42.36	43.91	17.72	**12.49**	**11.91**	21.23	25.81	21.68	22.64	36.74	39.59
	3个月	40.29	42.33	44.00	17.50	12.87	**11.91**	22.14	25.83	21.83	22.83	35.87	39.72
SIOD	1个月	38.82	41.18	44.04	**16.93**	13.88	12.07	20.55	**24.18**	**19.07**	22.86	36.76	39.35
	2个月	**37.84**	41.98	**41.48**	17.25	13.63	12.17	21.00	25.13	19.46	22.76	**33.11**	39.70
	3个月	39.12	42.26	47.70	17.34	13.54	12.16	21.01	25.39	19.57	22.79	33.48	40.83
NAT	1个月	39.62	42.07	43.77	18.89	13.36	12.03	**18.63**	24.46	21.90	23.91	36.09	40.06
	2个月	39.89	41.46	43.80	18.78	13.42	12.30	19.11	24.28	22.01	23.52	35.15	41.93
	3个月	41.02	41.64	43.68	18.27	13.55	12.21	19.08	24.37	21.42	23.59	37.02	37.85

注 加粗下划线数值为对应月的最优预报结果。

尽管不同评估指标所反映的最优预报因子或预报期有所差别，总体上看，对于长江上游汛期5—10月的月降水预报，PDO、SIOD 和 NAT 因子相比 ENSO 因子具有更高的预报精度，并且对于不同预见期的预报，预见期1～2个月的预报精度要高于预见期3个月的预报精度。单因子回归模型能较好捕捉5月和6月的降水情况，但对预报7—10月特别是8月和10月的降水量上表现欠佳。对于非汛期月降水预报，SIOD 和 NAT 因子同样比 ENSO 因子预报效果更佳，但单因子预报模型在4月预报上表现要明显好于其他月预报。

3.1.6.2 多因子回归法预报结果

多因子回归模型预报检验结果列于表3.4。对于汛期预报，8月和10月预见期1个月的预报精度高于预见期2个月和3个月的预报，但两个月预报的合格率仅为丙等水平。预见期1个月情况下，8月的 MAE 为30.66mm，MRE 为27.52%，而10月的 MAE 和 MRE 分别为8.81mm 和18.66%。对于5月、6月和9月的降水预报，预见期2个月的预报精度基本上高于其他预见期。5月的预报合格率为74.07%，为乙等水平，6月为丙等水平，9月合格率较高，超过85%，为甲等水平。预见期2个月情况下，5月、6月和9月的 MAE 分别为10.32mm、15.68mm 和14.92mm，MRE 分别为13.77%、12.59%和17.65%。7月的降水预报合格率评定为丙等预报水平，与其他月不同的是，该月预报的不同预见期的评估指标表现并不十分一致，最佳预见期的信息比较模糊。丰水月7—8月的预报误差普遍大于其他月。6月历年降水均值与8月基本持平，但预报误差却明显小于8月，说明多因子回归预报模型能更好地预报6月降水量。在1～3个月预见期的前提下，每个月的降水预报精度未必随着预见期的缩短而提高。在非汛期预报中，1—3月预见期2个月的预报精度要高于其他预见期，但预报水平仅为丙等，MAE 分别为2.40mm、4.10mm 和5.42mm，MRE 分别为38.57%、39.13%和44.21%。4月和11—12月预见期1个月精度普遍高于其他预见期，预报水平达到甲等，MAE 分别为8.37mm、8.74mm 和3.55mm，MRE 分别为18.09%、36.16%和39.01%。

表3.4 多因子回归模型在长江上游月降水预报检验（1991—2017 年）中的精度

评估指标	预见期	1月	2月	3月	4月	5月	6月	7月	8月	9月	10月	11月	12月
P/%	1个月	44.44	40.74	44.44	**85.19**	70.37	59.26	**62.96**	**59.26**	81.48	**62.96**	**85.19**	**96.30**
	2个月	**55.56**	**55.56**	**59.26**	77.78	**74.07**	51.85	59.26	48.15	**85.19**	55.56	**85.19**	85.19
	3个月	44.44	40.74	37.04	77.78	66.67	**62.96**	**62.96**	51.85	70.37	51.85	**85.19**	92.59
MAE/mm	1个月	3.16	4.82	5.76	**8.37**	10.77	16.45	29.00	**30.66**	15.41	**8.81**	8.74	3.55
	2个月	**2.40**	4.10	**5.42**	8.95	**10.32**	**15.68**	28.45	32.16	**14.92**	10.42	**7.58**	4.11
	3个月	2.61	**3.61**	6.08	8.82	10.75	16.68	29.04	31.39	15.49	12.10	8.61	**3.32**
MRE/%	1个月	39.31	40.12	44.55	**18.09**	13.99	13.41	21.36	**27.52**	19.28	**18.66**	**36.16**	**39.01**
	2个月	**38.57**	**39.13**	**44.21**	19.10	**13.77**	**12.59**	**21.06**	28.56	**17.65**	23.21	37.62	40.13
	3个月	39.36	40.20	44.94	20.45	14.35	13.61	21.97	27.60	18.06	25.30	36.64	40.64

注 加粗下划线数值为同一评估指标不同预见期的最优预报结果。

3.1.6.3 随机森林算法预报结果

表3.5为构建的随机森林模型对长江上游月降水预报结果。初汛期5月和最丰水月7

月和 8 月的预见期 1 个月预报效果要优于其他预见期，但仅有 5 月的预报合格率达到乙等预报水平，7 月和 8 月的仅为丙等水平。另外，5 月、7 月和 8 月的 MAE 分别为 8.71mm、27.01mm 和 27.66mm，MRE 分别为 11.59%、20.64% 和 25.44%。对于 6 月，则是预见期 2 个月的预报效果最好，合格率达乙等水平，MAE 和 MRE 分别为 14.25mm 和 11.55%。后汛期 9 月和 10 月的预报中，预见期 3 个月的预报效果优于其他预见期，预报水平均达乙等水平，MAE 分别为 15.25mm 和 8.98mm，MRE 分别为 18.85% 和 19.76%。总体而言，5 月和 10 月的降水预报误差要小于其他月，而丰水月 7 月和 8 月的误差则比较大。比较历年降水量均值相当的 6 月和 8 月预报结果可发现，不同预见期下前者的预报误差均明显低于后者。与降水量相对较少的 9 月相比，6 月预报精度也普遍高于 9 月，说明随机森林模型相对而言能更好反映 6 月的降水情况，对 8—9 月的降水预测能力欠佳。对于非汛期预报，2—3 月和 11—12 月最佳预见期为 2 个月，1 月为 3 个月，4 月为 1 个月。但预报合格率仅有 11 月和 12 月达到甲等水平，4 月为乙等预报水平，1—3 月为丙等水平。4 月 MRE 最小，基本在 20% 以下；1—2 月和 11—12 月 MRE 大多在 40% 左右；3 月效果较差，MRE 超过 40%。

表 3.5　随机森林回归模型在长江上游月降水预报检验（1991—2017 年）中的精度

评估指标	预见期	1 月	2 月	3 月	4 月	5 月	6 月	7 月	8 月	9 月	10 月	11 月	12 月
P/%	1 个月	**44.44**	**59.26**	55.56	**85.19**	**74.07**	55.56	**66.67**	59.26	70.37	62.96	88.89	88.89
	2 个月	37.04	48.15	**59.26**	77.78	70.37	**77.78**	55.56	59.26	70.37	**74.07**	**92.59**	**92.59**
	3 个月	**44.44**	48.15	55.56	77.78	62.96	62.96	59.26	**66.67**	**74.07**	62.96	85.19	85.19
MAE/mm	1 个月	3.89	4.41	5.94	**7.94**	**8.71**	16.09	**27.01**	**27.66**	16.18	9.77	8.77	4.23
	2 个月	2.72	**4.18**	**5.44**	8.70	10.46	**14.25**	28.90	30.07	15.95	9.84	**7.50**	**3.32**
	3 个月	**2.58**	5.18	6.06	8.14	10.84	16.07	27.60	29.31	**15.25**	**8.98**	8.14	3.58
MRE/%	1 个月	39.71	39.25	45.43	**18.28**	**11.59**	12.98	**20.64**	**25.44**	19.90	21.95	36.76	40.14
	2 个月	39.65	**38.85**	**43.01**	19.91	13.58	**11.55**	21.63	27.23	19.65	21.51	37.66	**39.49**
	3 个月	**38.47**	40.05	45.14	20.66	14.53	13.01	20.73	26.26	**18.85**	**19.76**	35.56	39.59

注　加粗下划线数值为同一评估指标不同预见期的最优预报结果。

3.1.6.4　支持向量机法预报结果

支持向量机降水预报模型的检验结果见表 3.6。汛期 6 月、7 月和 10 月的最佳预见期是 2 个月，但仅有 7 月的合格率达乙等水平，另外两个月为丙等预报水平。该预见期下，3 个月降水预报的 MAE 分别为 14.42mm、24.55mm 和 10.26mm，MRE 分别为 11.75%、17.82% 和 23.15%。9 月的最佳预见期为 3 个月，合格率为乙等预报水平，其 MAE 和 MRE 分别为 15.08mm 和 18.31%。对于 5 月和 8 月，由于不同预见期下的评估指标表现并不十分一致，其最佳预见期的信息较为模糊，但大致可看出预见期 1～2 个月的预报误差要小于预见期 3 个月的误差。比较不同月的预报表现可知，5 月的预报精度最高，丰水月 7 月和 8 月的预报精度相对其他月要低，其中 7 月预报效果优于 8 月。与随机森林模型反映的相同，6 月降水预报精度均要高于与之降水量相当的 8 月和较之降水量较少的 9 月，说明支持向量机预报模型能更好地预测 6 月降水。比较发现，尽管后汛期 10

月的历年降水量低于初汛期 5 月，其预报精度反而低于 5 月，可见预报模型更能预测初汛期而非后汛期的降水量。从非汛期预报结果看，2 月、4 月、11—12 月最佳预见期为 1 个月，1 月为 2 个月，3 月则为 3 个月。但仅有 11—12 月预报达到甲等预报水平，4 月预报为乙等水平，合格率为 70%～80%，1—3 月合格率较低，仅为丙等水平。与随机森林算法相似，4 月 MRE 最小，其次为 1—2 月和 11—12 月，3 月 MRE 较大。

表 3.6　　　　支持向量机模型在长江上游月降水预报检验（1991—2017 年）中的精度

评估指标	预见期	1 月	2 月	3 月	4 月	5 月	6 月	7 月	8 月	9 月	10 月	11 月	12 月
P/%	1 个月	**48.15**	44.44	**55.56**	**77.78**	70.37	51.85	66.67	51.85	77.78	**66.67**	**92.59**	**88.89**
	2 个月	**48.15**	**48.15**	40.74	**77.78**	66.67	**66.67**	**70.37**	**66.67**	70.37	62.96	88.89	**88.89**
	3 个月	40.74	**48.15**	**55.56**	70.37	**74.07**	59.26	62.96	59.26	**81.48**	62.96	85.19	**88.89**
MAE/mm	1 个月	2.50	**3.46**	6.74	**7.12**	**8.83**	15.30	24.85	**28.93**	16.50	10.88	**8.02**	**3.61**
	2 个月	**2.38**	3.94	7.39	8.06	9.54	**14.42**	**24.55**	29.30	16.28	**10.26**	9.35	3.81
	3 个月	3.06	3.59	**6.70**	7.77	10.70	15.29	26.15	30.96	**15.08**	10.73	8.09	4.75
MRE/%	1 个月	39.34	**39.09**	45.40	**18.77**	**11.49**	12.38	18.30	25.80	20.37	23.91	**35.96**	**39.14**
	2 个月	**38.33**	39.93	44.11	20.49	12.36	**11.75**	**17.82**	**25.68**	20.24	**23.15**	37.42	40.46
	3 个月	40.79	41.19	**43.94**	20.98	14.02	12.42	19.18	26.61	**18.31**	23.32	36.64	39.67

注　加粗下划线数值为同一评估指标不同预见期的最优预报结果。

　为总结出表现最优的长江上游月降水预报模型，对应用的 4 种降水预报模型检验结果进行比较和汇总。由于单因子回归模型分别采用 7 个海温因子，故实际上比较 10 种模型的预报精度。为方便描述，对该 10 种预报模型简写如下：单因子回归模型采用对应的预报因子命名（如 nino1+2 模型），多因子回归模型记为 MLR，随机森林模型记为 RF，支持向量机模型记为 SVM。

　对每个月、每个预见期以及每个评估指标的最优模型进行统计，结果见表 3.7。由表 3.7 可知，不同指标确定的模型不尽相同。为此，设以下两个原则进一步推选出长江上游月降水最优预报模型：

表 3.7　　　　　　不同评估指标下的长江上游月降水最优预报模型

评估指标	预见期	1 月	2 月	3 月	4 月	5 月	6 月	7 月	8 月	9 月	10 月	11 月	12 月
P/%	1 个月	多种	RF	多种	多种	PDO	多种	NAT	NAT	MLR	PDO	nino1+2	多种
	2 个月	MLR	MLR	多种	多种	PDO	RF	SVM	NAT	MLR	RF	多种	多种
	3 个月	多种	多种	多种	多种	多种	多种	NAT	RF	SVM	多种	多种	多种
MAE/mm	1 个月	SVM	SVM	MLR	SVM	RF	NAT	多种	SIOD	SIOD	MLR	PDO	MLR
	2 个月	SVM	nino4	MLR	SVM	PDO	RF	SVM	NAT	MLR	nino3.4	RF	RF
	3 个月	RF	SVM	RF	SVM	nino4	PDO	NAT	NAT	RF	SIOD	SIOD	MLR
MRE/%	1 个月	SIOD	SVM	nino3.4	SIOD	SVM	NAT	SVM	SIOD	SIOD	MLR	SVM	nino1+2
	2 个月	SIOD	RF	SVM	SVM	SVM	RF	NAT	NAT	MLR	nino3.4	SIOD	nino1+2
	3 个月	RF	RF	NAT	SIOD	PDO	PDO	NAT	nino4	MLR	RF	SIOD	nino1+2

（1）若同一月、同一预见期下 4 个评估指标反映的最优预报模型一致，则该模型即为选中的最优预报模型。

（2）若评估指标之间反映的最优预报模型不一致，则比较每一评估指标下不同模型的表现，其中合格率按照甲乙丙 3 个预报等级进行比较，其余指标按量值比较，并检查每个评估指标下是否有优势明显的模型（单个），剔除不具有该条件的指标，符合该条件的指标对应的优势模型即为选中的最优预报模型。当符合该条件的指标不止一个且所反映的优势模型不同时，则同时推选多个模型为最优预报模型。

表 3.8 对推选的长江上游月降水最优预报模型进行汇总。由表可知，单因子回归模型主要适用于 3—4 月、8 月、11—12 月的降水预报，多因子回归模型适用于 9 月的预报；海温因子 PDO、SIOD 和 NAT 相比 ENSO 因子更能预测长江上游月降水量。随机森林模型主要适用于 2 月、6 月和 10 月的预报，支持向量机则适用于 1 月、5 月、7 月和 9 月的降水预测。

表 3.8 长江上游月降水最优预报模型汇总表

预见期	1 月	2 月	3 月	4 月	5 月	6 月	7 月	8 月	9 月	10 月	11 月	12 月
1 个月	SVM	SVM	nino3.4	SIOD	SVM	PDO	NAT	SIOD	MLR	MLR	SVM	nino1+2
2 个月	SIOD	RF	SIOD	SIOD	PDO	RF	SVM	NAT	MLR	nino3.4	SIOD	nino1+2
3 个月	RF	RF	NAT	SIOD	PDO	PDO	NAT	nino4	SVM	RF	SIOD	nino1+2

3.2 基于时变海温多极指标的长期降水预报模型

传统的利用海温信号预报区域中长期降水的方法中，主要围绕某一个或多个特定海温因子并建立其与降水的相关关系来实现预测。这些主流的海温因子包括 ENSO、PDO、SIOD、NAT 以及一些其他因子诸如北大西洋涛动（NAO）和南极涛动（AAO）等[6-7]。尽管这些海温因子被认为是全球气候系统变化的重要映射，在区域尺度上这些因子未必能够很好反映降水的变化特征。近年来，已有学者注重于研究区域降水与不同海域海温场的关系，为利用海温场预报降水领域提供了新的方向[8-9]。

由于大气环流及海气之间的相互作用，不同海域的海温场存在一定的关联，且海温场的空间分布格局具有单极、偶极和多极的特征[10]。美国佐治亚理工学院 Aris P. Georgakakos 教授团队提出一种海温偶极的长期降水预报方法（以下简称 DSST 方法），从全球角度筛选海温场并构建海温偶极预报模型，成功应用于美国东南地区季度降水量的预测[11]。DSST 方法的核心思想是利用两处海域温度场的差异或叠加信号作为预报因子。但 DSST 方法仅考虑了两处海域的温度信号（不考虑该团队在研究中采用的集合预报模式），不能同时考虑多处海温场以及不同海温场之间的相关性；另外，该方法框架下海温偶极的空间位置（海域位置）是固定的，并不随时间变化而变化。事实上，多处不同的海域温度信号很可能互相影响，且在气候变化的大背景下，影响区域降水的关键海域（海温极子）很可能是动态变化的。遗憾的是，目前通过海温多极进行降水预报的研究罕有[12]，在预报模型中考虑随时间变化的海温极子因子的研究则更少。本节在回顾 Aris P. Georgakakos

教授团队介绍的海温偶极预报方法的基础上，创造性地提出一种时变海温多极指标并建立降水预报模型。以长江上游为例进行应用，检验时变海温多极指标的合理性和预报模型的精度，以期为降水预报领域研究提供新的理论思想，同时为三峡防洪和兴利综合调度提供科学决策。

3.2.1 基于海温多极预报的原理与方法

3.2.1.1 数学描述

传统的海温偶极子定义为两处海域温度场的差值[13-14]。在 Aris P. Georgakakos 教授团队提出的 DSST 方法框架中，海温偶极的表达式为[11]

$$\text{DSST}(K,t)=\text{Avg}[K_1]\pm\text{Avg}[K_2] \tag{3.10}$$

式中：K_1 和 K_2 分别为两处海域（极子）的温度；Avg 表示空间平均，即海域的平均温度；t 为时间。

可见，DSST 方法不仅能表示两处海域温度场的差异，而且能反映两处温度场的叠加情况。借鉴上述海温偶极的定义，不难延伸至海温多极子（MSST）的情形，即不同多处的海温场也可能存在类似的差异或叠加关系。注意到加入过多的海温场信号有可能导致白噪声的增强（实际上每处海温场均携带有一定的白噪声），反而使得构建的预报因子（指标）对预报对象（降水）的指示能力减弱。为避免这一情况，对部分海温场予以筛选和剔除，并定义 MSST 为如下形式：

$$\text{MSST}(\psi,K,t)=\sum_{i=1}^{n}\psi_i\text{Avg}[K_i] \tag{3.11}$$

$$\psi_i\in\{-1,0,1\},i=1,2,\cdots,n \tag{3.12}$$

式中：Avg、K 和 t 意义同前；ψ 为不同海温极子的关联形式，记为海温极子联合系数。特别地，$\psi=0$ 表示对应的海温极子对 MSST 贡献为零（剔除）；当仅有一个 ψ 值不为零或海温极子数目 $n=1$ 时，MSST 为单极子情形；当有两个 ψ 值不为零或 $n=2$ 时，反映了海温偶极情形。

由此可见，MSST 能同时反映单极子、偶极和多极情形，另外 $\psi=\pm1$ 也能反映不同海温极子之间的差异或叠加关系。

3.2.1.2 前期海温波动模式

现有的大量相关研究中，无论是海温偶极或延伸概念的海温多极，海域平均温度 Avg[K] 一般为固定时段（如前期 1 个月）的海温统计值[8-14]。值得注意的是，前期不同时段的海温波动相比于固定时段的海温值而言，可能更能反映气候及天气系统的变化情况，对降水现象具有更好的指示意义。以长江上游 9 月降水为例，取 nino3.4 为预报因子，审查前期 1～3 个月（即 6—8 月）的 nino3.4 与 9 月降水的相关系数，如图 3.1 所示。历史观测资料显示，6 月、7 月和 8 月的 nino3.4 与长江上游 9 月降水相关系数分别为－0.319、－0.264 和－0.159；若采用 6 月＋7 月－8 月 nino3.4 作为预报因子，对应的相关系数达 0.403，说明预报因子与预报对象的相关性得到提高。因此，考虑前期不同时段的海温波动而非固定时段的海温统计值有助于提高预报精度。

在海温因子与降水变量之间滞时的选取上，以往的研究中差别较大，对于预报模型采

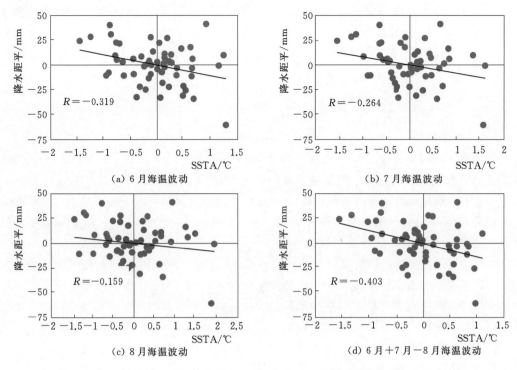

图 3.1　1961—2017 年 6 月、7 月、8 月 nino3.4 和 6 月＋7 月－8 月
nino3.4 与长江上游 9 月降水关系散点图

用哪个滞时最优也无统一的定论。在长期降水预报领域内，滞时主要采用 1～12 个月[15]，即探索前期 1～12 个月海温场与降水的关系。从物理机制角度分析，一般滞时越长，意味着区域降水过程主要由相对久远的气候系统控制的可能性较大；反之，降水过程受近期气候系统影响的可能性大。在复杂的气候变化背景下，考查近期气候系统特征有助于掌握新的全球气候形势和避免由于滞时过长而导致的预报不确定性。正因如此，在实践中降水预报员往往更加注重近期的气候天气特征的信息收集。

综上可知，存在着这样的情形，即对于某一海域，前期不同时段的海温叠加或差异与区域降水变量具有更高的相关程度；另外，选取相对较短的海温因子与降水之间的滞时既有助于捕捉气候系统的新形势，也符合实际生产的需求。对此，引入前期 1～3 个月的海温波动模式概念。

记前期 1～3 个月海温为 K^1、K^2 和 K^3，定义前期 1～3 个月海温波动模式为这 3 个月海温的任意加减（叠加或差异）组合，记为 ΔK。按照定义，通过穷举法可知前期 1～3 个月海温波动模式共有 $(3^3-1)/2=13$ 种，根据不同模式所包含的月数可分为以下 3 个类型：

（1）Ⅰ型：仅包含前期 1 个月的海温信号，共 3 种，即
$$\Delta K^1=K^1, \Delta K^2=K^2, \Delta K^3=K^3 \tag{3.13}$$

（2）Ⅱ型：包含前期 2 个月的海温信号，共 6 种，即
$$\Delta K^4=K^1+K^2, \Delta K^5=K^1-K^2, \Delta K^6=K^1+K^3,$$

$$\Delta K^7 = K^1 - K^3, \Delta K^8 = K^2 + K^3, \Delta K^9 = K^2 - K^3 \tag{3.14}$$

（3）Ⅲ型：包含前期所有 3 个月的海温信号，共 4 种，即

$$\Delta K^{10} = K^1 + K^2 + K^3, \Delta K^{11} = K^1 + K^2 - K^3,$$

$$\Delta K^{12} = K^1 - K^2 + K^3, \Delta K^{13} = K^1 - K^2 - K^3 \tag{3.15}$$

由 3 类模式包含的海温信号可知，Ⅰ型模式中的 ΔK^1、ΔK^2 和 ΔK^3 分别可用于预见期 1 个月、2 个月和 3 个月的预报；Ⅱ型模式中的 ΔK^8 和 ΔK^9 可用于预见期 2 个月的预报，其余可用于预见期 1 个月的预报；在Ⅲ型模式中，由于每种模式均包含 K^1，仅能用于预见期 1 个月的预报。由此可见，13 种前期海温波动模式下的降水预见期可以是 1~3 个月。

3.2.1.3 关键海温极子与时变海温极子

在传统的基于海温极子的降水预报方法中，对于某一特定研究区，所采用的海温极子空间位置基本上是固定的（以下称为关键海温极子），这主要是由于两个原因：①尽管全球气候发生变化，变化中的地球气候系统仍然具有相对固定的特征[6,10,12]；②研究者往往利用固定时段的数据观测资料搜索关键海温极子，如 Chen 等[11] 的实例应用中便采用 30 年历史观测资料（1981—2010 年）建立预报模型，识别得到的海温偶极空间分布格局并不随时间变化而变化（换言之，2010 年以后的降水预报模型仍沿用先前识别的海温偶极空间格局）。就第一个原因而言，采用关键海温极子进行降水预报融合了对过去发生的气候事件的经验总结，属于一种经验预报，具有一定的合理性和精度。但在变化环境下，作为预报因子的海温极子如果一成不变，很可能会遗漏新的气候气象形势，导致对未来降水量的误判。因此，有必要在降水预报模型中同时考虑关键海温极子以及空间位置随时间变化的海温极子（以下称为时变海温极子）。

一般地，关键海温极子指从历史观测资料的不同时期（时间窗口）角度分析，海温极子均与研究区的降水呈明显相关；反之，海温极子在不同时期中与降水的相关关系不稳定（时而明显时而模糊），则为时变海温极子。罗连升等[16] 研究发现，ENSO 与淮河流域汛期降水年际关系存在不稳定性，在 1980 年以前和 2000 年之后的时期内 ENSO 对降水影响明显，但 1980—2000 年两者关系比较模糊，可认为对于淮河流域而言，ENSO 属于时变海温极子。换言之，关键海温极子不随时间变化而变化，判别关键海温极子和时变海温极子的主要方法是从不同的历史时期（至少两个不完全相同的时间窗口）考查海温极子与研究区降水的关系。

设某一流域的历史资料中，早期观测资料显示某海温极子对流域内的降水有影响，记该海温极子为 $[K_e]$，晚期观测资料则显示另外一海温极子对降水有影响，记为 $[K_1]$，早期和晚期时间窗口长度相同，但不完全重叠。令 $[K_u]$ 与 $[K_v]$ 分别为影响该流域降水的关键海温极子和时变海温极子，如图 3.2 所示，当 $[K_e]$ 与 $[K_1]$ 无交集或仅接边时有

$$\begin{cases} [K_u] \in \varnothing \\ [K_v] = [K_e] + [K_1] \end{cases} \tag{3.16}$$

表示随着时间变化，早期海温极子和晚期海温极子空间分布格局不同，不存在关键海温极子。

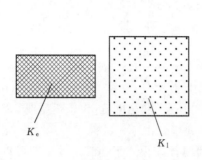 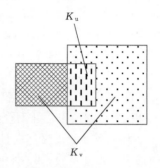

（a）仅存在时变海温极子　　　　　　（b）同时存在关键海温极子和时变海温极子

图 3.2　关键海温极子和时变海温极子空间识别示意图

[图（b）中红色框为关键海温极子，蓝色框为时变海温极子]

当 $[K_e]$ 与 $[K_l]$ 有交集时，有

$$\begin{cases} [K_u]=[K_e] \cap [K_l] \\ [K_v]=[K_e] \cup [K_l]-[K_u] \end{cases} \tag{3.17}$$

表示早期和晚期海温极子尽管随着时间变化有所不同，但两者部分海域相互覆盖，覆盖海域即为关键海温极子，其余海域为时变海温极子。

　　注意到时变海温极子的主要作用是尽可能地反映最新的气候形势，因此，对于未来的降水预测，采用的时变海温极子应当是在最近（新）的一个时间窗口中分析得到的结果。如历史观测资料为 1950—2019 年，分两个不同时期为 1950—1984 年和 1985—2019 年，则应利用 1985—2019 年资料确定的时变海温极子预测 2020 年的降水量。

　　关键海温极子和时变海温极子的确定与数据资料长度和时间窗口划分方法有关。按照定义，历史观测数据资料应至少分两个或两个以上时期（时间间隔相同且可以部分重叠）以筛选关键海温极子，因此所采用的数据长度不宜过短；一般认为，用于分析两个变量相关性的数据资料长度宜大于或等于 30[17]。在以往的文献研究中，一般时间窗口的划分方法可分为两种：①连续划分且不重叠；②滑动时间窗口，如图 3.3 所示。对于同一套数据资料而言，所分割的时间窗口越多，对应地筛选得到的关键海温极子越有说服力，因而每个窗口的长度也不宜过大，以获取尽可能多的时间窗口。其中，滑动时间窗口方法是一种有效捕捉时间序列动态变化特征的方法[18]，允许时间窗口之间部分甚至大部分重叠，有利于获得较多的窗口用以数据分析。因此，建议采用滑动时间窗口方法进行关键海温极子

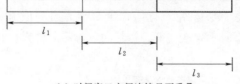 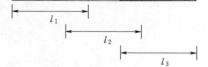

（a）时间窗口之间连续且不重叠　　　　（b）时间窗口之间部分重叠（滑动窗口）

图 3.3　两种典型时间窗口划分方法示例

（蓝色、红色和黑色条形分别为早期、中期和晚期时间窗口，窗口长度分别为

l_1、l_2 和 l_3，且 $l_1=l_2=l_3$）

和时变海温极子的判定 [图 3.3 (b)]。

3.2.1.4　时变海温多极指标

将前文中前期海温波动模式引入海温多极的式子中，不难得到：

$$\text{MSST}(\psi, \Delta K, c, t) = \sum_{i=1}^{n} \psi_i \text{Avg}[\Delta K^c], c = 1, 2, \cdots, 13 \tag{3.18}$$

式中：c 为前期海温波动模式类别，其他符号意义同前。与原先海温多极相比，该式差别在于将固定时段海温场 K 替换为前期海温波动模式 ΔK；当 c 取不同值时，MSST 为一集合（共 13 个成员）。

在上述理论基础上，加入时变海温多极概念。设 $[\Delta K_u]$ 和 $[\Delta K_v]$ 分别为某一前期海温波动模式下的关键海温极子和时变海温极子，为强调关键海温极子的重要程度，规定所有的关键海温极子均有贡献（即海温极子的联合系数 $\varphi \neq 0$）。另外，为表征关键海温极子和时变海温极子的权重，引入 α 和 β 两个参数代表两种海温极子的贡献度。规定当关键海温极子不存在时，$\alpha = 0$；存在时，$\alpha > 0$。定义时变海温多极指标（TVMSST）形如：

$$\text{TVMSST}(\psi, \Delta K, c, \alpha, \beta, t) = \alpha \cdot \sum_{i=1}^{m} \psi_{i,\alpha} \text{Avg}[\Delta K_u^c] + \beta \cdot \sum_{i=1}^{n} \psi_{i,\beta} \text{Avg}[\Delta K_v^c]$$

$$\tag{3.19}$$

$$\psi_{i,\alpha} = \pm 1, \psi_{i,\beta} \in \{-1, 0, 1\} \tag{3.20}$$

$$\alpha + \beta = 1 (0 \leqslant \alpha, \beta \leqslant 1) \tag{3.21}$$

式中：$\psi_{i,\alpha}$ 和 $\psi_{i,\beta}$ 为两种海温极子的联合系数，其他符号意义和取值同前。应当指出的是，两种海温极子对应的前期海温波动模式 c 取同一模式。

TVMSST 包含 2 个变量（ΔK 和 t）和 4 个参数（ψ、c、α 与 β）。其中，参数 c 为前期海温波动模式代号，根据其不同取值 TVMSST 是一个具有 13 个成员的集合（$c = 1, 2, 3, \cdots, 13$）。因此，TVMSST 的待估参数为 ψ、α 和 β。由于 TVMSST 涉及时变海温极子 $[\Delta K_v]$，不难推断参数 ψ、α 和 β 将随时间变化而变化。

3.2.2　构建长期降水预报模型

3.2.2.1　相关性检验方法

在 TVMSST 框架中，确定出关键海温极子和时变海温极子是最重要的一个环节。但目前为止，对于海温极子的筛选并没有统一的原则和程序。鉴于现存的海洋温度数据通常为格点数据格式，对于海温多极的筛选，首先应分析单个格点海温与预报对象即降水之间的相关性。采用 Gerrity Skill Score（GSS）评分方法确定出与降水有相关关系的海温格点[19]。该方法由 Gandin 和 Murphy 团队提出，是衡量预报因子对预报对象推测能力的指标，是世界气象组织（WMO）认可和推荐的一种预报效能评价方法。GSS 的一般表达式为

$$\text{GSS} = P \cdot S \tag{3.22}$$

式中：P 为预报（或预报因子）和实测（或预报对象）的联合概率（频率）矩阵；S 为评价系数矩阵。

P 取决于预报（或预报因子）和实测（或预报对象）序列的联合分布以及对序列量

值的等级划分情况（以下称为事件等级划分）。例如，将预报（或预报因子）和实测（或预报对象）事件等级划分为 3 个等级（偏小、正常和偏大事件），则两者的联合频率分布（列联表）可表示成如表 3.9 所列的内容。

表 3.9　预报（或预报因子）和实测（或预报对象）列联表示例（事件等级划分为 3）

联合频率		实测（或预报对象）		
		偏小	正常	偏大
预报（或预报因子）	偏小	$p_{1,1}$ (F_1, O_1)	$p_{2,1}$ (F_2, O_1)	$p_{3,1}$ (F_3, O_1)
	正常	$p_{1,2}$ (F_1, O_2)	$p_{2,2}$ (F_2, O_2)	$p_{3,2}$ (F_3, O_2)
	偏大	$p_{1,3}$ (F_1, O_3)	$p_{2,3}$ (F_2, O_3)	$p_{3,3}$ (F_3, O_3)

注　F 和 O 分别表示预报值（或预报因子）和实测值（或预报对象）频率。

评价系数矩阵 S 中元素的计算公式为

$$S_{i,i} = \frac{1}{J-1}\left[\sum_{k=1}^{i-1}\frac{1}{D(k)} + \sum_{k=i}^{J-1}D(k)\right], i=1,2,\cdots,J(J>1) \tag{3.23}$$

$$S_{i,j} = \frac{1}{J-1}\left[\sum_{k=1}^{i-1}\frac{1}{D(k)} + \sum_{k=i}^{J-1}D(k) - (j-i)\right], 1\leqslant i<j\leqslant J \tag{3.24}$$

$$D(i) = \frac{1-\sum_{r=1}^{i}p(r)}{\sum_{r=1}^{i}p(r)}, i=1,2,\cdots,J-1 \tag{3.25}$$

式中：J 为事件等级划分数目；$p(r)$ 为实测（或预报对象）的概率（频率）分布。

可见，S 取决于事件等级划分情况和实测（或预报对象）序列特征。GSS 取值范围为 $-1\sim1$，代表最差和最佳预报效能。如将其应用在相关性检验上，则 GSS 为 -1 时表示预报因子与预报对象不相关，GSS 为 1 时则为高度相关。

3.2.2.2　海温极子识别

为挑选出与降水相关的海温格点进行海温极子组建，首先应设定一个 GSS 阈值判断该格点海温是否与降水有较好的相关性。根据 Chen 和 Georgakakos 的研究[11]，判断预报因子对预报对象有预报效能的思想是随机预报或固定值预报得到的 GSS 均不超过某一阈值 $\text{GSS}_{R,\alpha}$（α 为显著性水平）。经试验，$\text{GSS}_{R,\alpha}$ 仅与数据长度和显著性水平选取有关。特别地，当数据长度为 30 且显著性水平 α 取为 0.05 时，$\text{GSS}_{R,0.05}\approx0.25$；当数据长度为 60 时，$\text{GSS}_{R,0.05}\approx0.10$。GSS 阈值确定后，按照以下步骤确定海温极子。

第一步，计算每个格点海温与降水的 GSS 数值，并将 GSS 值大于 $\text{GSS}_{R,\alpha}$ 阈值的海温格点挑选出来。

第二步，判断挑选出的格点空间位置是否相邻（相邻格点指上、下、左、右格点），若相邻则将格点进行合并为一个独立的海域，如图 3.4 所示。

第三步，对每一个独立海域，计算其平均海温，并重新计算平均海温与降水的 GSS 值，若得到的 GSS 值大于 $\text{GSS}_{R,\alpha}$，则该独立海域视为一个有效的海温极子，否则予以剔除。

上述步骤同时适用于关键海温极子和时变海温极子的甄选。对于关键海温极子，应在

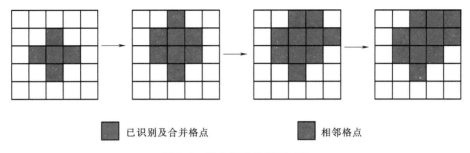

■ 已识别及合并格点　　■ 相邻格点

图 3.4　独立海域的识别过程

不同时间窗口下重复上述三个步骤，并按图 3.2 所描述的原则，确定共同覆盖的独立海域为关键海温极子。

3.2.2.3　参数估计

时变海温多极指标 TVMSST 的待估参数有海温极子联合系数 ψ、关键海温极子贡献度 α 和时变海温极子贡献度 β。为使 TVMSST 具有较好的预报效能，指标中的参数应以使指标与预报对象之间的相关程度最高为标准进行估算。

由于每一个海温极子对应一个联合系数 ψ 值，如果对每一个海温极子均进行试算，当海温极子数目众多时势必造成计算灾难以及容易出现过拟合问题[20]。因此，有必要适当减少需要试算的海温极子数目或按照一定原则进行初始赋值。在多数海温偶极方法中，海温极子之间的符号"±"决定于海温极子和降水变量的正负相关关系：当海温极子与降水呈显著正相关时取"＋"，显著负相关时取"－"[13-14]。这是由于按照这样的确定原则，海温偶极序列与降水有更好的相关性，能更好地解释降水变化，而且存在一定的物理机制。如 Wang 等[21]研究发现，北半球陆地季风降水与北大西洋变暖的海温场和印度洋变冷的海温场具有明显的相关性，将升温的北大西洋温度场减去降温的印度洋温度场作为指标可有效预报北半球年代际陆地的季风降水情况。借鉴现有海温偶极方法的思路，可认为当关键海温极子与降水变量呈正相关时取 $\psi=1$，负相关时取 $\psi=-1$。

对于时变海温极子，为避免导致过多的白噪声信号，部分海温极子贡献可以为零，即 $\psi=0$，故应对时变海温极子的联合系数进行试算。若采用穷举法赋值，则 n 处时变海温极子理论上对应有 3^n 种可能，当海温极子数目较多时仍然存在计算负担，需对试算的时变海温极子数目予以限制。一般认为，海温极子与预报对象即降水之间的相关性越好，预报可靠度越高。为此选取与降水相关性最高的前 8～12 个海温极子进行试算（对应试算上限为 6561～531441 次），舍弃与降水相关性一般的极子（即令剩余的时变海温极子联合系数 $\psi=0$）。

关键海温极子和时变海温极子的贡献度 α 和 β 表征了两种海温极子在 TVMSST 中的权重，两者数值之和为 1，因此仅需确定两者之中的一个。从实际观点出发，当数据资料长度受限而使得早期和晚期时间窗口大部分重叠时，早期和晚期识别到的海温极子很可能变化不大，则对应的关键海温极子将占主导，此时一般有 $\alpha \gg \beta$；当数据资料较长时，早期和晚期时间窗口相距较远，则早期和晚期海温极子有可能差别较大，出现识别到的关键海温极子很少甚至不存在关键海温极子的情况，此时时变海温极子将起关键作用，对应有

$\alpha \ll \beta$。

如果将关键海温极子项 $\sum_{i=1}^{m} \psi_{i,\alpha} \text{Avg}[\Delta K_u^c]$ 作为一个自变量，时变海温极子项 $\sum_{i=1}^{n} \psi_{i,\beta} \text{Avg}[\Delta K_v^c]$ 为另一个自变量，分别与因变量（降水）进行回归分析，由统计学可知，两者对因变量的调整相关系数平方值 R_α^2 和 R_β^2，即为自变量解释因变量方差的百分比，反映了因变量对自变量的依赖程度[17]。可以认为，因变量对自变量的依赖程度越高，自变量对因变量的解释权重越大。因此，在确定关键和时变海温极子贡献度 α 和 β 时，若两种海温极子均存在且难以初步判断何种海温极子占主导，可按式（3.26）和式（3.27）初步估计贡献度：

$$\alpha \approx \frac{R_\alpha^2}{R_\alpha^2 + R_\beta^2} \tag{3.26}$$

$$\beta \approx \frac{R_\beta^2}{R_\alpha^2 + R_\beta^2} \tag{3.27}$$

3.2.2.4　模型框架与率定检验

TVMSST 作为预报因子预报降水，属于单因子预报。在单因子预报模型的选用上，一般认为线性回归模型具有简单直观但拟合效果较优的特点；尽管近年涌现出一批非线性的新模型和新方法，线性回归模型仍然是一种结构简单而普遍认可和应用的预报模型[22]。因此，选用线性回归模型表征 TVMSST 自变量与降水因变量之间的关系：

$$P(t)_c = a_c \cdot \text{TVMSST}(t)_c + b_c, \quad c = 1, 2, \cdots, 13 \tag{3.28}$$

式中：$P(t)$ 为降水序列；a、b 分别为线性回归模型的斜率和截距，其中 a 单位为 mm/℃，b 单位为 mm；c 为前期海温波动模式。由此可知，模型实际上为一簇包含 13 个成员的线性回归方程组，故既可选取预报精度最高的一组模型用于确定性预报，也可用 13 组回归模型进行集合预报。

传统的预报模型率定与检验过程多数是用某一历史时期的数据资料确定模型参数，用另一时期的观测资料验证参数选取的合理性和评价模型预报精度[23]。在这样的率定和检验中，预报模型的参数是固定的，并不随时间变化而变化。但受环境变化的影响，预报模型参数应是变化的观点已逐渐被人们所意识[24]。由于在 TVMSST 中引入了时变海温极子的概念，对应的回归模型也应为时变模型，即模型应在每个时间窗口中进行参数率定。由此不难推断，模型率定与数据时间窗口划分方法有关。对于检验过程，也应与时间窗口划分情况相对应。对于同一套数据资料，在保证足够的用于模型率定的数据前提下，用于检验的数据资料越多，模型越有说服力，结合前述时间窗口划分方法可知，选用滑动窗口方法可保证尽可能多的模型检验数据，提高模型可靠度。因此，模型的率定和检验过程可按图 3.5 所示的滑动窗口率定和检验方法进行。值得指出的是，TVMSST 中的关键海温极子确定应以图示滑动的蓝色窗口为基础，以整个数据序列为资料进行，时变海温极子以当前蓝色窗口中的资料进行确定。

3.2.2.5　预报评价指标

确定性预报精度评价指标采用 3.1.5 节的 3 个评价指标，集合预报精度评价指标采用

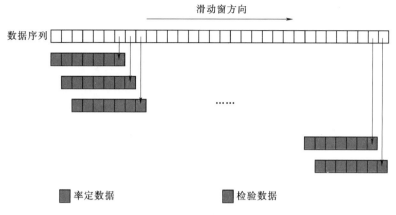

图 3.5　预报模型滑动窗口率定和检验方法示意图

可靠度（Re）、下限误差（LME）、上限误差（UME）和相对幅宽（γ）4 个文献中常用的评价指标[11]。

$$Re = \frac{1}{m}\sum_{i=1}^{m} I_{F_i}(o_i), I_{F_i}(o_i) = \begin{cases} 1, o_i \in F_i \\ 0, o_i \notin F_i \end{cases} \tag{3.29}$$

$$LME = \underset{i=1}{\overset{m}{\mathrm{Min}}}(o_i - f_i^{\mathrm{Min}} \mid o_i < f_i^{\mathrm{Min}}) \tag{3.30}$$

$$UME = \underset{i=1}{\overset{m}{\mathrm{Max}}}(o_i - f_i^{\mathrm{Max}} \mid o_i > f_i^{\mathrm{Max}}) \tag{3.31}$$

$$\gamma = \frac{\dfrac{1}{m}\sum_{i=1}^{m}(f_i^{\mathrm{Max}} - f_i^{\mathrm{Min}})}{\underset{i=1}{\overset{m}{\mathrm{Max}}}(o_i) - \underset{i=1}{\overset{m}{\mathrm{Min}}}(o_i)} \tag{3.32}$$

式中：o_i 为实测值；F_i 为集合预报区间；m 为序列长度；f_i 为集合预报成员。

Re 取值范围为 0～1，其值越大，意味着越多的实测值落在集合预报区间，表明预报结果越可靠；LME 小于零，其值越小（绝对值越大），意味着实测值与集合预报的下边界值误差越大，预报效果越差；UME 大于零，且其值越大，表明实测值与集合预报的上边界值误差越大，预报效果越差；在 Re、LME 和 UME 相同的情况下，γ 值越小，说明集合预报平均幅度越小，预报精度越高。

3.2.3　实时应用和检验结果分析

利用基于 TVMSST 的回归模型，采用滑动窗检验方法，预报长江上游 1991—2017 年的逐月降水量，并与 3.1 节传统方法比较，论证 TVMSST 对降水的指示作用和预报模型的优越性。研究中降水数据为中国地面降水日值 $0.5° \times 0.5°$ 格点数据集，海温数据采用 NOAA 提供的 Kaplan Extended SST V2 数据集（1961—2017 年），空间分辨率为 $5° \times 5°$（https://www.noaa.gov/）。

3.2.3.1　影响汛期降水的关键海温极子分布

图 3.6 展示了不同前期海温波动模式影响下长江上游 5 月降水的关键海温极子空间分

布情况。由图可知，不同前期海温波动模式下的关键海温极子均存在。除 ΔK^5、ΔK^7、ΔK^9、ΔK^{11} 和 ΔK^{13} 外，其余模式下的关键海温极子主要分布在澳大利亚周边海域，且大部分海温极子与降水呈正相关关系，对于 ΔK^5、ΔK^7、ΔK^9、ΔK^{11} 和 ΔK^{13} 对应的海温极子，主要零星分布于热带太平洋中东部地区以及印度洋西部的马达加斯加岛附近，且大部分海温极子与降水呈负相关关系。特别地，ΔK^2 模式下仅有一个覆盖面积 $500\text{km} \times 500\text{km}$（单个格点）的海温极子，位于澳大利亚东南海域，说明该前期海温波动模式下影响长江上游 5 月降水量的海温场并不固定，即年际波动较大。

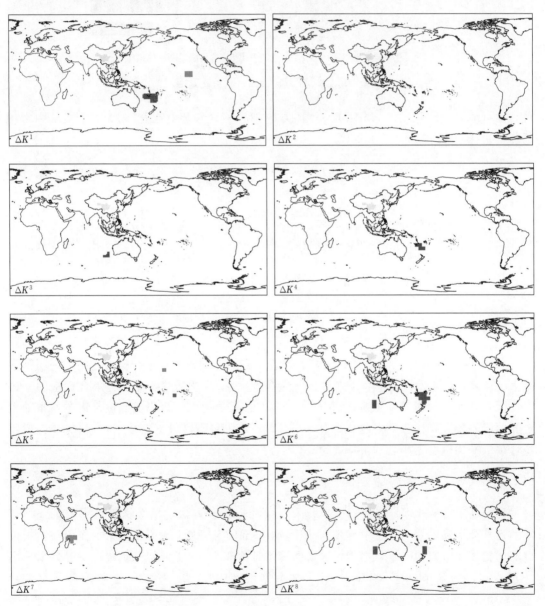

图 3.6（一） 不同前期海温波动模式影响下长江上游 5 月降水的关键海温极子空间分布图
（红色/蓝色极子表示与降水呈正/负相关，黄色区域为长江上游）

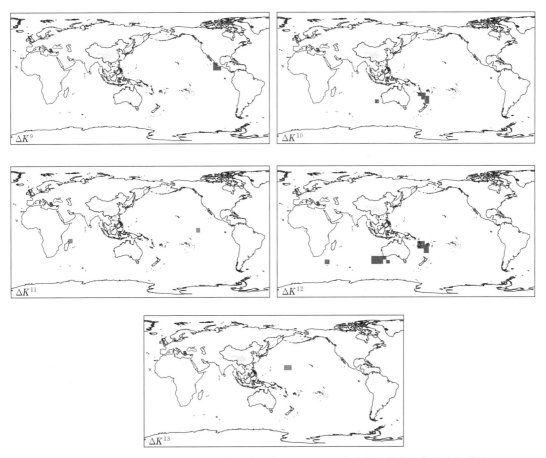

图 3.6（二）　不同前期海温波动模式影响下长江上游 5 月降水的关键海温极子空间分布图
（红色/蓝色极子表示与降水呈正/负相关，黄色区域为长江上游）

　　图 3.7 为不同前期海温波动模式影响下长江上游 6 月降水的关键海温极子空间分布情况。从中可以看出，关键海温极子主要分布在北大西洋和东海海域，特别是 ΔK^1、ΔK^2、ΔK^4、ΔK^6、ΔK^8、ΔK^9、ΔK^{10} 和 ΔK^{12}。这说明北大西洋和东海的海温信号对长江上游 6 月的降水有重要的指示作用。相比于其他模式而言，模式 ΔK^7 的关键海温极子较少，仅有一个位于南印度洋的规模为 $500\text{km} \times 500\text{km}$ 的极子，因而可知该模式下影响降水的海温场随时间变化有所差别。

　　图 3.8 为不同前期海温波动模式影响下长江上游 7 月降水的关键海温极子空间分布情况。影响 7 月降水的关键海温极子主要集中在太平洋，其中模式 ΔK^3、ΔK^8 和 ΔK^{13} 较为明显，海温极子集中于南太平洋中纬海域，且 ΔK^3 和 ΔK^8 模式下的海温极子与降水呈负相关，ΔK^{13} 的海温极子与降水呈正相关。ΔK^1、ΔK^2、ΔK^4、ΔK^5 和 ΔK^{10} 模式下的关键海温极子数目较少，其中 ΔK^2 和 ΔK^5 仅存在一个覆盖面积 $500\text{km} \times 500\text{km}$ 的海温极子，分别位于北大西洋和南印度洋，说明在这两种模式下难以找到影响降水量的相对固定的海温场。另外，ΔK^7、ΔK^9 和 ΔK^{11} 模式下，关键海温极子分布在澳大利亚东南海域和印度尼西亚附近海域，且两处的海温极子与降水的关系截然相反。

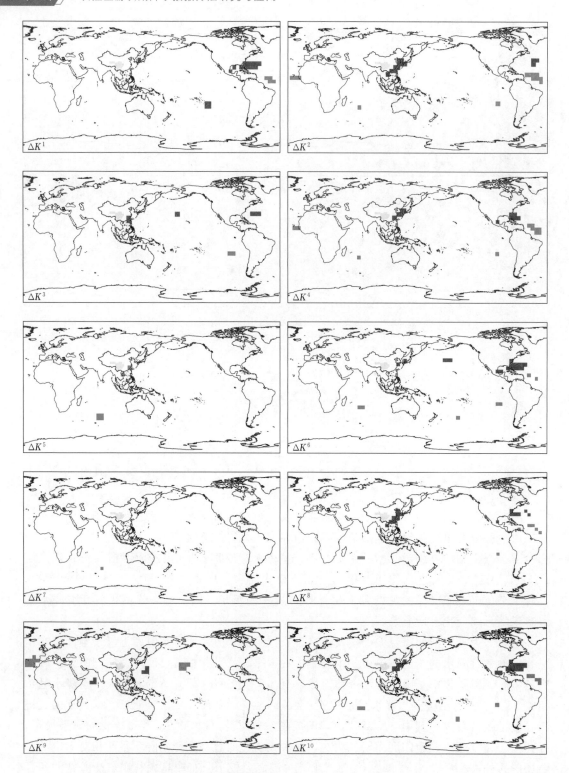

图 3.7（一） 不同前期海温波动模式影响下长江上游 6 月降水的关键海温极子空间分布图

（红色/蓝色极子表示与降水呈正/负相关，黄色区域为长江上游）

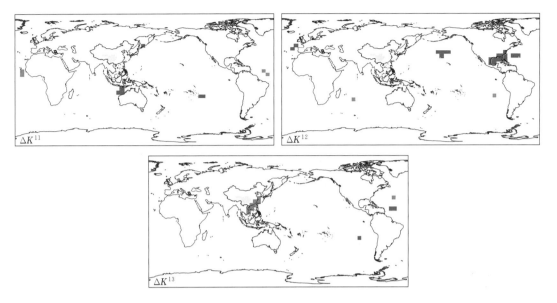

图 3.7（二）　不同前期海温波动模式影响下长江上游 6 月降水的关键海温极子空间分布图
（红色/蓝色极子表示与降水呈正/负相关，黄色区域为长江上游）

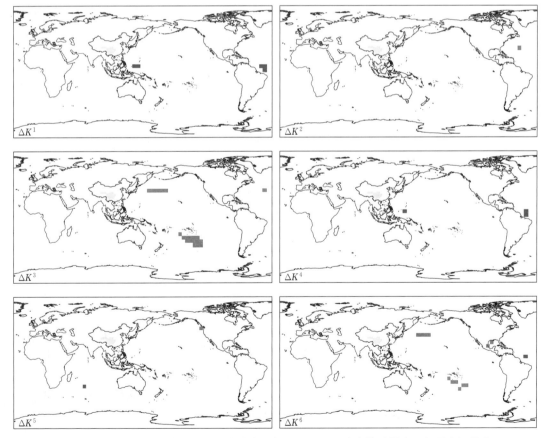

图 3.8（一）　不同前期海温波动模式影响下长江上游 7 月降水的关键海温极子空间分布图
（红色/蓝色极子表示与降水呈正/负相关，黄色区域为长江上游）

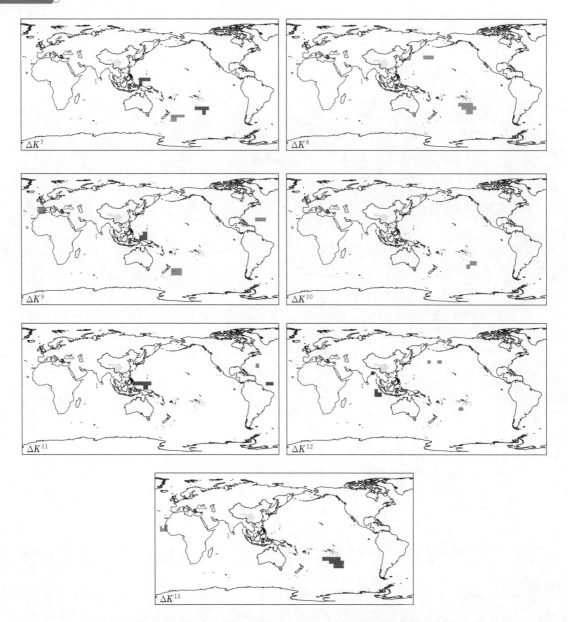

图 3.8（二）　不同前期海温波动模式影响下长江上游 7 月降水的关键海温极子空间分布图

（红色/蓝色极子表示与降水呈正/负相关，黄色区域为长江上游）

　　图 3.9 揭示了不同前期海温波动模式影响下长江上游 8 月降水的关键海温极子空间分布情况。模式 ΔK^3、ΔK^8 和 ΔK^{13} 对应的关键海温极子分布格局相比于其他模式更为集中，主要存在于南太平洋中纬海域，并且 ΔK^3 和 ΔK^8 模式下的海温极子与 8 月降水量呈负相关，而 ΔK^{13} 的海温极子与降水量则呈正相关，这与影响 7 月降水的关键海温极子情况基本一致（图 3.8）。其他模式中，关键海温极子主要零星分散于太平洋，其中 ΔK^7、ΔK^9 和 ΔK^{11} 模式下的关键海温极子数目较少，特别是模式 ΔK^{11}，仅存在一个覆盖面积 $500\text{km} \times 500\text{km}$ 的关键海温极子，位于印度尼西亚附近海域。

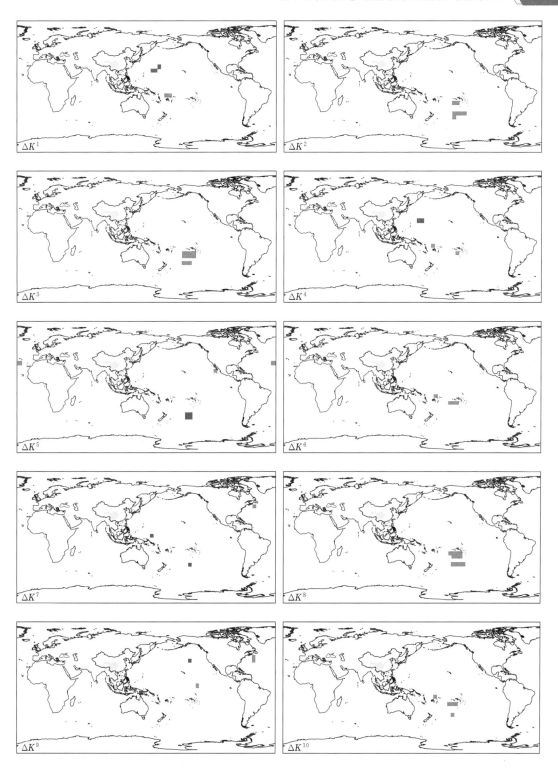

图 3.9（一）　不同前期海温波动模式影响下长江上游 8 月降水的关键海温极子空间分布图
（红色/蓝色极子表示与降水呈正/负相关，黄色区域为长江上游）

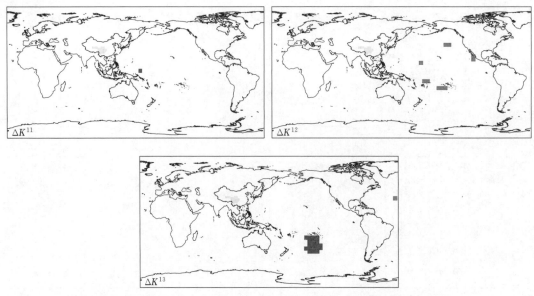

图 3.9（二）　不同前期海温波动模式影响下长江上游 8 月降水的关键海温极子空间分布图
（红色/蓝色极子表示与降水呈正/负相关，黄色区域为长江上游）

图 3.10 反映了不同前期海温波动模式影响下长江上游 9 月降水的关键海温极子空间分布情况。显然，大多数模式下的关键海温极子主要集中在墨西哥西海岸附近海域以及热带印度洋东部海域，尤以 ΔK^3、ΔK^6、ΔK^8、ΔK^{10}、ΔK^{12} 和 ΔK^{13} 为典型。且 ΔK^{13} 除外，大部分模式下的关键海温极子与降水呈负相关关系。相比之下，模式 ΔK^1、ΔK^4 和 ΔK^9 的关键海温极子较少，3 种模式均仅有两个 $500\mathrm{km} \times 500\mathrm{km}$ 规模的关键海温极子存在，分别位于墨西哥附近海域和印度尼西亚附近海域。

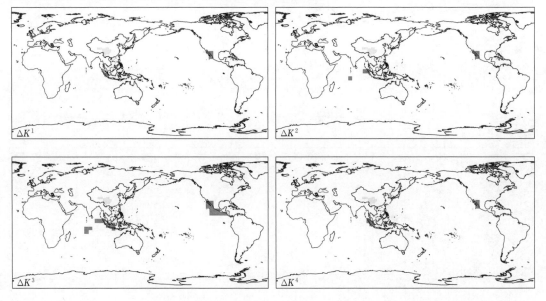

图 3.10（一）　不同前期海温波动模式影响下长江上游 9 月降水的关键海温极子空间分布图
（红色/蓝色极子表示与降水呈正/负相关，黄色区域为长江上游）

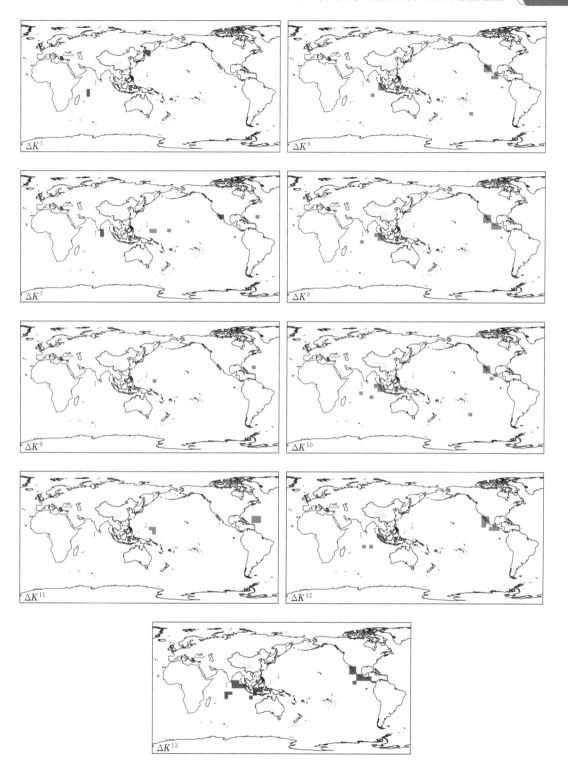

图 3.10（二）　不同前期海温波动模式影响下长江上游 9 月降水的关键海温极子空间分布图
（红色/蓝色极子表示与降水呈正/负相关，黄色区域为长江上游）

　　图 3.11 描绘了不同前期海温波动模式影响下长江上游 10 月降水的关键海温极子空间分布情况。可以看到，影响 10 月降水的关键海温极子相比于其他月的规模要大。大部分模式下的关键海温极子主要分布于北太平洋，且海温极子与降水基本呈负相关关系。模式 ΔK^5 和 ΔK^7 在北大西洋中存在与降水呈负相关的规模较大的海温极子，另外模式 ΔK^7 和模式 ΔK^9 在热带西印度洋海域和印度尼西亚东部海域识别到规模较大的关键海温极子，且两种海温极子与 10 月降水的关系相反：前者的海温极子与降水呈负相关，后者则为正相关。相比于其他模式，ΔK^{13} 识别到的关键海温极子较少，说明该模式下与 10 月降水相关的海温场并不固定。

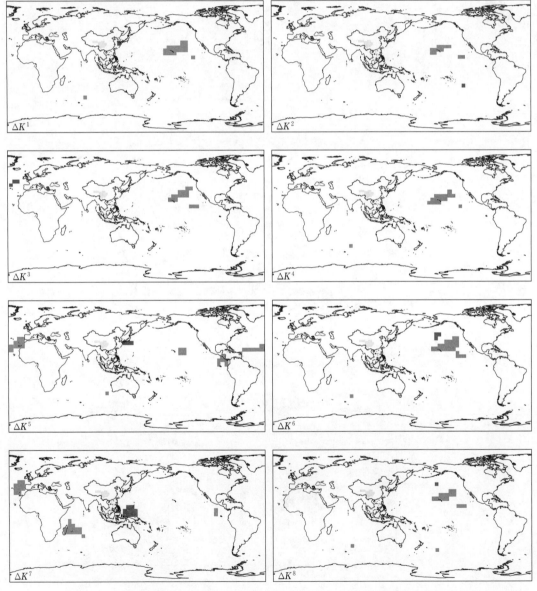

图 3.11（一）　不同前期海温波动模式影响下长江上游 10 月降水的关键海温极子空间分布图

（红色/蓝色极子表示与降水呈正/负相关，黄色区域为长江上游）

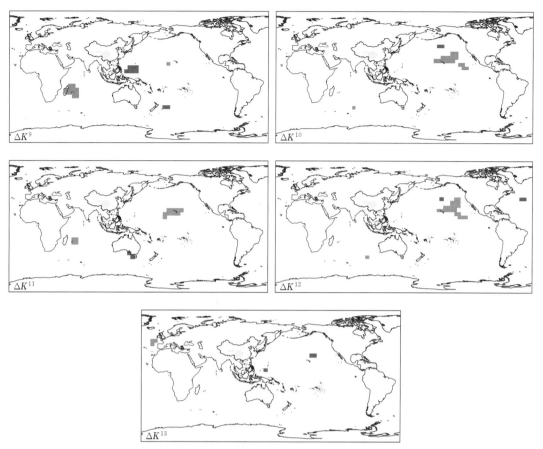

图 3.11（二）　不同前期海温波动模式影响下长江上游 10 月降水的关键海温极子空间分布图
（红色/蓝色极子表示与降水呈正/负相关，黄色区域为长江上游）

3.2.3.2　海温极子贡献度率定

TVMSST 指标的参数有 3 个，即海温极子联合系数 ψ、关键海温极子贡献度 α 和时变海温极子贡献度 β，而回归预报模型参数有两个，即式（5.19）所示的回归模型斜率和截距参数。当参数 ψ、α 和 β 确定时，回归模型的斜率和截距可通过最小二乘法则确定。因此，降水预报模型中仅需对前面 3 个参数进行率定，其中关键海温极子的联合系数不参与率定，仅对时变海温极子的联合系数进行率定（当时变海温极子数超过 12 时，选取与降水相关程度最高的前 12 个海温极子进行率定）。

表 3.10 和表 3.11 分别列出了预报模型率定过程中不同前期海温波动模式和月对应的关键海温极子及时变海温极子贡献度（α 与 β）取值范围。由表可知，大部分关键海温极子贡献度 α 为 0.4～0.7，对应的时变海温极子贡献度 β 为 0.3～0.6，说明关键海温极子的贡献度一般大于时变海温极子的贡献度。结合关键海温极子分布图可知，当关键海温极子空间规模较大且集中分布时，其贡献度一般较大，如 10 月降水的 ΔK^1，关键海温极子集中在北太平洋一带，对应的贡献度超过 0.6 甚至达到 0.8；相反，当关键海温极子分布零散时，贡献度较小，时变海温极子贡献度较大，如 5 月的 ΔK^9，仅有一处位于墨西哥西海岸、规模不大的关键海温极子，对应的关键海温极子贡献度最高不超过 0.6，最低为 0.3。

表 3.10　　　　　　　　模型率定中的关键海温极子贡献度（α）取值范围

前期海温波动模式	1月	2月	3月	4月	5月	6月	7月	8月	9月	10月	11月	12月
ΔK^1	0.4~0.6	0.6~0.7	0.5~0.6	0.4~0.6	0.5~0.6	0.7~0.8	0.5~0.6	0.4~0.7	0.4~0.6	0.6~0.8	0.5~0.6	0.5~0.6
ΔK^2	0.5~0.6	0.4~0.6	0.4~0.7	0.3~0.5	0.4~0.5	0.6~0.7	0.5~0.6	0.3~0.6	0.5~0.6	0.6~0.7	0.6~0.7	0.5~0.6
ΔK^3	0.5~0.6	0.4~0.6	0.4~0.6	0.4~0.6	0.4~0.6	0.5~0.6	0.4~0.7	0.5~0.6	0.5~0.7	0.4~0.6	0.4~0.6	0.4~0.7
ΔK^4	0.3~0.5	0.3~0.5	0.4~0.7	0.4~0.6	0.4~0.6	0.5~0.6	0.3~0.6	0.4~0.6	0.5~0.6	0.6~0.7	0.4~0.6	0.3~0.5
ΔK^5	0.4~0.6	0.4~0.6	0.4~0.7	0.4~0.6	0.4~0.6	0.4~0.6	0.4~0.6	0.4~0.7	0.4~0.6	0.5~0.7	0.4~0.7	0.3~0.5
ΔK^6	0.4~0.6	0.4~0.6	0.4~0.6	0.4~0.6	0.4~0.6	0.4~0.6	0.4~0.6	0.4~0.6	0.4~0.6	0.4~0.6	0.4~0.7	0.6~0.7
ΔK^7	0.4~0.7	0.5~0.6	0.5~0.6	0.4~0.6	0.4~0.6	0.4~0.7	0.4~0.6	0.5~0.7	0.4~0.7	0.4~0.6	0.4~0.6	0.4~0.6
ΔK^8	0.4~0.7	0.4~0.6	0.6~0.7	0.5~0.6	0.4~0.7	0.5~0.7	0.5~0.6	0.6~0.7	0.5~0.6	0.5~0.7	0.4~0.6	0.6~0.7
ΔK^9	0.4~0.6	0.4~0.6	0.4~0.6	0.5~0.6	0.4~0.6	0.4~0.6	0.5~0.8	0.5~0.6	0.4~0.6	0.4~0.6	0.4~0.6	0.4~0.6
ΔK^{10}	0.6~0.7	0.4~0.6	0.4~0.6	0.4~0.6	0.5~0.6	0.6~0.7	0.5~0.6	0.3~0.6	0.5~0.7	0.5~0.7	0.4~0.7	0.4~0.6
ΔK^{11}	0.6~0.7	0.4~0.6	0.5~0.6	0.4~0.6	0.4~0.6	0.4~0.6	0.4~0.6	0.4~0.6	0.5~0.6	0.4~0.6	0.4~0.6	0.4~0.6
ΔK^{12}	0.5~0.6	0.4~0.6	0.5~0.6	0.4~0.6	0.6~0.8	0.5~0.7	0.4~0.7	0.5~0.7	0.5~0.6	0.6~0.7	0.4~0.6	0.4~0.7
ΔK^{13}	0.4~0.7	0.4~0.6	0.4~0.6	0.4~0.6	0.4~0.6	0.4~0.6	0.4~0.6	0.4~0.6	0.4~0.6	0.4~0.6	0.5~0.6	0.3~0.5

表 3.11　　　　　　　预报模型率定过程中的时变海温极子贡献度（β）取值范围

前期海温波动模式	1月	2月	3月	4月	5月	6月	7月	8月	9月	10月	11月	12月
ΔK^1	0.4~0.6	0.3~0.4	0.4~0.5	0.4~0.6	0.4~0.5	0.2~0.3	0.4~0.5	0.3~0.6	0.4~0.6	0.2~0.4	0.4~0.5	0.4~0.5
ΔK^2	0.4~0.5	0.4~0.6	0.3~0.6	0.5~0.6	0.5~0.6	0.3~0.6	0.4~0.5	0.4~0.6	0.4~0.5	0.3~0.4	0.3~0.4	0.4~0.5
ΔK^3	0.4~0.5	0.4~0.6	0.3~0.6	0.4~0.6	0.4~0.5	0.3~0.6	0.3~0.4	0.3~0.5	0.4~0.6	0.2~0.5	0.4~0.6	0.3~0.6
ΔK^4	0.5~0.7	0.5~0.7	0.4~0.6	0.4~0.6	0.4~0.6	0.3~0.6	0.4~0.6	0.3~0.5	0.4~0.6	0.3~0.6	0.4~0.6	0.5~0.7
ΔK^5	0.4~0.6	0.4~0.6	0.4~0.5	0.3~0.5	0.4~0.6	0.4~0.6	0.4~0.7	0.3~0.5	0.4~0.6	0.3~0.6	0.3~0.4	0.5~0.7
ΔK^6	0.5~0.7	0.4~0.6	0.4~0.6	0.3~0.5	0.4~0.6	0.3~0.5	0.3~0.6	0.3~0.6	0.3~0.5	0.3~0.5	0.3~0.4	0.3~0.4
ΔK^7	0.3~0.6	0.4~0.5	0.4~0.6	0.4~0.6	0.4~0.6	0.3~0.6	0.3~0.6	0.5~0.6	0.3~0.6	0.4~0.6	0.4~0.6	0.4~0.6
ΔK^8	0.3~0.6	0.4~0.5	0.4~0.6	0.4~0.6	0.4~0.5	0.3~0.6	0.3~0.6	0.3~0.6	0.3~0.5	0.3~0.5	0.4~0.5	0.3~0.4
ΔK^9	0.4~0.6	0.5~0.7	0.3~0.5	0.4~0.5	0.4~0.7	0.3~0.4	0.2~0.5	0.2~0.5	0.4~0.6	0.3~0.5	0.3~0.4	0.4~0.6
ΔK^{10}	0.3~0.4	0.4~0.6	0.4~0.6	0.3~0.5	0.3~0.6	0.3~0.6	0.3~0.6	0.3~0.6	0.3~0.5	0.3~0.5	0.4~0.6	0.4~0.6
ΔK^{11}	0.3~0.4	0.4~0.6	0.4~0.6	0.3~0.4	0.3~0.6	0.3~0.6	0.3~0.6	0.3~0.6	0.3~0.6	0.3~0.5	0.4~0.5	0.4~0.6
ΔK^{12}	0.4~0.6	0.4~0.6	0.4~0.6	0.3~0.4	0.4~0.6	0.3~0.6	0.3~0.6	0.3~0.6	0.3~0.6	0.3~0.5	0.4~0.5	0.4~0.6
ΔK^{13}	0.3~0.6	0.4~0.6	0.4~0.5	0.3~0.4	0.5~0.6	0.3~0.5	0.3~0.5	0.3~0.5	0.3~0.4	0.4~0.5	0.4~0.5	0.5~0.7

3.2.3.3　结果分析

表 3.12 列出了预报模型检验过程中的合格率（P）情况。由表可知，9月、11—12月的预报水平最高，不同前期海温波动模式下的合格率 P 多数在 85% 以上，即达到甲等

预报水平。汛期 5—8 月、10 月和非汛期 4 月不同模式对应的合格率基本在 70%～85%范围内，即为乙等预报水平，个别模式下达到甲等预报水平，如 6 月的 ΔK^4 和 ΔK^{10}、10 月的 ΔK^1 以及 ΔK^2 模式。5 月、7 月和 8 月的预报水平不如 6 月、9 月和 10 月，其中少数模式的合格率仅为丙等预报水平。5 月最优预报模式为 ΔK^7 和 ΔK^{11}，6 月为 ΔK^4 和 ΔK^{10}，7 月为 ΔK^3 和 ΔK^{12}，8 月为 ΔK^{13}，9 月为 ΔK^8，10 月则为 ΔK^1。非汛期 1—3 月预报水平不如其他月份，合格率基本为 60%～70%。

表 3.12　　　　　　　　　　预报模型检验过程中的合格率 P　　　　　　　　　　%

前期海温波动模式	1月	2月	3月	4月	5月	6月	7月	8月	9月	10月	11月	12月
ΔK^1	66.67	74.07*	70.37*	85.19**	77.78*	81.48*	70.37*	70.37*	92.59**	**88.89****	88.89**	**96.30****
ΔK^2	70.37*	70.37*	66.67	74.07*	70.37*	81.48*	74.07*	66.67	85.19**	85.19**	92.59**	66.67
ΔK^3	70.37*	66.67	74.07*	85.19**	70.37*	81.48*	70.37*	70.37*	92.59**	74.07*	92.59**	85.19**
ΔK^4	**77.78***	66.67	66.67	74.07*	66.67	**85.19****	66.67	70.37*	92.59**	81.48*	92.59**	77.78*
ΔK^5	70.37*	74.07*	66.67	85.19**	77.78*	70.37*	74.07*	74.07*	66.67	74.07*	77.78*	85.19**
ΔK^6	70.37*	66.67	70.37*	81.48*	62.96	81.48*	70.37*	66.67	92.59**	77.78*	**96.30****	92.59**
ΔK^7	66.67	77.78*	70.37*	70.37*	**81.48****	70.37*	**81.48***	74.07*	70.37*	81.48*	88.89**	77.78*
ΔK^8	66.67	**81.48***	66.67	81.48*	70.37*	81.48*	70.37*	66.67	**96.30****	81.48*	92.59**	81.48*
ΔK^9	70.37*	77.78*	74.07*	85.19**	70.37*	70.37*	77.78*	70.37*	74.07*	77.78*	88.89**	81.48*
ΔK^{10}	70.37*	66.67	70.37*	81.48*	66.67	**85.19****	70.37*	66.67	88.89**	77.78*	77.78*	92.59**
ΔK^{11}	66.67	66.67	70.37*	**88.89****	81.48*	74.07*	66.67	70.37*	77.78*	77.78*	77.78*	85.19**
ΔK^{12}	74.07*	74.07*	**77.78***	81.48*	77.78*	77.78*	**81.48***	70.37*	92.59**	70.37*	92.59**	85.19**
ΔK^{13}	66.67	66.67	70.37*	77.78*	74.07*	77.78*	77.78*	**77.78***	92.59**	77.78*	92.59**	88.89**

注　带 * 和 ** 分别为乙等和甲等预报水平，加粗下划线数值为同一月下的最优预报结果。

表 3.13 总结了预报模型检验过程中的 MAE。在汛期，5 月预报检验中的 MAE 为 7～11mm，其中模式 ΔK^7 和 ΔK^{11} 的预报误差最小，为 7.70mm。6 月预报 MAE 为 9～12mm，最优预报模式为 ΔK^2，为 9.36mm。丰水月 7 月和 8 月的预报误差普遍在 20～24mm，但 8 月预报误差要大于 7 月，两个月的最优预报模式分别为 ΔK^5 和 ΔK^{13}，对应的预报误差分别为 18.53mm 和 19.16mm。对于 9 月的预报，不同前期海温波动模式的 MAE 差别较大，最小 MAE 仅为 9.06mm，为 ΔK^{13} 模式，最大 MAE 可达到 16.03mm，即模式 ΔK^9；多数模式的预报误差集中在 10～13mm。10 月预报误差基本在 9mm 以内，最小 MAE 为 ΔK^1 模式下的 7.60mm，最大 MAE 为 ΔK^{12} 模式的 8.98mm。结合表 3.12 结果发现，一般合格率较高的，MAE 值较小。对于非汛期，1 月和 12 月 MAE 大多数在 3mm 以下，最优预报模式为 ΔK^4 和 ΔK^{11}。2—3 月 MAE 为 3～6mm，最优预报模式为 ΔK^8 和 ΔK^9。4 月和 11 月 MAE 均在 9mm 以下，最优预报模式为 ΔK^{11} 和 ΔK^6。

表 3.13 　　　　　　　　　　　预报模型检验过程中的 *MAE* 　　　　　　　　单位：mm

前期海温波动模式	1月	2月	3月	4月	5月	6月	7月	8月	9月	10月	11月	12月
ΔK^1	2.26	3.49	5.25	7.37	8.85	10.36	23.11	21.98	13.85	**7.60**	7.19	2.71
ΔK^2	1.70	3.58	5.63	7.92	9.21	**9.36**	20.13	22.90	11.43	7.81	6.94	3.26
ΔK^3	1.95	3.95	4.80	7.28	9.66	11.20	20.14	23.22	9.26	8.57	6.92	2.94
ΔK^4	**1.61**	3.90	5.46	7.95	9.74	9.81	22.98	22.86	12.46	7.92	6.97	2.91
ΔK^5	2.34	3.19	5.47	7.73	8.56	10.94	**18.53**	20.42	15.86	8.00	7.67	2.72
ΔK^6	1.78	3.80	5.32	7.77	10.51	9.91	19.37	26.59	11.02	8.75	**6.72**	2.70
ΔK^7	2.56	3.29	5.10	8.19	**7.70**	11.94	20.81	22.49	13.61	8.17	7.19	3.26
ΔK^8	1.90	**3.06**	5.50	7.64	10.59	10.50	21.83	22.11	10.27	8.21	7.19	2.97
ΔK^9	2.09	3.12	**4.79**	7.33	9.34	11.21	20.51	22.64	16.03	7.63	6.86	3.02
ΔK^{10}	2.48	3.93	5.25	7.53	10.71	9.73	20.66	25.87	11.18	8.80	7.52	3.01
ΔK^{11}	2.32	3.66	5.01	**7.22**	**7.70**	11.31	20.28	24.21	13.08	8.08	7.25	**2.67**
ΔK^{12}	1.68	3.62	4.99	7.83	10.97	10.73	20.65	23.21	11.13	8.98	7.12	3.02
ΔK^{13}	2.06	3.22	5.26	7.52	7.89	11.52	21.70	**19.16**	**9.06**	8.40	6.77	2.88

注 加粗下划线数值为同一月下的最优预报结果。

　　表 3.14 为预报模型检验过程中的 *MRE* 情况。汛期预报中 6 月的 *MRE* 最小，不同前期海温波动模式下预报误差稳定在 8%～10% 之间，最小 *MRE* 为 ΔK^2 模式下的 8.39%。5 月的预报误差普遍在 10%～15%，最小误差为 ΔK^{11} 模式对应的 10.43%。13 种模式下，7 月的 *MRE* 处于 14%～18% 范围内，最小误差为模式 ΔK^5，对应为 14.37%。9 月的预报中，不同模式的预报误差差别较大，最小为 ΔK^{13} 模式的 11.10%，最大为 ΔK^5 模式的 19.95%。10 月预报误差基本在 16%～20%，最小 *MRE* 出现在 ΔK^2，为 16.73%。相比其他月而言，8 月的预报误差较大，多少在 20% 以上，最大为 ΔK^6 模式的 22.92%，最优预报模式为 ΔK^{13}，对应的 *MRE* 为 18.42%。另外比较表 3.13 可知，*MRE* 和 *MAE* 所反映的预报精度情况基本相同，绝大多数情况下，*MAE* 最小时 *MRE* 亦最小。非汛期预报中 4 月预报误差最小，不同模式下 *MRE* 均在 20% 以下，最低为 ΔK^{11} 模式的 15.18%。1—2 月和 11 月 *MRE* 普遍在 30%～40%，而 12 月 *MRE* 则在 35%～45%，最低为 36.01%。

表 3.14 　　　　　　　　　　　预报模型检验过程中的 *MRE* 　　　　　　　　　　　　%

前期海温波动模式	1月	2月	3月	4月	5月	6月	7月	8月	9月	10月	11月	12月
ΔK^1	35.50	37.20	32.38	17.10	12.07	9.06	17.95	20.73	16.40	16.75	33.41	37.34
ΔK^2	33.52	36.03	37.85	17.80	12.91	**8.39**	15.30	19.64	14.69	**16.73**	33.57	39.91
ΔK^3	35.63	36.81	29.60	15.79	13.59	9.69	15.44	20.54	11.18	18.98	32.25	37.38
ΔK^4	**33.44**	37.68	31.10	17.83	13.56	8.67	17.70	20.71	14.74	16.66	33.42	37.10
ΔK^5	36.14	33.55	30.25	15.78	12.34	9.25	**14.37**	19.33	19.95	17.33	34.72	37.86

前期海温波动模式	1月	2月	3月	4月	5月	6月	7月	8月	9月	10月	11月	12月
ΔK^6	37.53	35.38	35.43	17.65	14.71	8.47	14.82	22.92	12.73	19.31	**32.11**	36.72
ΔK^7	33.82	35.26	35.20	17.93	10.64	9.81	16.49	21.50	16.95	19.12	34.31	39.45
ΔK^8	33.47	**33.17**	39.96	17.14	14.69	9.26	16.60	19.72	12.07	17.59	34.59	36.20
ΔK^9	37.86	33.79	**28.89**	15.46	13.14	9.63	16.50	21.96	19.62	17.08	33.52	37.51
ΔK^{10}	36.43	37.30	35.50	15.71	14.77	8.61	15.73	22.17	12.84	19.45	34.29	38.64
ΔK^{11}	35.71	36.60	34.45	**15.18**	**10.43**	9.27	15.86	21.82	15.97	18.20	33.47	**36.01**
ΔK^{12}	33.47	34.60	29.85	15.95	15.20	9.05	15.66	19.22	13.06	20.55	32.88	36.53
ΔK^{13}	36.25	35.54	31.27	16.67	11.38	9.93	16.98	**18.42**	**11.10**	19.20	32.71	37.44

注 加粗下划线数值为同一月下的最优预报结果。

时变海温多极指标既可用于确定性预报（选择其中一种前期海温波动模式），也可用于集合预报（选择多个前期海温波动模式）。13 种前期海温波动模式均可用于预见期 1 个月的降水预报，预见期 2 个月的降水预报可选用的模式为 ΔK^2、ΔK^3、ΔK^8 和 ΔK^9，而预见期 3 个月的预报仅能选用 ΔK^3。对于预见期 1 个月的预报，可同时采用 13 种模式进行集合预报，也可挑选出精度最高的一种模式进行确定性预报；对于预见期 2 个月的预报，可利用 ΔK^2、ΔK^3、ΔK^8 和 ΔK^9 4 种模式进行集合预报，也可选用精度最高的一种模式进行确定性预报；对于预见期 3 个月的预报，由于仅有 ΔK^3 模式可用，故只能进行确定性预报。表 3.15 总结了预见期 1～3 个月情形下长江上游月降水确定性预报对应的最优（精度最高）前期海温波动模式。

表 3.15　　　　　　　　不同预见期的长江上游最优月降水预报模式

预见期	1月	2月	3月	4月	5月	6月
1 个月	ΔK^4	ΔK^8	ΔK^9	ΔK^{11}	ΔK^{11}	ΔK^2
2 个月	ΔK^2	ΔK^8	ΔK^9	ΔK^3	ΔK^2	ΔK^2
3 个月	ΔK^3	ΔK^3	ΔK^3	ΔK^3	ΔK^3	ΔK^3
预见期	7月	8月	9月	10月	11月	12月
1 个月	ΔK^5	ΔK^{13}	ΔK^{13}	ΔK^1	ΔK^6	ΔK^{11}
2 个月	ΔK^2	ΔK^8	ΔK^9	ΔK^9	ΔK^9	ΔK^3
3 个月	ΔK^3	ΔK^3	ΔK^3	ΔK^3	ΔK^3	ΔK^3

图 3.12 绘出预见期 1 个月情形下的长江上游月降水集合预报和确定性预报检验结果。由图可知，无论是集合预报还是确定性预报，对于 2010 年以前的预报，拟合效果较好，集合预报宽幅基本上能包络实测值，甚至能捕捉到 1998 年 7 月和 8 月的强降水情况。相比而言，2010 年之后的预报精度有所下降，其中一个重要原因是 2010—2017 年期间的降水波动相比 2010 年以前的要明显，所有月的历史降水极值全部发生在该时间段内，如 2015 和 2016 年的 1 月、11 月和 12 月降水异常偏高。另外 7 月降水由 2012 年的历史极大值转变为 2015 年的历史极小值，经历过一次异常的涝旱急转过程。图 3.13 为预见期 2

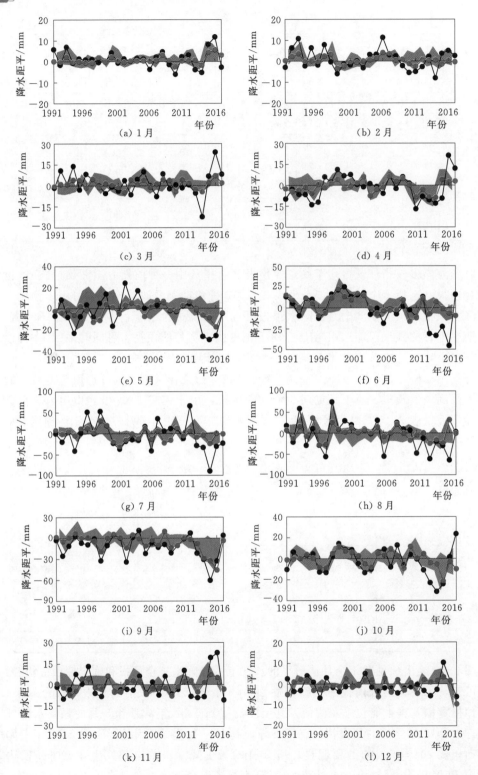

图 3.12　预见期 1 个月的长江上游月降水集合预报和确定性预报结果
（黑色/红色折线为实测/确定性预报结果，阴影区间为集合预报结果）

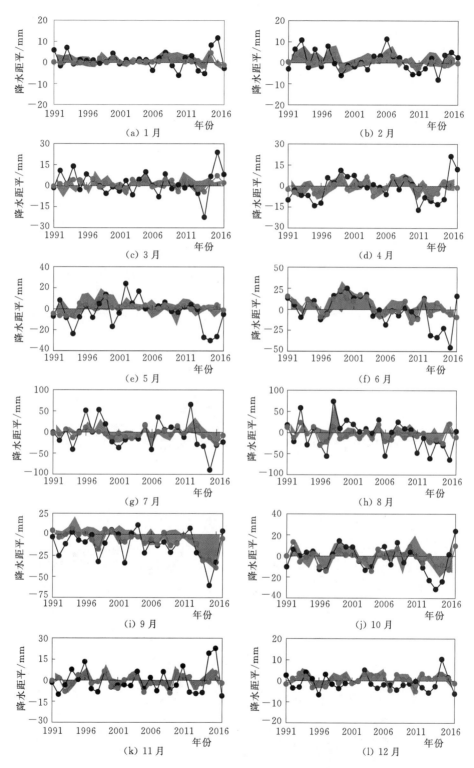

图 3.13 预见期 2 个月的长江上游月降水集合预报和确定性预报结果

（黑色/红色折线为实测/确定性预报结果，阴影区间为集合预报结果）

个月情形下的长江上游月降水集合预报和确定性预报检验结果。与预见期 1 个月的情形相同，集合预报和确定性预报在 1991—2010 年期间的预报效果优于 2010—2017 年期间，但集合预报由于成员由 13 个减少为 4 个，包络范围较小，预报效果不如预见期 1 个月。同理，确定性预报由于只能从 4 个成员中挑选产生，因而预报精度基本上低于预见期 1 个月的精度。图 3.14 为预见期 3 个月情形下的长江上游月降水确定性预报检验结果（无集合预报）。由于仅有一种前期海温波动模式可选，模型的预报精度不如预见期 1 个月和 2 个月的精度，且 1991—2010 年的模型拟合效果优于 2010—2017 年，与上述预见期 1 个月和 2 个月的情况吻合。

模型集合预报精度总结于表 3.16。集合预报可靠度最高的为 5 月，Re 指标达 0.67，其次是 10 月，最低为 11 月和 12 月。LME 和 UME 绝对值最大的为 7 月，分别是 -66.60mm 和 49.03mm，最小为 1 月，为 -3.79mm 和 3.00mm。除 2 月、11 月和 12 月外，其余月的 LME 绝对值均大于 UME，说明这些月的集合预报对捕捉强降水的能力优

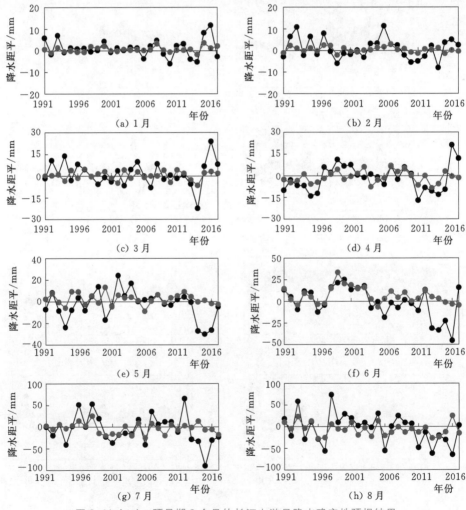

图 3.14 （一）　预见期 3 个月的长江上游月降水确定性预报结果

（黑色/红色折线为实测/预报结果）

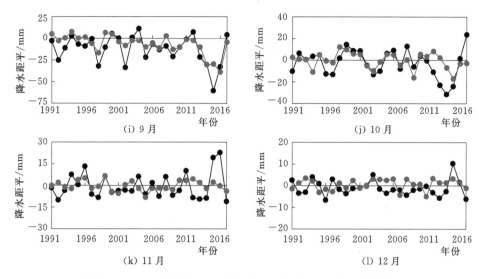

图 3.14（二） 预见期 3 个月的长江上游月降水确定性预报结果

（黑色/红色折线为实测/预报结果）

于极端干旱情况。此外，集合预报的相对幅宽 γ 最小为 7 月，仅为 0.17，最大为 5 月和 9 月，其值为 0.30。预见期 2 个月的集合预报可靠度总体上要小于预见期 1 个月的，最低可靠度为 11 月和 12 月，Re 小于 0.20；LME 和 UME 绝对值大多数情况下大于预见期 1 个月，特别是 8 月，LME 绝对值由 41.66mm 增加到 73.24mm。另外，集合预报的相对幅宽 γ 也有所下降，除 2 月外，均在 0.2 以下，最低为 3 月、7 月和 11 月，仅为 0.11。

表 3.16 预见期 1～2 个月的月降水集合预报精度

预见期	评估指标	1月	2月	3月	4月	5月	6月	7月	8月	9月	10月	11月	12月
1个月	Re	0.52	0.25	0.44	0.33	0.67	0.52	0.44	0.48	0.37	0.59	0.22	0.22
	LME/mm	−3.79	−6.33	−18.38	−13.32	−20.96	−30.06	−66.60	−41.66	−26.32	−19.88	−11.17	−6.18
	UME/mm	3.00	7.01	17.04	9.87	11.14	12.08	49.03	17.01	6.64	14.15	16.11	6.27
	γ	0.28	0.28	0.19	0.24	0.30	0.23	0.17	0.25	0.30	0.21	0.21
2个月	Re	0.44	0.30	0.26	0.26	0.44	0.44	0.22	0.22	0.33	0.41	0.15	0.19
	LME/mm	−6.19	−6.56	−18.18	−8.96	−30.52	−39.35	−77.75	−73.24	−27.40	−19.88	−11.28	−6.12
	UME/mm	11.88	5.01	21.45	17.25	13.01	16.03	49.03	34.51	12.43	14.15	14.81	5.62
	γ	0.18	0.24	0.11	0.17	0.18	0.16	0.11	0.14	0.18	0.11	0.17

3.2.3.4 2018 年汛期降水预报实时检验

为进一步验证模型适用性，对 2018 年长江上游汛期 5—10 月的降水进行实时预报（确定性预报）。预报模型的时变参数（时变海温极子和贡献度）按照最近 30 年时间窗口数据进行率定（1988—2017 年）。

模型预报检验结果见表 3.17。按照《水文情报预报规范》（GB/T 22482—2008）中关于中长期水文预报误差的规定，2018 年度汛期 5—10 月的月降水预报全部合格。初汛期 5 月预报和实况均为正常偏丰,预报相比实况偏少,误差为 12mm。主汛期 6—8 月预报与实况为正常偏枯,最大误差出现在降水最丰的 7 月,预报比实况偏少 17mm,但从相对误差来看,仅为 10.6%,精度仍然较高。次丰水月 8 月预报则比实况偏多 15mm,相对误差为 12.4%;主汛期 6—8 月总降水量为 400mm,实况为 416mm,误差为 16mm。后汛期 9—10 月预报中,9 月预报正常偏枯,实况接近历史均值,精度高于其他月,误差仅为 4mm;10 月预报与实况均为偏枯,预报比实况偏多 10mm,相对误差为 28.6%,较其他月精度有所下降。

表 3.17   基于组合预报模型的 2018 年长江上游汛期月降水预报结果

月份	预报/mm	实况/mm	历年均值/mm	预报距平/%	实况距平/%	误差/mm	相对误差/%	是否合格
5	90	102	86	4.7	18.6	−12	11.8	是
6	120	134	135	−11.1	−0.7	−14	10.4	是
7	144	161	161	−10.6	0	−17	10.6	是
8	136	121	139	−2.2	−12.9	15	12.4	是
9	105	109	108	−2.8	0.9	−4	3.7	是
10	45	35	57	−21.1	−38.6	10	28.6	是

注   按照《水文情报预报规范》(GB/T 22482—2008)规定,中长期水文预报误差在实测多年变幅的 20% 以内为合格。

从实况来看,10 月实况距平达到 −22mm,对比历年(1961—2017 年)实况值可知,2018 年度 10 月为 1961 年以来同期降水最枯的时期之一(图 3.15),可判定 10 月降水为极端事件。另外,10 月降水与前一年(2017 年)同期降水形成截然相反的情况(2017 年 10 月降水接近极大值)。由此可知,尽管 10 月降水为极端事件,模型仍然捕捉到偏枯的实际情况,预报距平为 −12mm。

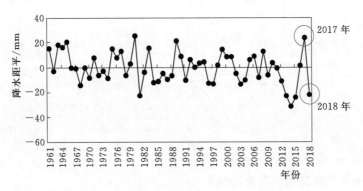

图 3.15   长江上游 1961—2018 年 10 月降水距平的变化情况

3.2.4   模型优势与不足

前文以 nino1+2、nino3、nino3.4、nino4、PDO、SIOD、NAT 7 个普遍应用的海温指标作为预报因子,分别运用常用的单因子回归、多因子回归、随机森林和支持向量机 4

种方法对长江上游 1991—2017 年的月降水进行预报检验。对同一预见期、同一月的降水预报结果，选取精度最高的预报模型，并与时变海温多极指标构建的模型（TVMSST 模型）精度进行比较，结果见表 3.18。从合格率 P 来看，除 11 月和 12 月，以及 5 月预见期 2 个月和 3 个月和 8 月预见期 2 个月的预报外，其余预报结果均证明 TVMSST 模型相比传统模型更优，特别是 1—3 月的预报，采用 TVMSST 模型合格率明显提高，从原来的丙等水平提高至乙等水平。从 MAE 评估指标看，不同预见期和不同月的 TVMSST 模型精度绝大多数情况下高于传统预报模型，特别对于 3 月和 5—9 月的预报，预报误差比传统模型显著降低。对于 MRE，除 5 月预见期 2 个月和 3 个月、11 月预见期 2 个月和 12 月的预报外，其余预报结果均表明 TVMSST 模型精度高于传统模型，特别是 3 月、8 月和 9 月的预报，其 MRE 降低明显，预报效果显著提高；12 月新模型 MRE 高于传统模型，说明模型在预报 12 月降水的能力上优势不十分明显。但总体上看，TVMSST 模型精度高于传统的预报模型，特别对 1—3 月、6 月和 9 月的降水预报，表现出明显的优越性，证明利用 TVMSST 指标构建预报模型具有合理性，对提高长江上游月降水预报精度具有重要意义。

表 3.18　TVMSST 模型与传统模型在预报长江上游月降水（1991—2017 年）精度比较

模型类型	评价指标	预见期	1月	2月	3月	4月	5月	6月	7月	8月	9月	10月	11月	12月
传统模型	P /%	1个月	48.15	59.26	59.26	85.19	77.78	66.67	70.37	66.67	81.48	74.07	96.30	96.30
		2个月	55.56	55.56	59.26	77.78	77.78	77.78	70.37	70.37	85.19	74.07	96.30	92.59
		3个月	44.44	48.15	59.26	77.78	74.07	66.67	66.67	66.67	81.48	62.96	96.30	92.59
	MAE /mm	1个月	2.50	3.46	5.76	7.12	8.71	14.69	24.85	26.97	15.20	8.81	7.93	3.55
		2个月	2.38	3.80	5.42	8.06	9.21	14.25	24.55	26.63	14.92	9.08	7.50	3.32
		3个月	2.58	3.59	6.06	7.77	9.44	14.68	25.29	26.92	15.08	8.98	7.77	3.32
	MRE /%	1个月	38.82	39.09	43.70	16.93	11.49	12.03	18.30	24.18	19.07	18.66	35.96	30.73
		2个月	37.84	38.85	41.48	17.25	12.36	11.55	17.82	24.28	17.65	20.31	33.11	31.78
		3个月	38.47	40.05	43.68	17.34	12.87	11.91	19.08	24.28	18.06	19.76	33.48	31.69
TVMSST 模型	P /%	1个月	77.78↑	81.48↑	74.07↑	88.89↑	81.48↑	81.48↑	70.37—	77.78↑	92.59↑	88.89↑	96.30—	85.19↓
		2个月	70.37↑	81.48↑	74.07↑	85.19↑	70.37↓	81.48↑	74.07↑	66.67↓	92.59↑	81.48↑	88.89↓	85.19↓
		3个月	70.37↑	66.67↑	74.07↑	85.19↑	70.37↓	81.48↑	70.37↑	70.37↑	92.59↑	74.07↑	92.59↓	85.19↓
	MAE /mm	1个月	1.61↑	3.06↑	4.79↑	7.22↓	7.70↑	9.36↑	18.53↑	19.16↑	9.06↑	7.60↑	6.72↑	2.67↑
		2个月	1.70↑	3.06↑	4.79↑	7.28↑	9.21—	9.36↑	20.13↑	22.11↑	9.26↑	7.63↑	6.86↑	2.94↑
		3个月	1.95↑	3.95↓	4.80↑	7.28↑	9.66↑	11.20↑	20.14↑	23.22↑	9.26↑	8.57↑	6.92↑	2.94↑
	MRE /%	1个月	33.44↑	33.17↑	28.89↑	15.18↑	10.64↑	8.39↑	14.37↑	18.42↑	11.10↑	16.75↑	32.11↑	36.01↓
		2个月	33.52↑	33.17↑	28.89↑	15.79↑	12.91↓	8.39↑	15.30↑	19.72↑	11.18↑	17.08↑	33.52↓	37.38↓
		3个月	35.63↑	36.81↑	29.60↑	15.79↑	13.59↓	9.69↑	15.44↑	20.54↑	11.18↑	18.98↑	32.25↑	37.38↓

注　"↑/↓/—"表示 TVMSST 模型预报精度高于/低于/持平于传统预报模型。

3.3　面向多因素影响的组合降水预报模型

自然界的降水过程牵涉到大气-海洋-陆面热动力学的交互耦合，对应地，其影响因素往往众多[25]。从成因分析方法角度来看，综合前期多种影响因子的信号进行降水预报相比于单因子分析更具有物理意义[26]。在诸多影响因素中，大气环流因子作为反映地球大气状况的指标，被认为能有效地指示降水的变化[27]。TVMSST 指标表征了海温场的特征，对降水的指示作用虽然在实例中得到检验，但并未考虑大气的特征（尽管有关研究表明海温场与大气环流场存在一定的关联性），因而有可能遗漏有助于提高预报精度的大气状况信息。本节将考虑大气环流场对降水的影响，将环流因子纳入预报模型之中，以期进一步提高降水预报模型的精度。

虽然考虑多因子影响的降水预报相比于单因子影响的更有物理意义，但在实际应用中，并非考虑的影响因子越多，预报模型的精度越高，其中一个重要原因是由于气候和天气系统本身固有的混沌性和随机性，任何一个预报因子均携带着一定的噪声信号，引入因子越多，噪声信号可能增强而导致预报模型精度未必提高甚至下降[28]，这在前一节的研究结果中也得到证实，如对于 8 月降水，采用多因子回归模型进行预报的效果不如单因子回归模型。本节将首先构建同时考虑海温（TVMSST 指标）和大气环流要素的多因子预报模型，进一步将基于 TVMSST 的预报模型和考虑了环流因子的模型相结合来进行未来降水的预测和研判，并对应地提出一种采用单因子（TVMSST 指标）预报模型或多因子（加入大气环流因子）模型的条件框架，旨在为有关研究提供理论参考和指导实际生产。

3.3.1　考虑大气环流的多因子预报模型

3.3.1.1　关键大气环流因子挑选

由于大气环流因子个数众多（截至 2020 年 12 月国家气候中心共发布了 88 项大气环流因子），挑选出对降水有明显影响的环流因子是降水预报的首要环节。参照海温极子的识别方法，影响降水变化的关键大气环流因子仍采用滑动窗口方法和 GSS 评分法确定，即在每个时间窗口下分析环流因子时间序列与降水变量的 GSS 分值，并将所有窗口下GSS 分值超过阈值（当时间窗口长度为 30 时，阈值为 0.25）的环流因子选出作为影响降水的关键大气环流因子。在 TVMSST 框架中，所采用预报因子为前期 1～3 个月的海温信号，即 TVMSST 指标可用于预见期 1～3 个月的降水预报，为保持一致，选用前期 1～3 个月的环流因子时间序列进行与降水的相关性检验。

3.3.1.2　多因子降水预报模型

关键大气环流因子确定后，将选出的环流因子与 TVMSST 指标一并作为降水的预报因子。注意到 TVMSST 包含了 13 种前期海温波动模式，可用于预见期 1～3 个月的预报，且预见期 1～2 个月情形下可进行集合预报，故应按照不同预见期构建考虑大气环流因素的多因子回归预报模型。为考虑尽可能多的预报信息，对于预见期 1 个月的预报，入选的环流因子应当为前期 1～3 个月的序列；当预见期为 2 个月时，入选的环流因子则对应为前期 2～3 个月的序列；预见期为 3 个月时，考虑的环流因子则只能是前期 3 个月的序列值。

预见期 1 个月情形下的多因子回归模型如下：

$$P(t)_c = a_c \cdot \text{TVMSST}(t)_c + \sum_{i=1}^{n} b_{c,i} \cdot x(t)_i + f_c, c = 1, 2, \cdots, 13 \qquad (3.33)$$

式中：$P(t)$ 为降水预报值；a_c 为多因子回归模型中 TVMSST 指标项对应的回归系数；$x(t)_i$ 为第 i 个前期 1、2 和 3 个月的大气环流因子序列；$b_{c,i}$ 为 x_i 的回归系数；f_c 为常数项；c 为前期海温波动模式。可知模型也是一个具有 13 个成员的集合，可用于确定性预报或集合预报。

预见期 2 个月的多因子回归模型则形如：

$$P(t)_c = a_c \cdot \text{TVMSST}(t)_c + \sum_{i=1}^{n} b_{c,i} \cdot x(t)_i + f_c, c \in \{2, 3, 8, 9\} \qquad (3.34)$$

式中：$x(t)_i$ 为第 i 个前期 2 和 3 个月的大气环流因子序列；其他符号意义同前。

显然，预见期 2 个月与预见期 1 个月的预报模型最大区别在于入选的大气环流因子序列（预见期 2 个月情形下仅可选取前期 2～3 个月的环流因子）和前期海温波动模式 c 的不同（预见期 2 个月情形下仅可选取 4 种前期海温波动模式）。

预见期 3 个月的因子回归模型对应为

$$P(t) = a \cdot \text{TVMSST}(t) + \sum_{i=1}^{n} b_i \cdot x(t)_i + f \qquad (3.35)$$

式中：$x(t)_i$ 为第 i 个前期 3 个月的大气环流因子序列；其他符号意义同前。

预见期 3 个月情形下的多因子预报模型只能进行确定性预报，不能进行集合预报。

3.3.2 构建长期降水预报模型

3.3.2.1 因子预报意见指数

段红等[29]指出，在多因子预报模型中，应当注意的是个别因子的极端值对最终预报意见的影响。为避免这种情况，对每个预报因子与预报对象的具体相关关系进行解剖和分析研究，确定出每个因子的最佳相关界值，并将每个预报因子按确定好的最佳相关界值分成 0 和 1 两档：当预报因子的某年值大于或等于最佳相关界值时，归为 1 档；若预报因子的某年值小于最佳相关界值，则归为 0 档（负相关因子则相反）。该研究中根据各个因子的档位归类，提出了正贡献综合指数，指数数值上等于各个预报因子的每年档位值的代数和。正贡献综合指数的实质意义是抹去个别因子极端值对最终预报结果的影响（超过相关界值的均设定为 1），且指数数值越高，意味着超过相关界值的因子越多，即不同因子的预报意见一致性程度越高。但由于正贡献综合指数重点抓取的是预报因子的高值部分，对降水的极值推测较有优势，但对普通年份的预报效果不尽如人意。

借鉴上述正贡献综合指数的思路，本节提出因子预报意见指数这一概念用于反映不同预报因子的综合预报意见。与正贡献综合指数的框架不同，预报因子按与预报对象（降水）的正负相关关系和因子取值大小划分为 3 档，即 −1、0 和 1。设一预报因子实测序列与预报对象序列成正（负）相关关系，序列中小于（大于）或等于某一数值的累积频率为

P_{cum}，该数值对应归档为 n_p，则归档的表达式可表示为

$$n_p = \begin{cases} -1, & 0 \leqslant P_{cum} < \dfrac{1}{3} \\[2mm] 0, & \dfrac{1}{3} \leqslant P_{cum} < \dfrac{2}{3} \\[2mm] 1, & \dfrac{2}{3} \leqslant P_{cum} < 1 \end{cases} \tag{3.36}$$

由此可知，−1、0 和 1 档分别代表正（负）相关预报因子的低（高）值、中值和高（低）值部分。注意到不同预报因子取值的差异问题，对预报因子数值变化很小而不适宜按频率分布划分档次的，将与预报对象呈正（负）相关的因子按数值从大到小（从小到大）排序，排位前 1/3 的数值归档为 1，后 1/3 的归档为 −1，其余归档为 0。

对不同预报因子对应的序列值进行归档，则得到不同因子的归档序列。在同一时间点（如同一年）多个不同因子的归档值相同，称为因子之间预报意见一致。对不同因子的归档序列进行求代数和，则得到因子预报意见指数：

$$N(t)_p = \sum_{i=1}^{k} n(t)_{p,i} \tag{3.37}$$

式中：t 为时间（序列）；k 为预报因子个数，故有 $-k \leqslant N_t \leqslant k$。

因子预报意见指数值越大，表示处于档位 1 的预报因子个数越多，即与预报对象呈正（负）相关的因子处于高（低）值的个数越多；反之，值越小代表与预报对象呈正（负）相关的因子处于低（高）值的个数越多。由此可知，当因子预报意见指数比较大或比较小时，均说明不同因子之间的预报意见较为一致。当该指数取值接近于零时，说明处于 0 档位即中值部分的因子较多，或者处于 1 档位和 −1 档位的因子个数差别不大（意味着不同因子的预报意见有差异）。可以认为，因子预报意见指数一定程度上可表征不同预报因子之间预报意见的一致性程度。

3.3.2.2 模型组合与条件判定

从物理机制角度分析，不同的预报因子从不同方面反映了气候或气象的状况，当某个时间段的多个气候或气象因子均处于高值或低值（即异常偏高或偏低）时，可以认为对应时期下气候或气象状况相比于历史均态而言存在异常情况。而异常的气候或气象特征，往往伴随着地区极端降水，如袁雅鸣等[30]研究发现 1998 年夏季长江流域强降水发生时高空环流异常稳定，西北太平洋高压偏强，影响长江流域的冷空气活动频繁，台风活动异常偏少。由此可见，当处于高值或低值的预报因子个数越多，对异常气候气象的指示性越强，发生异常降水的可能性越大。如果部分预报因子处于高值或低值，部分处于中值，则表明预报因子对异常气候气象的指示性较弱，难以捕捉未来的气候气象形势。当因子预报意见指数较大或较小时，表明处于高值或低值的预报因子个数较多，预报意见比较一致；而当指数值趋近于零时，无法判断不同因子的预报意见是否一致（可能处于中值的因子偏多，也可能高值和低值的因子个数相当，预报意见有分歧）。此时，采用众多预报因子进行预报未必比采用少数因子甚至单因子进行预报的效果要好。

鉴于此，提出以因子预报意见指数为判定条件，将基于 TVMSST 的预报模型和本节

的多因子预报模型进行组合，规定当预报因子之间的预报意见较为一致，即因子预报意见指数相对较高或较低时，采用多因子预报模型进行降水预测，而当因子之间的预报意见不一致，即因子预报意见指数在零值附近时，舍弃多因子预报模式，仍采用基于 TVMSST 的预报模型。这里，判断采用基于海温的单因子模型或采用考虑大气环流因子的多因子模型条件实际上转化为寻求因子预报意见指数的阈值问题。如果阈值设置过高，即因子预报意见指数取值接近 k 或 $-k$（k 为预报因子个数，考虑 TVMSST 指标时则包括 TVMSST 指标和大气环流因子），可能导致采用多因子预报模型的门槛过高，出现一致采用基于 TVMSST 预报模型的情形，为避免这一情况，设定当预报意见一致的因子个数（入选的环流因子至少有 1 个）等于或超过总因子数的一半时，倾向于选择多因子预报模型，否则选择单因子的 TVMSST 预报模型，可得对应的降水组合预报模型有如下形式：

$$P(t) = \begin{cases} a_c \cdot \text{TVMSST}(t)_c + f_c, 0 \leqslant |N_t| < \dfrac{k}{2} \\ a_c \cdot \text{TVMSST}(t)_c + \sum_{i=1}^{n} b_{c,i} \cdot x(t)_i + f_c, \dfrac{k}{2} \leqslant |N_t| \leqslant k \end{cases} \tag{3.38}$$

式中：$x(t)_i$ 为环流因子序列；c 为前期海温波动模式；k 为预报因子个数（至少包含 TVMSST 指标和 1 个入选的大气环流因子，即有 $k \geqslant 2$）。

当预见期 1 个月时，$x(t)_i$ 取前期 1～3 个月的实测序列，且 $c \in \{1, 2, \cdots, 13\}$；当预见期 2 个月时，$x(t)_i$ 取前期 2～3 个月的实测序列，此时 $c \in \{2, 3, 8, 9\}$；当预见期 3 个月时，$x(t)_i$ 取前期 3 个月的实测序列，且有 $c = 3$。其他符号意义同前。

3.3.2.3 模型率定与检验

预报模型的待定参数包含 TVMSST 指标中的参数以及回归系数 a 和 b 以及常数项 f。组合预报模型同样采用滑动窗方法，率定模型参数和检验模型模拟效果，其中 TVMSST 项的参数按照前一节的方法进行率定，回归系数 a 和 b 以及常数项 f 则按照多因子线性回归方法确定。

对于因子预报意见指数的计算，预报因子的归档值涉及频率分布问题，与频率统计的时间段长度有关。由于组合预报模型采用滑动窗检验方法，每个率定期（时间窗口）内的因子预报意见指数值，其频率统计时间段对应为当前时间窗口长度。例如，用 1988—2017 年时间窗口中的资料建立组合预报模型，预报因子的频率分布按照 1988—2017 年时期确定。

3.3.3 应用和实时检验

以长江上游为例，通过组合预报模型，采用滑动窗检验方法预报流域 1991—2017 年逐月降水量，并与前一节基于 TVMSST 降水预报模型以及多因子回归模型（同时包含 TVMSST 指标和环流因子）进行比较，论证组合模型在精度上的优越性。所用降水和海温数据来源与前一节相同，大气环流因子序列则由国家气候中心提供（https：//www.ncc－cma.net/cn/），共 88 项环流因子，数据时间跨度为 1961—2017 年。

3.3.3.1 各月关键环流因子

通过 GSS 检验方法筛选，录得长江上游汛期和非汛期各月的关键环流因子，详见表 3.19 和表 3.20。在汛期中，不同月的大气环流影响因子不尽相同，其中 5 月、7 月和 10

月录到的环流因子较少，特别是 5 月，仅录得前期 1 个月的南海副高北界作为环流因子；相比之下，6 月、8 月和 9 月录到的环流因子较多，其中 6 月和 9 月录到的因子达 10 个之多。另外，影响长江上游汛期降水的环流因子与降水的滞时多数为 1 个月，其次为 2 个月，3 个月的较少，这一定程度上说明随着滞时的增加，大气环流对长江上游汛期降水的影响有所减弱。非汛期中，4 月录到的环流因子较其他月的少，仅有东亚槽强度指数和西太平洋副高脊线。冬季 12 月、1 月和 2 月降水的环流因子较多。

表 3.19 影响长江上游汛期降水的大气环流因子（数值代表环流因子与降水之间的滞时/月）

环流因子名称	5 月	6 月	7 月	8 月	9 月	10 月
北半球极涡面积指数（5 区，0°~360°）					1	
北半球极涡强度指数（5 区，0°~360°）					2	
北非大西洋北美副高北界（110°W~60°E）						1
北非大西洋北美副高面积指数（110°W~60°E）					1	
北非大西洋北美副高强度指数（110°W~60°E）					1	
北非副高脊线（20°W~60°E）			1			
北非副高面积指数（20°W~60°E）		3				
北非副高强度指数（20°W~60°E）		3			1	
北美大西洋副高北界（110°W~20°W）						1
北美大西洋副高脊线（110°W~20°W）						1
北美大西洋副高面积指数（110°W~20°W）					3	
北美副高脊线（110°W~60°W）			1			
北美副高强度指数（110°W~60°W）			3			
北美区极涡面积指数（3 区，120°W~30°W）				2		
北美区极涡强度指数（3 区，120°W~30°W）					2	
大西洋副高北界（55°W~25°W）		1				
大西洋副高面积指数（55°W~25°W）		1				
大西洋欧洲环流型 C		1				
大西洋欧洲环流型 W				2		
大西洋欧洲区极涡面积指数（4 区，30°W~60°E）				1		
登陆台风						1
亚槽位置（CW）		1		3		
南海副高北界（100°E~120°E）	1			1		
太平洋区极涡面积指数（2 区，150°E~120°W）		2				
西藏高原（25°N~35°N，80°E~100°E）					3	
亚洲区极涡面积指数（1 区，60°E~150°E）		1				
印度副高北界（65°E~95°E）		2				
印度副高脊线（65°E~95°E）		2				
印度副高面积强度指数（65°E~95°E）				3		
印缅槽（15°N~20°N，80°E~100°E）					1	

表 3.20　　　　　　　影响长江上游非汛期降水的大气环流因子
（数值代表环流因子与降水之间的滞时/月）

环 流 因 子 名 称	1月	2月	3月	4月	11月	12月
北半球极涡面积指数（5区，0°～360°）	1	3				1
北半球极涡中心位置（JW）					1	
北非副高脊线（20°W～60°E）						3
北美大西洋副高脊线（110°W～20°W）			3			
北美副高北界（110°W～60°W）			3			3
北美副高脊线（110°W～60°W）			3			
北美区极涡面积指数（3区，120°W～30°W）		2	3			
大西洋欧洲环流型 C	2					3
大西洋欧洲环流型 E	2					
大西洋欧洲区极涡面积指数（4区，30°W～60°E）	1					1
大西洋欧洲区极涡强度指数（4区，30°W～60°E）		1				
东太平洋副高北界（175°W～115°W）	2				1	
东太平洋副高脊线（175°W～115°W）	2				1	
东亚槽强度（CQ）				3		
冷空气						1
南海副高脊线（100°E～120°E）	2		1			
南海副高强度指数（100°E～120°E）						1
欧亚经向环流指数（IM，0°～150°E）	1	3				
欧亚纬向环流指数（IZ，0°～150°E）	2					
太平洋区涡强度指数（2区，150°E～120°W）		2				
西藏高原（25°N～35°N，80°E～100°E）			1			
西藏高原（30°N～40°N，75°E～105°E）	2		1			
西太平洋副高脊线（110°E～150°E）		3		1		
西太平洋副高西伸脊点						3
亚洲经向环流指数（IM，60°E～150°E）		3				
亚洲区极涡面积指数（1区，60°E～150°E）					2	
亚洲区极涡强度指数（1区，60°E～150°E）		2			2	
亚洲纬向环流指数（IZ，60°E～150°E）						1
印度副高面积强度指数（65°E～95°E）						1
印度副高面积指数（65°E～95°E）						1
印缅槽（15°N～20°N，80°E～100°E）		1				

3.3.3.2　预报结果分析

组合预报模型参数的确定主要围绕 TVMSST 指标参数的率定过程，回归方程的斜率、截距以及常数项不难通过多因子回归方程进行确定。本节重点介绍检验期（1991—2017 年）组合预报模型的表现以及对应的因子预报意见取值情况。图 3.16 为预见期 1 个月情形下组合预报模型的确定性预报和集合预报结果。可知集合预报和确定性预报对于2010 年以前的预报效果较好，集合预报宽幅基本上能包络实测值，且能捕捉到 1998 年 7

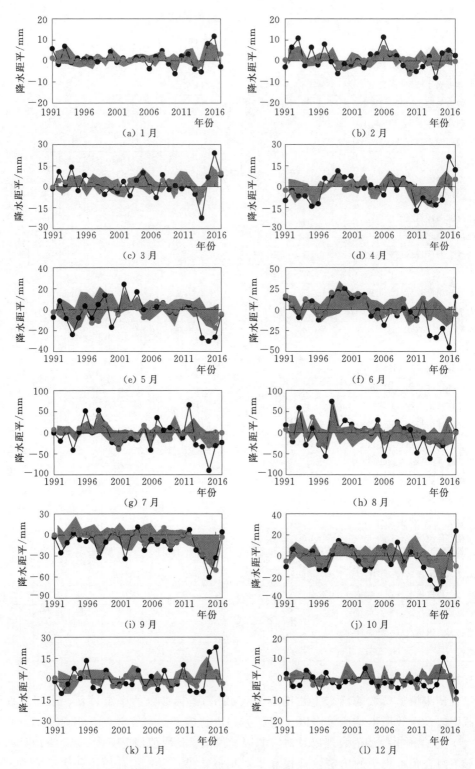

图 3.16　预见期 1 个月的组合预报模型在长江上游月降水上的集合预报和确定性预报结果
（黑色/红色折线为实测/确定性预报，阴影区间为集合预报）

月和 8 月的强降水情况。2010 年之后的预报精度有所下降，其中一个重要原因是 2010—2017 年期间的降水波动相比 2010 年以前的要明显，所有月的历史降水极值全部发生在该时间段内，如 2015 年和 2016 年的 1 月、11 月和 12 月降水异常偏高。7 月降水由 2012 年的历史极大值转变为 2015 年的历史极小值，经历过一次异常的涝旱急转的过程。图 3.17 展示了预见期 2 个月情形下组合预报模型的确定性预报和集合预报结果。与预见期 1 个月的相同，集合预报和确定性预报在 1991—2010 年期间的预报精度高于 2010—2017 年期间的预报精度。由于成员由 13 个减少为 4 个，包络范围较小，集合预报效果不如预见期 1 个月的预报。确定性预报由于从 4 个成员中挑选产生，因而其预报精度总体上低于预见期 1 个月的预报精度。图 3.18 给出了预见期 3 个月情形下组合预报模型的确定性预报结果（无集合预报）。从中可看出，组合模型的预报精度不如预见期 1 个月和 2 个月的预报精度，且 1991—2010 年的模型模拟效果优于 2010—2017 年，与上述预见期 1 个月和 2 个月的情况相似。

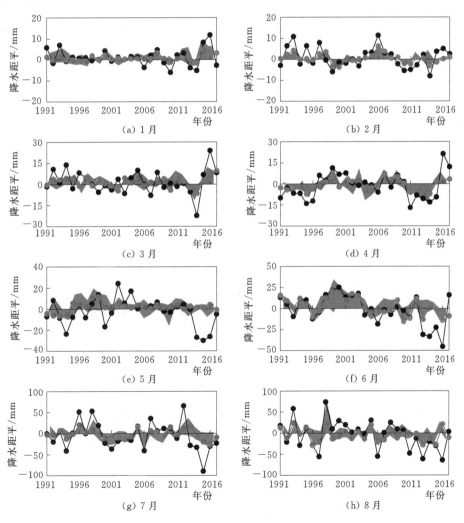

图 3.17（一） 预见期 2 个月的组合预报模型在长江上游月降水上的集合预报和确定性预报结果

（黑色/红色折线为实测/确定性预报，阴影区间为集合预报）

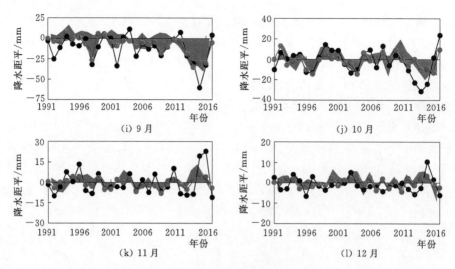

图 3.17（二） 预见期 2 个月的组合预报模型在长江上游月降水上的集合预报和确定性预报结果
（黑色/红色折线为实测/确定性预报，阴影区间为集合预报）

3.3.3.3 汛期降水预报实时检验

为进一步验证组合模型适用性，对 2018 年长江上游汛期的降水进行实践预报。模型预报检验结果见表 3.21。按照《水文情报预报规范》（GB/T 22482—2008），2018 年度汛期 5—10 月的月降水预报全部合格。比较基于 TVMSST 的模型实践预报结果可知，组合

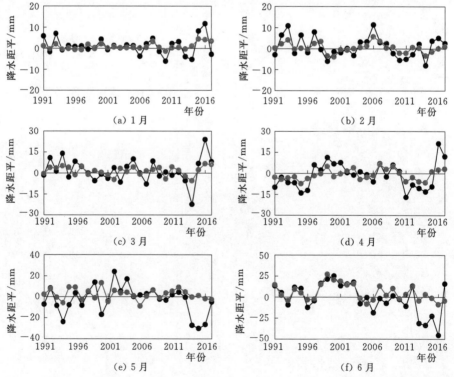

图 3.18（一） 预见期 3 个月的组合预报模型在长江上游月降水上的确定性预报结果
（黑色/红色折线为实测/确定性预报）

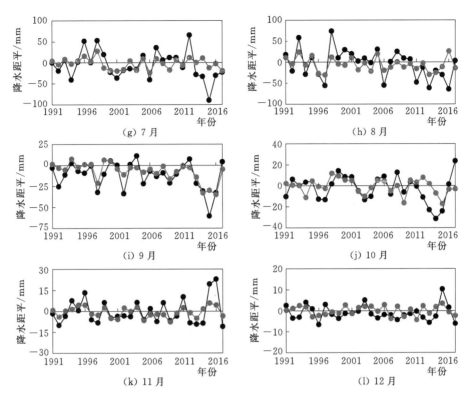

图 3.18（二） 预见期 3 个月的组合预报模型在长江上游月降水上的确定性预报结果

（黑色/红色折线为实测/确定性预报）

表 3.21　　　　基于组合预报模型的 2018 年长江上游汛期月降水预报结果

月份	预报/mm	实况/mm	历年均值/mm	预报距平/%	实况距平/%	误差/mm	相对误差/%	是否合格
5	90	102	86	4.7	18.6	−12	11.8	是
6	123	134	135	−8.9	−0.7	−11	8.2	是
7	152	161	161	−5.6	0	−9	5.6	是
8	132	121	139	−5.0	−12.9	11	9.1	是
9	105	109	108	−2.8	0.9	−4	3.7	是
10	41	35	57	−28.1	−38.6	6	17.1	是

注　按照《水文情报预报规范》（GB/T 22482—2008）规定，中长期水文预报误差在实测多年变幅的 20% 以内为合格。

预报模型 5 月和 9 月的表现与 TVMSST 模型一致，主汛期 6—8 月预报与实况为正常偏枯，预报降水总量为 407mm，实况为 416mm，较 TVMSST 模型精度有所提升（原预报为 400mm），特别对于 7 月预报，组合预报模型精度较 TVMSST 模型提高明显，预报误差由原来的 −17mm 缩小到 −9mm。6 月和 8 月预报上，组合预报模型表现略优于 TVMSST 模型，误差分别由 −14mm 和 15mm 减少至 −11mm 和 11mm。在 10 月降水认为极端情况的预报中，组合预报模型表现较为突出，相比 TVMSST 模型误差减少约一半（原误差为 10mm），预报距平达到 −16mm（−28.1%），说明组合预报模型在预报极端情况上比 TVMSST 模型优越。

3.3.4　方法比较和结论

表 3.22 从合格率 P、MAE 和 MRE 3 个方面总结了组合预报模型和 TVMSST 模型的确定性预报精度结果。组合预报模型在提高 1 月、7 月和 8 月的合格率上表现良好，不同预见期下的预报合格率总体上得到提高。从 MAE 看，不同月的预报效果相比于 TVMSST 模型绝大部分情况下有所提升，特别是 3 月、7 月、8 月和 11 月的预报，精度提高较为明显。预见期 2 个月和 3 个月的精度提高相比于预见期 1 个月的要显著。再看 MRE 情况，同样发现大多数情况下组合预报模型的精度高于原先的 TVMSST 单因子模型，1 月、3 月、7 月、8 月和 12 月的精度提高相比其他月明显。因此，组合预报模型相比于 TVMSST 模型预报能力优越。

表 3.22　组合预报模型与 TVMSST 模型在预报长江上游月降水（1991—2017 年）精度比较

模型类型	评价指标	预见期	1月	2月	3月	4月	5月	6月	7月	8月	9月	10月	11月	12月
TVMSST 模型	P/%	1个月	77.78	81.48	74.07	88.89	81.48	81.48	70.37	77.78	92.59	88.89	96.30	85.19
		2个月	70.37	81.48	74.07	85.19	70.37	81.48	74.07	66.67	92.59	81.48	88.89	85.19
		3个月	70.37	66.67	74.07	85.19	70.37	81.48	70.37	70.37	92.59	74.07	92.59	85.19
	MAE/mm	1个月	1.61	3.06	4.79	7.22	7.70	9.36	18.53	19.16	9.06	7.60	6.72	2.67
		2个月	1.70	3.06	4.79	7.28	9.21	9.36	20.13	22.11	9.26	7.63	6.86	2.94
		3个月	1.95	3.95	4.80	7.28	9.66	11.20	20.14	23.22	9.26	8.57	6.92	2.94
	MRE/%	1个月	33.44	33.17	28.89	15.18	10.64	8.39	14.37	18.42	11.10	16.75	32.11	36.01
		2个月	33.52	33.17	28.89	15.79	12.91	8.39	15.30	19.72	11.18	17.08	33.52	37.38
		3个月	35.63	36.81	29.60	15.79	13.59	9.69	15.44	20.54	11.18	18.98	32.25	37.38
组合预报模型	P/%	1个月	81.48↑	85.19↑	74.07—	88.89—	81.48—	81.48—	77.78↑	77.78—	92.59—	92.59↑	96.30—	88.89↑
		2个月	74.07↑	81.48—	77.78↑	88.89↑	70.37—	85.19↑	77.78↑	74.07↑	96.30↑	81.48—	92.59↑	85.19—
		3个月	74.07↑	81.48↑	74.07—	88.89↑	70.37—	81.48—	74.07↑	74.07↑	92.59—	74.07—	92.59—	88.89↑
	MAE/mm	1个月	1.32↑	2.71↑	4.27↑	6.88↑	7.44↑	9.36—	17.81↑	18.40↑	7.99↑	7.06↑	6.33↑	2.40↑
		2个月	1.55↑	2.83↑	4.79—	6.76↑	9.21—	8.45↑	19.00↑	21.43↑	8.03↑	7.63—	6.47↑	2.52↑
		3个月	1.78↑	2.85↑	4.53↑	7.05↑	9.66—	9.77↑	19.58↑	22.15↑	8.26↑	8.57—	6.75↑	2.76↑
	MRE/%	1个月	29.56↑	31.00↑	21.25↑	14.52↑	9.79↑	8.39—	13.93↑	17.87↑	9.35↑	15.41↑	32.11—	31.48↑
		2个月	31.54↑	30.87↑	23.00↑	15.30↑	12.91—	7.62↑	14.75↑	17.92↑	9.44↑	17.08—	32.56↑	32.12↑
		3个月	34.44↑	31.46↑	22.89↑	15.79—	13.59—	8.41↑	14.98↑	18.43↑	9.40↑	18.98—	32.15↑	33.09↑

注　"↑/↓/—"表示 TVMSST 模型预报精度高于/低于/持平于传统预报模型。

表 3.23 比较了组合预报模型和 TVMSST 模型的集合预报精度。组合模型的集合预报的可靠度 Re 略高于 TVMSST 模型，相对幅宽 γ 在 2 月、4 月、11 月和 12 月基本不变，其余月均有所增加。从 LME 和 UME 看，大多数情况下其绝对值小于 TVMSST 模型，特别是丰水月 7 月和 8 月，LME 和 UME 绝对值降低较大，说明组合预报模型更能

模拟极值情形；LME 的绝对值降低程度大于 UME，可以认为组合预报模型在捕捉枯水情形方面优势更为明显。

表 3.23　　组合预报模型与 TVMSST 模型在预报长江上游月降水（1991—2017 年）

集合预报精度比较

模型类型	预见期	评估指标	1月	2月	3月	4月	5月	6月	7月	8月	9月	10月	11月	12月
TVMSST 模型	1个月	Re	0.52	0.26	0.44	0.33	0.67	0.52	0.44	0.48	0.37	0.59	0.22	0.22
		LME/mm	−3.79	−6.33	−18.38	−13.32	−20.96	−30.06	−66.60	−41.66	−26.32	−19.88	−11.17	−6.18
		UME/mm	3.00	7.01	17.04	9.87	11.14	12.08	49.03	17.01	6.64	14.15	16.11	6.27
		γ	0.28	0.28	0.19	0.24	0.30	0.23	0.17	0.25	0.30	0.28	0.21	0.21
	2个月	Re	0.44	0.33	0.26	0.26	0.44	0.44	0.22	0.22	0.33	0.41	0.15	0.19
		LME/mm	−6.19	−6.56	−18.18	−8.96	−30.52	−39.35	−77.75	−73.24	−27.40	−19.88	−11.28	−6.12
		UME/mm	11.88	5.01	21.45	17.25	13.01	16.03	49.03	34.51	12.43	14.15	14.81	5.62
		γ	0.18	0.24	0.11	0.17	0.18	0.16	0.11	0.14	0.18	0.18	0.11	0.17
组合预报模型	1个月	Re	0.56	0.33	0.44	0.37	0.67	0.52	0.48	0.52	0.41	0.63	0.22	0.26
		LME/mm	−3.34	−5.87	−17.42	−12.66	−20.96	−30.06	−59.09	−34.51	−21.82	−19.88	−10.45	−5.79
		UME/mm	2.86	6.82	16.75	9.59	5.62	12.08	48.91	10.73	6.24	14.15	15.83	6.04
		γ	0.29	0.28	0.21	0.23	0.30	0.23	0.19	0.27	0.33	0.30	0.21	0.20
	2个月	Re	0.48	0.33	0.30	0.26	0.44	0.44	0.26	0.26	0.37	0.41	0.15	0.19
		LME/mm	−5.88	−6.14	−17.70	−8.36	−30.52	−31.27	−69.45	−73.24	−27.40	−19.88	−10.94	−5.96
		UME/mm	11.43	4.77	20.85	16.91	13.01	16.03	47.20	28.20	12.43	14.15	14.64	5.41
		γ	0.18	0.23	0.12	0.17	0.18	0.17	0.13	0.15	0.20	0.18	0.11	0.17

以海温场为预报信号，提出了 TVMSST 指标用于降水预报。指标引入了 13 种前期海温波动模式、关键海温极子和时变海温极子，包含了 3 类参数：关键海温极子联合系数、时变海温极子联合系数和贡献度。其中时变海温极子联合系数、关键海温极子贡献度参数和时变海温极子贡献度参数具有时变性。根据不同前期海温波动模式的选取，TVMSST 可用于确定性预报和集合预报。以 TVMSST 为预报因子，构建模型并对长江上游 1961—2017 年月降水量进行预报检验，证明基于 TVMSST 的回归模型能有效模拟月降水量，且预报精度高于传统的单因子回归、多因子回归、随机森林和支持向量机模型，特别对 1—3 月、6 月和 9 月的降水预报，表现出明显的优越性。

在 TVMSST 模型基础上进一步融合了大气环流要素，构建了考虑大气环流因素的多因子降水预报模型，通过将多因子预报模型与基于 TVMSST 的单因子预报模型组合进行月降水预报，提出了因子预报意见指数作为判别条件：当因子预报意见指数绝对值大于或等于总预报因子个数的一半时采用多因子预报模型，否则采用基于 TVMSST 的单因子预报模型。预报检验结果表明组合预报模型能有效模拟 1961—2017 年长江上游月降水量，2018 年汛期月降水实践预报也论证了组合预报模型的适用性。组合预报模型集合预报和确定性预报的效果均优于 TVMSST 单因子预报模型，特别是在主汛期 7 月和 8 月降水预报上表现出较为显著的优势。

3.4 本章小结

本章首先回顾了目前应用较为广泛的单因子回归、多因子回归、随机森林和支持向量机 4 种降水预报模型，并提出一种用于长期降水预报的 TVMSST 指标，以 TVMSST 为基础构建降水预报回归模型，进而提出了考虑大气环流因素的组合降水预报模型，对长江上游 1961—2017 年和 2018 年汛期 5—10 月的月降水量分别进行预报和实践检验，比较不同方法的预报精度，主要结论如下：

（1）单因子和多因子回归模型分别适用于 8 月和 9 月的预报，随机森林模型适用于 6 月和 10 月预报，支持向量机模型适用于 5 月、7 月和 9 月预报，且 4 种预报模型在预报 5 月和 6 月降水上精度较好，但在后汛期 9—10 月表现较差。

（2）基于 TVMSST 的回归模型能有效预报长江上游汛期的月降水量，在预见期 1～3 个月情形下模型集合预报和确定性预报精度均随预见期的延长而下降，但精度均高于传统的单因子回归、多因子回归、随机森林和支持向量机模型，特别在 6 月和 9 月的降水预报上具有显著的优越性。

（3）考虑大气环流因素的组合降水预报模型亦能有效预报 1961—2017 年长江上游汛期的月降水量，2018 年汛期月降水实践预报论证了组合预报模型的适用性；在预报检验中，组合预报模型精度随预见期的延长而有所下降，但集合预报和确定性预报的效果均优于基于 TVMSST 的预报模型，特别是在主汛期 7 月和 8 月降水预报上表现出较为显著的优势。

参 考 文 献

［1］ 李瑞青. 集合动力因子在内蒙古暴雨预报中的适用性分析［J］. 内蒙古气象，2018（5）：3-7.

［2］ 余胜男，陈元芳，顾圣华，等. 随机森林在降水量长期预报中的应用［J］. 南水北调与水利科技，2016，14（1）：78-83.

［3］ LIANG Z，TANG T，LI B，et al. Long-term streamflow forecasting using SWAT through the integration of the random forests precipitation generator：Case study of Danjiangkou Reservoir［J］. Hydrology Research，2018，49：1513-1527.

［4］ 罗芳琼. 支持向量机在降水预报中的应用综述［J］. 广西科技师范学院学报，2017，32（2）：113-116.

［5］ 罗芳琼，吴春梅，黄鸿柳，等. 优化支持向量机在降水预报中的应用［J］. 数学的实践与认识，2017，47（24）：172-177.

［6］ 王蕊，陈阿娇，贺新光. 长江流域月降水的时空变化及其与 AO/NAO 的时滞相关分析［J］. 气象科学，2018，38（6）：730-738.

［7］ 钱卓蕾. 秋季南极涛动异常对冬季中国南方降水的影响［J］. 大气科学，2014，38（1）：190-200.

［8］ STRAJNAR B，CEDILNIK J，JURE F，et al. Impact of two-way coupling and sea-surface temperature on precipitation forecasts in regional atmosphere and ocean models［J］. Quarterly Journal of the Royal Meteorological Society，2019，145：228-242.

［9］ WEBSTER P J，MOORE A M，LOSCHNIGG J P，et al. Coupled ocean-atmosphere dynamics in the Indian Ocean during 1997—1998 [J]. Nature, 1999, 401: 356 - 360.

[10] SAJI N H, GOSWAMI B N, VINAYACHANDRAN P N, et al. A dipole mode in the tropical Indian Ocean [J]. Nature, 1999, 401: 360 - 363.

[11] CHEN C, GEORGAKAKOS A P. Hydro-climatic forecasting using sea surface temperatures: methodology and application for the southeast US [J]. Climate Dynamics, 2014, 42: 2955 - 2982.

[12] 张成扬. 亚澳季风系统年代际变化与不同类型 ENSO 事件爆发的关系研究 [D]. 合肥: 安徽农业大学, 2015.

[13] BEHERA S K, YAMAGATA T. Subtropical SST dipole events in the southern Indian Ocean [J]. Geophysical Research Letters, 2001, 28: 327 - 330.

[14] REASON C J C. Subtropical Indian Ocean SST dipole events and southern African rainfall [J]. Geophysical Research Letters, 2001, 28: 2225 - 2228.

[15] LIU S, SHI H. A recursive approach to long-term prediction of monthly precipitation using genetic programming [J]. Water Resources Management, 2019, 33: 1103 - 1121.

[16] 罗连升, 徐敏, 梁树献. 厄尔尼诺/拉尼娜与淮河流域汛期降水年际关系的稳定性分析 [J]. 气象, 2018, 44: 1073 - 1081.

[17] 魏凤英. 现代气候统计诊断与预测技术 [M]. 北京: 气象出版社, 1999: 115 - 122.

[18] 包慧濛, 李葳. 基于 ECMWF 集合预报资料的乡镇温度预报误差订正方法 [J]. 气象与减灾研究, 2018, 41 (3): 198 - 206.

[19] GERRITY J P. A note on Gandin and Murphy's Equitable Skill Score [J]. Notes and Correspondence, 1992, 120: 2709 - 2712.

[20] 李保健. 水电站群中长期径流预报及发电优化调度的智能方法应用研究 [D]. 大连: 大连理工大学, 2015.

[21] WANG B, LI J, CANE M A, et al. Toward predicting changes in the land monsoon rainfall a decade in advance [J]. Journal of Climate, 2018, 31: 2699 - 2714.

[22] WU S, NOTARO M, VAVRUS S, et al. Efficacy of tendency and linear inverse models to predict southern Peru's rainy season precipitation [J]. International Journal of Climatology, 2018, 38: 2590 - 2604.

[23] 赵丽平, 包为民, 张坤. 新安江模型参数的线性化率定 [J]. 吉林大学学报 (地球科学版), 2014, 44 (1): 301 - 309.

[24] 王春泽, 胡军波, 刘彦华, 等. 时变参数法在洪水预报中应用 [J]. 水文, 2010, 30 (5): 32 - 37.

[25] DAMRATH U, DOMS G, FRÜHWALD D, et al. Operational quantitative precipitation forecasting at the German Weather Service [J]. Journal of Hydrology, 2000, 239: 260 - 285.

[26] PACCINI L, ESPINOZA J C, RONCHAIL J, et al. Intra-seasonal rainfall variability in the Amazon basin related to large-scale circulation patterns: a focus on western Amazon-Andes transition region [J]. International Journal of Climatology, 2018, 38: 2386 - 2399.

[27] SHEN B Z, LIN Z D, LU R Y, et al. Circulation anomalies associated with interannual variation of early-and late-summer precipitation in Northeast China [J]. Science China Earth Sciences, 2011, 54: 1095 - 1104.

[28] 柴正隆. 龙羊峡水库入库径流中长期预报问题的研究 [D]. 天津: 天津大学, 2003.

[29] 段红, 陈新国. 用聚类预报模型预报三峡水库来水量的探讨 [J]. 人民长江, 2011, 42 (6): 57 - 60.

[30] 袁雅鸣, 沈浒英, 万汉生. 1998 年长江洪水的气候背景及天气特征分析 [J]. 人民长江, 1999, 30 (2): 9 - 11.

第 4 章

长江上游 ECMWF 降水和径流预报产品评估

随着长江上游大型梯级水库陆续开发，乌东德、白鹤滩水库即将建成运用，长江上游水库群的兴利库容占流域年均径流量的比例大幅提高，汛末蓄水对河道天然水流的影响程度显著增强，上游水库蓄水和下游需水的矛盾日益凸显[1-4]。

2016 年 8 月，长江中下游干流及两湖水位持续走低，9 月出现历史同期罕见的严重枯水。同期，上游水库群开始汛末蓄水，进一步减少了上游来水，加剧了中下游地区的枯水形势[5]。据测算分析，若遇 1959 年、2002 年、2006 年和 2013 年等枯水年份，按照调度规程批复的 9 月 10 日起蓄时间，三峡水库无法蓄至正常蓄水位，将严重影响兴利目标的实现[6]。依据中长期水文气象预报对蓄水期来水量的判断，可在调度规程的基础上编制更加灵活的年度蓄水方案。针对单一水库，陈柯兵等[7]利用支持向量机算法，建立了预见期为 1 个月的三峡水库预报模型，根据 9 月来水为枯的预报信息，推荐三峡水库 9 月 1 日的起蓄方案，缓解了水库蓄水和下游需水的矛盾。

对于梯级多库的调度实践，中国长江三峡集团有限公司水库运行管理部门 8 月初结合长江上游水雨情预报信息，编制溪洛渡、向家坝、三峡水库的联合蓄水方案，对中长期预报有较高需求[8]。考虑到乌东德、白鹤滩水库即将投入运行的实际情况，为了提高枯水年的蓄水效益，在加强长江上游中长期预报研究的基础上[9-10]，需要为水库群开发使用有效预见期较长、可供生产决策实际使用的预报产品[5]。

在过去 10 年中，全球已开始出现一些大陆尺度的中长期水文气象预报系统，如欧洲洪水预警系统（EFAS）[11]、澳大利亚季节性流量预测系统[12]、美国国家水文集合预报服务（HEFS）等[13]。欧洲中期天气预报中心（ECMWF）在 2018 年首次发布了全球尺度的中长期水文气象预报系统 GloFAS Seasonal，并提供公开可用的预报产品[14]。GloFAS Seasonal 将 ECMWF 的季节性气象预报与水文模型结合，为集水面积大于 $1500km^2$ 的全球任意河网，提供预见期长达 16 周的集合径流预报产品。GloFAS Seasonal 所采用的气象预报为 ECMWF 最新一代的季节性预报系统 SEAS5，于 2017 年 11 月投入使用，每月运行一次，预见期达 7 个月。SEAS5 的测试表明，与前一代系统（System 4）相比，SEAS5 更好地模拟了太平洋的海面温度（SST），从而改善了厄尔尼诺—南方涛动（ENSO）的预报。关于长江上游的短期降水预报产品检验的研究较多[15-16]，而对中长期预报产品的分析较少，尤其针对径流预报产品的研究更为少见。故准确地把握 ECMWF 最新的中长期径流、降水预报产品的性能并评估其在研究区域的应用潜力，具有重要的实用意义。

对于长江上游水库群蓄水期的科学调度而言，中长期预报系统对未来几个月事件的正确类别（如低于正常条件）预测的能力非常关键[17]，可以反映未来径流或降水是否为枯水情景，为计划年度蓄水方案提供依据[18-19]。为此，从长江上游水库群蓄水调度的需求出发，评估 GloFAS Seasonal 和 SEAS5 产品，从降水和径流预报两个角度，验证产品对枯水情景的预报性能。

4.1 研究区域预报数据获取

GloFAS Seasonal 结合了 SEAS5 气象预报与 HTESSEL、Lisflood 产汇流模型，详细原理可参考文献［14］，产品从 2018 年 1 月开始实时运行，每月更新一次，共 51 个成员，预见期长达 16 周。为了便于对其性能进行系统性分析，可获取 1981 年 1 月至 2017 年 12 月时段具有 25 个成员的回报产品。回报数据可通过网站（http：//www. global-floods. eu/）定制所感兴趣河流上的坐标点得到。

SEAS5 从 2017 年 11 月开始实时运行，每月更新一次，共 51 个成员，预见期长达 7 个月[20]。产品的预报要素有很多，如气温、降水等。同样，为了便于对其性能进行系统性分析评价，可获得 1981 年 1 月至 2016 年 12 月时段，全球范围 1°×1°分辨率具有 25 个成员的回报产品，回报数据可通过网站（https：//cds. climate. copernicus. eu/）得到。

为对 SEAS5 的降水预报进行评价，需获取降水的实况数据，采用 GPCC 降水数据。基于全球大约 85000 个观测站点，GPCC 通过 SPHEREMAP 插值方法得到全球陆地格点化的降水数据集，最大的优势在于它所利用的全球站点数远超过其他同类型的资料集。使用 2018 年发布的最新版本的降水资料 GPCC Full Data Monthly V. 2018，空间分辨率选择 1°×1°，覆盖时段为 1981 年 1 月至 2016 年 12 月，与预报产品一致。数据可通过网站（https：//www. dwd. de/EN/）得到。

考虑到纳入联合调度的长江上游水库群开始蓄水的时间，位于金沙江上游、雅砻江的水库为 8 月初（观音岩除外），岷江大渡河为 10 月初，嘉陵江为 9 月初，乌江为 9 月初。本章将长江上游共划分为 4 个区域（图 4.1），对各区域的 SEAS5 预报产品的面雨量进行计算，并对 4 个区域的控制水文站，以及干流上的屏山、宜昌两个水文站处的 GloFAS Seasonal 预报产品进行了分析，见表 4.1。长江水利委员会提供了 6 处水文站 1981—2013 年的逐月还原资料，可作为反映真实枯水情况的观测数据。

表 4. 1　　　　　　　　　　　　5 种不同的月尺度的预报产品

产品编号	预报对象（例子）
1	当月径流、面雨量（9 月初报 9 月）
2	下一月径流、面雨量（9 月初报 10 月）
3	下两月径流、面雨量（9 月初报 11 月）
4	当月与下一月平均径流、面雨量（9 月初报 9—10 月）
5	当月至下两月平均径流、面雨量（9 月初报 9—11 月）

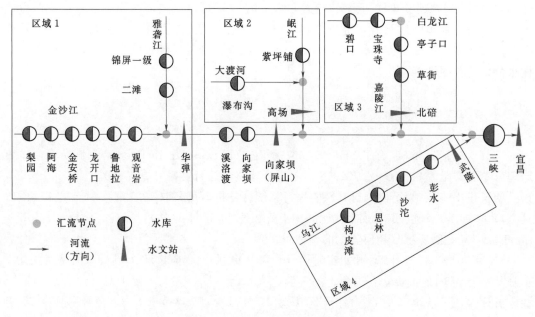

图 4.1　长江上游水库群分区图

4.2　预报数据评估方法

4.2.1　预报枯水事件定义

　　假设集合预报中每个集合成员都是同样可能的预测，计算集合预报大于或小于某一阈值的成员的比例，可得到未来事件发生的预报概率[14,21-25]。针对未来的径流枯水事件，基于文献 [14] 提供的定义方法，预报枯水发生的定义为：预报值小于历史同期预报值的20%分位数（预报枯水阈值）。真实枯水的定义为：实际观测值小于历史同期观测值的20%分位数（观测枯水阈值），按照此种定义方法，计算得到的 GloFAS Seasonal 精度指标简称为 GloFAS-1。此外，因我国的《水文情报预报规范》（GB/T 22482—2008）[26]中的中长期定性预报等级表，将枯（低）水定义为要素距平百分比低于−20%，将此种定义方法计算得到的精度指标简称为 GloFAS-2。

　　对于季节性降水预报，通常会将观测和预报的季节性降水分为等概率的三类[25,27]，定义为高于正常（即66.7%分位数之上）、接近正常（66.7%与33.3%分位数之间）和低于正常（33.3%分位数之下）。但考虑到长江上游水库群的调度决策者可能会对更极端的预测感兴趣，此外也可同径流枯水事件的阈值选取方式一致，本研究选取20%分位数作为降水枯水事件的阈值，得到的预报精度评估指标，简称为 SEAS5-1。同样也按照中长期定性预报等级表，将降水枯水事件进行划分，简称为 SEAS5-2。

4.2.2　预报精度评估指标

　　共采用常用的三个指标，对降水、径流预报产品的枯水预报精度进行评估。相对作用特征（Relative Operating Characteristics，ROC）曲线，可用于检验离散事件的确定性或概率预报[24]，如降水、洪水、枯水是否发生，反映预报的潜在有用性，该曲线基于命中率和空报率的比率进行计算。命中率为预报事件中准确预报的比率，即预报事件发生，实况也发生。空报率为预报事件中出现的空报比率，即预报事件发生，但实况没有发生。

曲线与 X 轴之间区域的面积定义为 AUC（Area Under Curve）值，用来衡量预报是否有利于用户制定决策。多数时候 ROC 曲线并不能清晰地表明预报精度，而作为数值，使用 AUC 值为评价标准则更加直观，AUC 值越大，预报效果越好。AUC 值的取值范围为 [0，1]，若 AUC 值等于 0.5，表明预报与随机猜测一致，没有价值；通常认为 AUC 值大于 0.6 时，预报可被视作有用[14]。

为了进一步反映预报系统的性能，本书还将预报产品与气候学预报（历史观测系列作为预报值）进行了比较，计算了 ROCSS 指标，该指标在很多季节性预报系统的评估中得到应用[25]，其计算公式如下：

$$\text{ROCSS} = \frac{\text{AUC}_{fc} - \text{AUC}_{cm}}{1 - \text{AUC}_{cm}} \tag{4.1}$$

式中：AUC_{fc} 为预报产品的 AUC 值；AUC_{cm} 为气候学预报的 AUC 值。ROCSS 为 1 表示完美的预报系统，为 -1 表示完全无用的预报系统，0 表示与气候学预报性能一致。

可靠性图（Reliability Diagram）显示预报概率与观测到事件频率之间的关系，其中，X 轴和 Y 轴分别代表预报概率和观测频率，当预报概率和观测频率相等时，表现出完美的可靠性。例如，如果预报事件以 60% 的概率发生，则该事件应当在 60% 的情况下发生。故完美预报的可靠性图为 45° 对角线。如果曲线低于对角线，表示系统有过度预报的偏差；高于对角线，表示系统有预报不足的偏差。另一方面，以历史气候平均值作为预报容易产生极高的可靠性，而在实际中又缺乏实用性。理论上，本书希望概率预报系统在保持较高可靠性水平的条件下，尽可能给出偏离气候平均而趋近 0% 或 100% 的预报概率。预报概率偏离气候平均的性质被称为锐度（Sharpness）。因此，可靠性图通常伴随着直方图，如果直方图呈 U 形，即大多数样本的预报概率趋近于 0%、100%，系统锐度较好。

4.3 研究区域预报数据评估结果

4.3.1 AUC 指标

图 4.2 展示了 4 个研究区域降水以及对应控制站（干流上的屏山、宜昌两个水文站）的径流预报产品 AUC 值的评估结果。评估时考虑了两种不同的枯水阈值划分标准，如图中 GloFAS-1、GloFAS-2、SEAS5-1、SEAS5-2 所示。对于 AUC 指标，通常认为 AUC 值大于 0.6 时，预报可被视作有用，故图中也包含了 AUC 值为 0.6 的水平线。由图中可以得到以下结果：

（1）产品 1 的 AUC 值大于产品 2 与产品 3。对于 7—9 月，各研究区域各站点，两种枯水阈值标准下的径流和降水预报产品 1，其 AUC 值大于 0.6。产品 4 的 AUC 值大于产品 2，产品 5 的 AUC 值大于产品 3，这可能是因为产品 4、产品 5 的大部分技能来自预报

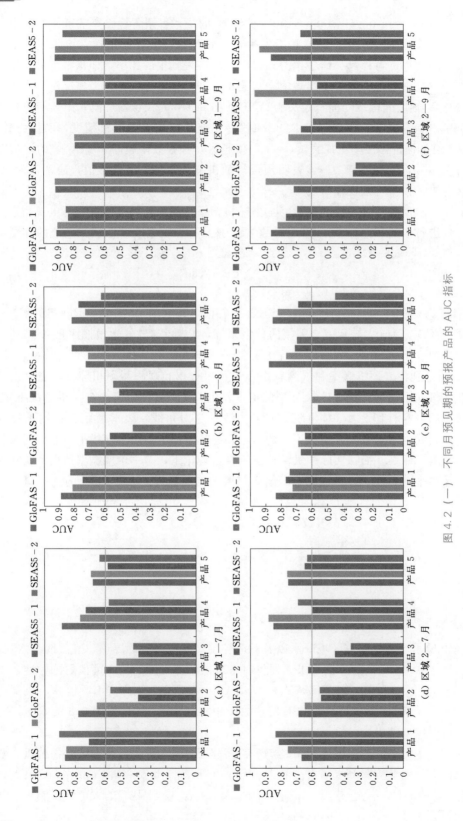

图 4.2 （一） 不同月预见期的预报产品的 AUC 指标

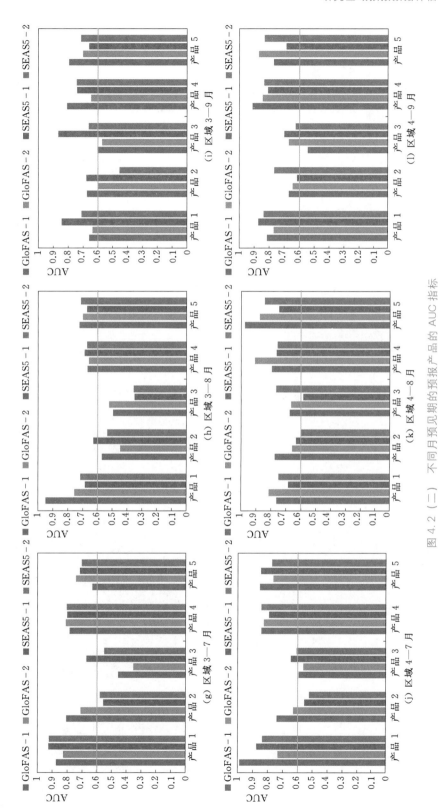

图 4.2（二） 不同月预见期的预报产品的 AUC 指标

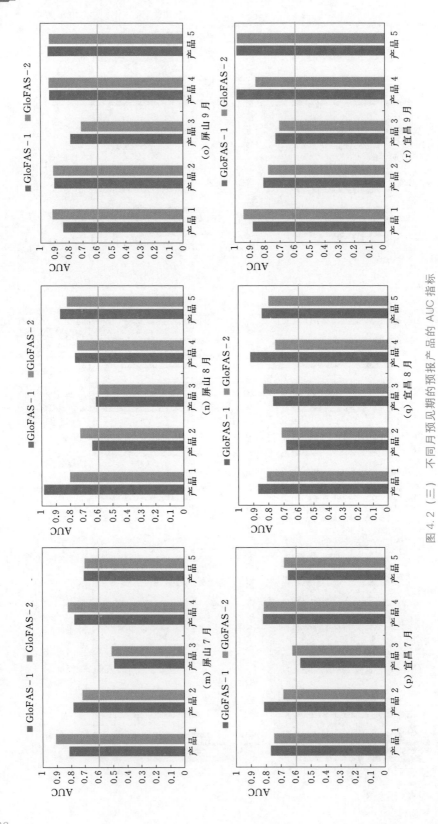

图 4.2 （三）　不同月预见期的预报产品的 AUC 指标

的第一个月，而产品的第一个月预报性能较好，反映了有效的预见期是限制产品使用的重要因素。预见期为一个月的产品 1，其 AUC 值优于更长预见期的产品，性能较好。

（2）除区域 2 中 9 月初的产品 2（即对 10 月的预报值）外，降水和径流预报产品的性能差异幅度不大。由于 SEAS5 降水预报是驱动 GloFAS Seasonal 径流预报的重要输入变量，两者性能差异幅度不大为合理情况。

（3）两种不同的枯水阈值对预报产品的精度评估存在影响，在实际运用时，需详细分析，针对特定流域，选取合适的枯水阈值。

4.3.2　AUC 指标与预见期的关系

以 9 月为预报目标月，分别考虑预见期 1 月、2 月、3 月，即 9 月、8 月、7 月初所做出的预报产品。比较 4 个区域面雨量的 SEAS5 - 1、SEAS5 - 2，与对应控制站的 GloFAS - 1、GloFAS - 2 计算得到 AUC 值，可评估产品的预报能力以及随预见期的变化情况，结果可见图 4.3，绝大多数预报产品，随着预见期的减少，其预报精度可得到提高。9 月初对 9 月的预报结果，较 7 月初对 9 月的预报结果而言，精度提升极为明显，此结果说明了预报产品的合理性，并强调了有效的预见期是限制产品使用的重要因素。

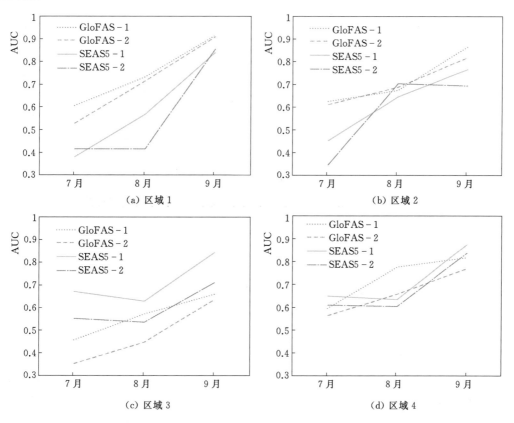

图 4.3　不同预见期的预报产品对 9 月的 AUC 指标

4.3.3 ROCSS 指标

参考 Diez 等[28]开发的图形，图 4.4 可用来说明预报系统在历史上的性能。原始版本的图形展示上、中、下三类事件（即 66.7％以上、66.7％～33.3％、33.3％以下）的概率预报性能。考虑到本书的需要，图 4.4 显示的三类事件为平（60％～40％）、偏枯（40％～20％）、枯（20％以下）。每个方块的颜色表示预报概率（较深的阴影为较大的预报概率），并且圆点显示每年的相应观测事件。预报系统的性能由图形右侧的 ROCSS 指标表示，置信度为 95％的显著值标有星号。此外，预报系统的锐度指标也可在此图中得到很好的展示，方块的颜色越接近颜色条的两端，锐度越好。这种图形有助于加深用户对预报系统性能的理解，因为图形可将过去预测和实际发生的事件一起呈现，比单纯性能指标的对比更加直观。

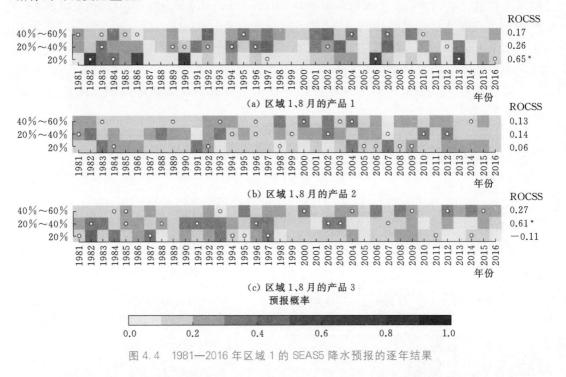

图 4.4　1981—2016 年区域 1 的 SEAS5 降水预报的逐年结果

以区域 1 的降水预报产品为例，枯水阈值选取为 20％分位数，即评估 SEAS5－1，图 4.4（a）～（c）展示了 8 月初做出的预报产品 1、产品 2、产品 3。比较产品 1、产品 2、产品 3 对降水枯水事件（20％以下）预报的 ROCSS 指标，可明显发现，随着预见期的增加，产品的效果变差，从 0.65 降低至 0.06、－0.11，且 0.65 处标有星号，可反映产品 1 的预报性能要显著好于气候学预报。比较产品 1、产品 2、产品 3 对降水枯水事件预报的锐度指标，产品 1 中方块的颜色更加趋近于浅色（预报概率为 0）、深色（预报概率为 1），即产品 1 的锐度也要好于产品 2、产品 3。

具体分析产品 1 在 1981—2016 年的预报结果，历史上共发生了 7 次枯水事件，除 1987 年与 2016 年外，预报系统均成功捕捉。比较枯水事件预报与实际发生观测事件的差异，除 1986 年外，均未出现预报枯水发生概率高而观测为平的年份。另外，对于图中不存在圆点的年份，即实际发生事件为 60% 以上的偏丰、丰水情况，产品 1 的预报中不存在枯水发生概率高的情况。综上，此处再一次体现了一个月预见期的 SEAS5 降水预报性能良好。

4.3.4　可靠性指标

以 GloFAS Seasonal 径流预报产品为例，对于 7 月、8 月、9 月开始的预报，通过对研究 6 站点进行汇总获得可靠性曲线，如图 4.5 所示，曲线同时显示预测产品 1～5 的结果，可以反映预见期对 GloFAS Seasonal 预报系统可靠性的影响。可靠性图显示预报系统过于自信，过度预报偏差与大预报概率相关。对于较低的预报概率，曲线接近 45°线，可靠性好，随着预报概率的增加，真实事件的发生机会也增加，即系统可正确地反映枯水事件发生概率的增加和减少。但概率的变化被夸大了，对于低频（高频）事件，系统给出了过低（高）的发生概率。这是季节性预测的常见情况[29]。

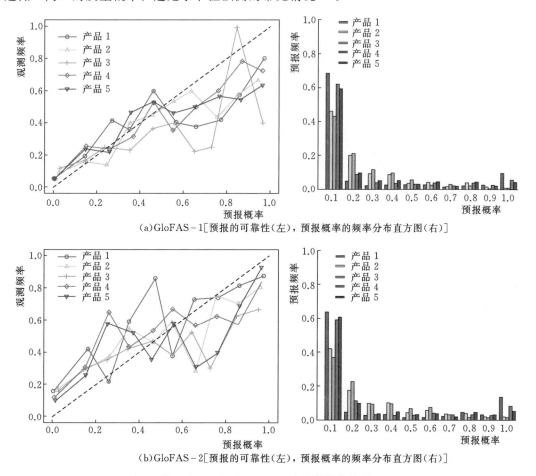

(a)GloFAS−1[预报的可靠性（左），预报概率的频率分布直方图（右）]

(b)GloFAS−2[预报的可靠性（左），预报概率的频率分布直方图（右）]

图 4.5　GloFAS Seasonal 产品的可靠性图

将产品 1 与产品 3 进行比较，产品 3 的波动比产品 1 大，尤其针对高频事件，产品 3

距离 45°线明显更远，反映了随着预见期的增加，系统的可靠性下降。对比图 4.5 中的直方图，可发现随着预见期的增加（产品 1 到产品 3），位于直方图两端的样本数量明显减少，表明随着预见期的增加，产品的锐度降低。

　　总结可靠性的评估结果，与前述的 AUC 与 ROCSS 指标一致，预见期为一个月的产品 1，其可靠性与锐度明显优于更长预见期的产品。虽然，较高预报概率对应曲线上的点低于 45°线，系统存在过度预报的偏差，即 GloFAS Seasonal 产品倾向过度预测枯水事件发生的可能性，这一结论也与产品全球平均的可靠性验证结果[14]一致，反映了产品固有的特点。但对于所关注的水库群蓄水调度问题而言，过度预测枯水事件更加有利，枯水情景下提前开始蓄水时间面临的风险可在实时调度决策中，通过短期水文预报进行控制[19]，一旦错过提前蓄水的时机，则将直接影响水库群的综合利用效益。

4.4　本章小结

　　开展中长期预报研究，科学有序地安排长江上游各水库蓄水，合理利用汛末期的洪水资源十分必要。针对欧洲中期天气预报中心近年来发布的季节性 GloFAS Seasonal 径流和 SEAS5 降水集合预报产品，对长江上游水库蓄水期的枯水情景的预报能力进行了评估[30]。

　　研究采用两种枯水阈值划分标准，计算分析了 AUC、ROCSS、可靠性等指标。值得注意的是，两种阈值划分标准下的指标存在少许差异。选取何种枯水阈值，不仅影响预报产品判断未来水情正确类别的能力，同时对水库群年度联合蓄水方案的制定也会产生影响。对枯水阈值的选取，需对不同流域、控制点，进行细致、具体的分析，本书中的两种阈值划分标准仅用来初步评估。

　　评估结果表明，两种产品提前一个月判断枯水雨情的效果较好，但产品倾向过度预测枯水事件发生的可能性，在实际生产运用中需得到重视。研究成果可为基于中长期预报的长江上游水库群蓄水调度提供科学依据与技术支撑。

参 考 文 献

[1] 陈进. 长江流域大型水库群统一蓄水问题探讨 [J]. 中国水利，2010，50 (8)：10 - 13.

[2] 丁毅，傅巧萍. 长江上游梯级水库群蓄水方式初步研究 [J]. 人民长江，2013，44 (10)：72 - 75.

[3] 陈炯宏，陈桂亚，宁磊，等. 长江上游水库群联合蓄水调度初步研究与思考 [J]. 人民长江，2018，49 (15)：1 - 6.

[4] 何绍坤，郭生练，刘攀，等. 金沙江梯级与三峡水库群联合蓄水优化调度 [J]. 水力发电学报，2019，38 (8)：27 - 36.

[5] 冯宝飞，张涛，曾明. 2016 年秋长江中下游枯水分析及对水库调度的启示 [J]. 人民长江，2018，49 (11)：9 - 13.

[6] 王祥，唐勇，李鹏，等. 2018 年三峡水库 175 米蓄水实践与启示 [J]. 中国防汛抗旱，2020，4：1 - 6.

[7] 陈柯兵，郭生练，何绍坤，等. 基于月径流预报的三峡水库优化蓄水方案 [J]. 武汉大学学报 (工学版)，2018，51 (2)：112 - 117.

[8] 胡挺，陈国庆，汪芸，等. 长江干流梯级水库群联合调度 [J]. 中国科学：技术科学，2017，

47（8）：882－890.

［9］ 赵铜铁钢，杨大文，李明亮. 超越概率贝叶斯判别分析方法及其在中长期径流预报中的应用［J］. 水利学报，2011，42（6）：692－699.

［10］ 麦紫君，曾小凡，周建中，等. 基于偏互信息法遴选因子的长江中长期径流预报［J］. 人民长江，2018，49（3）：52－56.

［11］ ARNAL L，CLOKE H L，STEPHENS E，et al. Skilful seasonal forecasts of streamflow over Europe［J］. Hydrology and Earth System Sciences，2018，22（4）：2057－2072.

［12］ BENNETT J C，WANG Q J，ROBERTSON D E，et al. Assessment of an ensemble seasonal streamflow forecasting system for Australia［J］. Hydrology and Earth System Sciences，2017，21（12）：6007－6030.

［13］ DEMARGNE J，WU L，REGONDA S K，et al. The Science of NOAA's Operational hydrologic ensemble forecast service［J］. Bulletin of the American Meteorological Society，2014，95（1）：79－98.

［14］ EMERTON R，ZSOTER E，ARNAL L，et al. Developing a global operational seasonal hydro-meteorological forecasting system：GloFAS-Seasonal v1.0［J］. Geoscientific Model Development，2018，11（8）：3327－3346.

［15］ 王海燕，田刚，徐卫立，等. ECMWF 模式在长江上游流域调度关键期的预报检验评估［J］. 干旱气象，2017，35（1）：142－147.

［16］ 周倩，周建中，孙娜，等. 基于 TOPSIS 的长江上游流域降水模拟与预报研究［J］. 人民长江，2019，50（6）：76－81.

［17］ GOBENA A K，GAN T Y. Incorporation of seasonal climate forecasts in the ensemble streamflow prediction system［J］. Journal of Hydrology，2010，385（1－4）：336－352.

［18］ 闵要武，张俊，邹红梅. 基于来水保证率的三峡水库蓄水调度图研究［J］. 水文，2011，31（3）：27－30.

［19］ 鲍正风，王祥，舒卫民. 基于短中期水文预报的三峡水库优化调度运用［J］. 水电与新能源，2015（12）：7－11.

［20］ JOHNSON S J，STOCKDALE T N，FERRANTI L，et al. SEAS5：the new ECMWF seasonal forecast system［J］. Geoscientific Model Development，2019，12（3）：1087－1117.

［21］ 刘德地，陈晓宏，柴苑苑. 广东省枯水径流时间演化规律的研究［J］. 生态环境，2007（2）：617－622.

［22］ 王莉娜，李勋贵，王晓磊，等. 泾河流域枯水复杂性研究［J］. 自然资源学报，2016，31（10）：1702－1712.

［23］ 陈朝平，冯汉中，陈静. 基于贝叶斯方法的四川暴雨集合概率预报产品释用［J］. 气象，2010，36（5）：32－39.

［24］ 段明铿，王盘兴，吴洪宝. 500hPa 位势高度场极端天气事件的 NCEP 集合概率预报效果分析［J］. 大气科学学报，2011，34（6）：717－724.

［25］ OGUTU G E O，FRANSSEN W H P，SUPIT I，et al. Skill of ECMWF system-4 ensemble seasonal climate forecasts for East Africa［J］. International Journal of Climatology，2017，37（5）：2734－2756.

［26］ GB/T 22482—2008 水文情报预报规范［S］. 北京：中国标准出版社，2008.

［27］ LANDMAN W A，DEWITT D，LEE D，et al. Seasonal rainfall prediction skill over South Africa：one-versus two-tiered forecasting systems［J］. Weather and Forecasting，2012，27（2）：489－501.

［28］ DIEZ E，ORFILA B，FRIAS M D，et al. Downscaling ECMWF seasonal precipitation forecasts in

Europe using the RCA model ［J］. Tellus Series A，Dynamic Meteorology and Oceanography，2011，63 (4)：757 - 762.

［29］ MASON S J，STEPHENSON D B. How do we know whether seasonal climate forecasts are any good ［M］. NATO Science Series IV Earth and Environmental Sciences，2008：259 - 289.

［30］ 陈柯兵，郭生练，王俊，等. 长江上游 ECMWF 降水和径流预报产品评估 ［J］. 人民长江，2020，51 (3)：73 - 80.

第 5 章

基于 Copula 函数的洪水遭遇研究理论和方法

5.1 长江流域洪水特性

长江流域洪水主要由暴雨形成。上游直门达水文站以上流域年平均气温在 0℃ 以下，仅 7—8 月有少量降雨。因此，直门达水文站少有洪水，其水量主要由融冰化雪形成。直门达至宜宾为金沙江，其洪水由暴雨和融冰化雪共同形成。上游宜宾至宜昌河段，有川西暴雨区和大巴山暴雨区，暴雨频繁，岷江、嘉陵江分别流经这两个暴雨区，洪峰流量甚大，暴雨走向大多和洪水流向一致，使岷江、沱江和嘉陵江洪水相互遭遇，易形成寸滩、宜昌站峰高量大的洪水。经对宜昌百余次洪水分析，宜昌站一次洪水过程至少由两次暴雨过程形成。宜昌至螺山河段的洪水，主要来自长江上游，清江、洞庭湖水系位于湘西北、鄂西南暴雨区，暴雨主要出现在 6—7 月和 5—6 月，相应清江和洞庭湖水系的洪水也出现在 6—7 月。螺山至汉口河段洪水，主要来自螺山以上，汉江洪水亦为其重要组成部分。汉口站的大洪水是由长江中、上游多次暴雨过程形成。汉口以下流域有大别山和江西两个暴雨区，江西暴雨区暴雨频次多，雨量大，范围广，暴雨出现时间较早，相应鄱阳湖水系洪水出现时间也较早。大通站以下为感潮河段，受到上游来水和潮汐的双重影响，江阴站以下河段高水位受潮汐影响很大，长江口水位的急剧变化主要受台风引起的风暴潮影响。

5.1.1 洪水发生时间

长江流域洪水发生时间和地区分布与暴雨一致，一般是中下游早于上游，江南早于江北。中下游鄱阳湖水系，洞庭湖水系湘江、资江、沅水洪水发生时间一般集中在 4—7 月，澧水与清江、乌江为 5—8 月，金沙江下游和四川盆地各水系为 6—9 月，汉江为 7—10 月。长江上游干流受上游各支流洪水的影响，洪水主要发生时间为 7—9 月，长江中下游干流因承泄上游和中下游支流的洪水，5—10 月为汛期。由于一般年份各河洪峰相互错开，中下游干流可顺序承泄中下游支流和上游干支流洪水，不致造成大洪灾。但气象反常，干支流洪水发生遭遇，即可形成大洪水，导致洪灾。

年最大洪峰出现时间，以洞庭湖水系的湘江、资水、澧水和鄱阳湖水系的赣江、信江最早，3 月就可出现年最大洪峰。而年最大洪峰最迟出现时间，则以清江长阳站和汉江皇庄站最晚，11 月仍可出现，上游干流站洪峰主要集中在 7—8 月，中下游干流主要集中在 7 月。

5.1.2　洪水类型和过程

5.1.2.1　洪水类型

按暴雨时空分布和覆盖面积大小，长江洪水可分为两种类型：一种类型为区域性大洪水，是由某些支流或干流某一河段发生强度特别大的集中暴雨，形成洪峰高、历时短、短时段洪量大的大洪水，造成某些支流或干流局部河段的洪水灾害，如历史上的 1860 年、1870 年洪水，以及"81·7"长江上游大洪水、"35·7"长江中游大洪水、"69·7"清江大洪水、"83·10"汉江秋季大洪水、"91·7"滁河大洪水、1995 年和 1996 年长江中下游洪水等；另一种类型为全流域型大洪水，是因某些支流雨季提前或推迟，上、中、下游干支流雨季相互重叠，干支流洪水遭遇，形成长江中下游峰高量大、历时长、灾害严重的大洪水或特大洪水，历史上的 1848 年、1849 年、1788 年、1931 年、1954 年、1998 年大洪水即属此类。

此外，还有由短历时、小范围特大暴雨引起的突发性洪水，往往产生泥石流、滑坡、山崩或城市渍水、圩垸内涝等灾害。这种灾害范围虽小，却会造成铁路、公路、通信中断，以及人员伤亡、毁坏房屋和农田等严重灾害。长江下游台风风暴潮洪水也属此类。但是，由于暴雨范围小、历时短，不会形成长江干流的大洪水。

5.1.2.2　洪水过程

长江上游两岸多崇山峻岭，江面狭窄，河道坡降陡，洪水汇集快，河槽调蓄能力较差。长江流域暴雨的走向多为自西北向东南或自西向东，与河流流向一致，常形成上游岷江、沱江、嘉陵江陡涨陡落、过程尖瘦的山峰形洪水。长江上游干支流洪水先后叠加，汇集到宜昌后，易形成峰高量大的洪水，过程历时较长，一次洪水过程短则 7~10d，长则可达 1 月以上。长江出三峡后，江面展宽，水流变缓，河槽、湖泊调蓄量增大，洪水过程明显坦化，涨水较为缓慢，退水过程长，若遇支流涨水，又会出现局部的涨水现象，形成多次洪峰的连续洪水，一次洪水过程往往要持续 30~60d，甚至更长。

5.2　长江上游干支流洪水遭遇规律研究

洪水遭遇是指流域内河流的干支流在同一时间内发生大的洪水，或是不同流域（地区）同一时间内发生大的洪水。因此，洪水遭遇分析需要同时考虑洪水发生时间和洪水发生量级，而传统的洪水遭遇分析只考虑了洪水的量级。

5.2.1　研究区域概况

通过对气候成因的分析可知，长江流域洪水主要由暴雨形成。研究区域暴雨最为集中的月份为 5—9 月，区域内有两个暴雨区。长江上游直门达以上，年平均气温在 0℃以下，7—8 月有少量降雨，其流量主要由融冰化雪形成，直门达水文站以下为金沙江，其洪水由暴雨和融雪共同形成。宜宾至宜昌河段，岷江和嘉陵江分别流经川西暴雨区和大巴山暴雨区，暴雨频繁，暴雨走向大多和洪水走向一致，易形成峰高量大的洪水，若岷江和嘉陵江的洪水再相互遭遇，则易在宜昌站形成大洪水。

长江上游洪水的遭遇问题主要分为长江上游北岸支流与金沙江的洪水遭遇，以及岷江和嘉陵江洪水的遭遇。如1966年洪水，8月下旬至9月上旬由于受季风低压影响，暴雨长时间持续在金沙江流域（屏山站出现年最大洪峰和洪量），而后向岷江、嘉陵江上游扩展，致使岷江支流青衣江、大渡河相继发生长时间、大面积的暴雨，宜昌洪水主要来自金沙江，其次是岷江、嘉陵江、乌江。因此，选取金沙江、岷江、嘉陵江、乌江作为研究的主要对象，如图5.1所示。

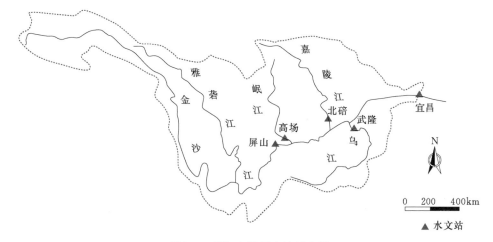

图5.1　长江上游干支流示意图

以长江上游主要干支流为研究对象，全面地分析长江上游的洪水遭遇概率，引入二维和多维 Archimedean Copula 函数，分别构建长江上游干支流控制站的年最大洪水发生时间和量级的边缘分布和联合分布，分析洪水发生时间及量级的遭遇概率。

5.2.2　Copula 函数理论和方法

5.2.2.1　Copula 函数

Sklar 定理是 Copula 函数理论的理论基石，通过 Sklar 定理揭示了 Copula 函数在多变量联合分布与其对应的单变量边缘分布之间关系中所扮演的角色[1]。

Sklar 定理：令 $H(x_1, x_2, \cdots, x_n)$ 为一个 n 维概率分布函数，其边缘分布为 $F_1(x_1)$，$F_2(x_2), \cdots, F_n(x_n)$。则存在一个 n-Copula 函数 C，使得对任意 $x \in R^n$：

$$H(x_1, x_2, \cdots, x_n) = C_\theta(F_1(x_1), F_2(x_2), \cdots, F_n(x_n)) \tag{5.1}$$

式中：θ 为 Copula 函数的参数。

如果 $F_1, F_2, \cdots, F_n$ 是连续的，则 C 是唯一的，相反地，如果 C 是一个 n-Copula，$F_1, F_2, \cdots, F_n$ 为分布函数，则式（5.1）中所定义的函数 H 是一个 n 维分布函数，其边缘分布为 $F_1, F_2, \cdots, F_n$。

从 Sklar 定理可以发现，Copula 函数可以将多个变量的边缘分布和它们之间的相关性结构分开来研究，且对边缘分布类型没有任何限制，这使传统概率论中获取边缘分布非正态联合分布函数的难题得到解决。Copula 函数为求解联合分布函数提供了一种便捷的方法，采用 Copula 函数进行多变量建模时，通常包括两个步骤：①确定各个变量的边缘分布；②选择合适的 Copula 函数，描述变量之间的相关性结构。

5.2.2.2 Archimedean Copula 函数

Archimedean Copula 函数由于具有形式结构简单、适用性强以及统计性质良好等诸多优点，已成为目前水文领域中使用最广泛的 Copula 函数族[2]。令函数 $\varphi: I \rightarrow [0, \infty)$ 是连续、严格递减的函数，且 $\varphi(1)=0$，$\varphi^{[-1]}$ 为定义的函数 φ 的逆函数。二维 Archimedean Copula 函数 C 表达式如下：

$$C(u,v)=\varphi^{[-1]}(\varphi(u)+\varphi(v)) \tag{5.2}$$

式中：函数 φ 称为 Copula 的生成元，是一个凸函数。

表 5.1 分别给出了几种常用的二维 Archimedean Copula 函数。

表 5.1   几种常用的二维 Archimedean Copula 函数

Copula 函数类型	$C(u,v)$	$\theta \in$	τ
Gumbel – Hougaard	$\exp\{-[(-\ln u)^{\theta}+(-\ln v)^{\theta}]^{1/\theta}\}$	$[1,\infty)$	$1-\theta^{-1}$
Clayton	$(u^{-\theta}+v^{-\theta}-1)^{-1/\theta}$	$(0,\infty)$	$\theta/(\theta+2)$
Frank	$-\dfrac{1}{\theta}\ln\left[1+\dfrac{(e^{-\theta u}-1)(e^{-\theta v}-1)}{e^{-\theta}-1}\right]$	$R\backslash\{0\}$	$1+\dfrac{4}{\theta}\left[\dfrac{1}{\theta}\int_{0}^{\theta}\dfrac{t}{\exp(t)-1}dt-1\right]$

多维 Archimedean Copula 函数的构造通常是基于二维情形来进行扩展，根据不同的构造方式可以分为对称型和非对称型多维 Archimedean Copula 函数。

对称型 Archimedean Copula 函数：由二维 Copula 对称的性质，可以将其直接推广到 n-维情形：

$$C(u_1,u_2,\cdots,u_n)=\varphi^{[-1]}(\varphi(u_1)+\varphi(u_2)+\cdots+\varphi(u_n)) \tag{5.3}$$

相应的三维表达式为

$$C(u_1,u_2,u_3)=\varphi^{[-1]}(\varphi(u_1)+\varphi(u_2)+\varphi(u_3)) \tag{5.4}$$

表 5.2 分别给出了几种常用的三维对称 Archimedean Copula 函数，它们都只能描述存在正相关性的变量，且要求两两变量之间的相关性结构是相同的或者基本相似，这些不足限制了它的使用范围。

表 5.2   几种常用的三维对称 Archimedean Copula 函数

Copula 函数类型	$C(u_1,u_2,u_3)$	θ
Gumbel – Hougaard	$\exp\{-[(-\ln u_1)^{\theta}+(-\ln u_2)^{\theta}+(-\ln u_3)^{\theta}]^{1/\theta}\}$	$[1,\infty)$
Clayton	$(u_1^{-\theta}+u_2^{-\theta}+u_3^{-\theta}-2)^{-1/\theta}$	$[0,\infty)$
Frank	$-\theta^{-1}\ln\{1-(1-e^{-\theta})^{-2}(1-e^{-\theta u_1})(1-e^{-\theta u_2})(1-e^{-\theta u_3})\}$	$[0,\infty)$

非对称型 Archimedean Copula 函数：利用 Archimedean Copula 的可结合性，由二维 Archimedean Copula 通过 $n-1$ 重嵌套可以构造出 n-维非对称型 Archimedean Copula：

$$C(u_1,u_2,\cdots,u_n)=C_1(u_n,C_2(u_{n-1},\cdots,C_{n-1}(u_2,u_1)\cdots))$$

$$=\varphi_1^{[-1]}(\varphi_1(u_n)+\varphi_1(\varphi_2^{[-1]}(u_{n-1}+\cdots+\varphi_{n-1}^{[-1]}(\varphi_{n-1}(u_2)+\varphi_{n-1}(u_1))\cdots))) \tag{5.5}$$

相应的三维 Copula 表达式：

$$C(u_1,u_2,u_3)=C_1(u_3,C_2(u_2,u_1))=\phi_1^{[-1]}(\phi_1(u_3)+\phi_1\circ\phi_2^{[-1]}(\phi_2(u_2)+\phi_2(u_1)))$$

(5.6)

式中:"。"表示函数的复合。

几种常用的三维非对称型 Archimedean Copula 函数见表 5.3,其中 θ_1、θ_2 为其两个参数,且满足 $\theta_2\geqslant\theta_1$。三维非对称型 Archimedean Copula 函数常用来描述在变量 u_1、u_2、u_3 中,u_1 和 u_2 是相关性比 u_1 和 u_3、u_2 和 u_3 相关性更强的非对称变量。此外,表 5.3 中 Gumbel – Hougaard Copula 函数和 Clayton Copula 函数只适用于描述变量存在正相关的情形,Frank Copula 函数既能描述正相关的随机变量,也能够描述具有负相关性的随机变量。

表 5.3 几种常用的三维非对称型 Archimedean Copula 函数

Copula 函数类型	$C(u_1,u_2,u_3)$	$\theta_2\geqslant\theta_1\in$
Gumbel – Hougaard	$\exp\{-([(-\ln u_1)^{\theta_2}+(-\ln u_2)^{\theta_2}]^{\theta_1/\theta_2}+(-\ln u_3)^{\theta_1})^{1/\theta_1}\}$	$[1,\infty)$
Clayton	$[(u_1^{-\theta_2}+u_2^{-\theta_2}-1)^{\theta_1/\theta_2}+u_3^{-\theta_1}-1]^{-1/\theta_1}$	$[0,\infty)$
Frank	$-\theta_1^{-1}\ln\{1-(1-e^{-\theta_1})^{-1}(1-(1-(1-e^{-\theta_2})^{-1}(1-e^{-\theta_2 u_1})$ $(1-e^{-\theta_2 u_2}))^{\theta_1/\theta_2})(1-e^{-\theta_1 u_3})\}$	$[0,\infty)$

5.2.2.3 Copula 函数的参数估计

常用的 Copula 函数参数估计方法主要有 Kendall 秩相关性系数法和极大似然法。其中,Kendall 秩相关性系数法通常用来估计二维 Archimedean Copula 函数的参数,极大似然法则既可以用来估计二维,也可以估计三维及以上的 Archimedean Copula 函数的参数[3]。下面对这两种方法分别加以介绍与阐述。

(1) Kendall 秩相关性系数法。此方法主要用于估计二维 Archimedean Copula 函数的参数,一般先计算联合样本的 Kendall 秩相关系数,再通过表 5.1 所列的几种 Archimedean Copula 函数的参数与 Kendall 秩相关系数的关系,反算出 Archimedean Copula 函数的参数。

Kendall 秩相关系数的计算公式为

$$\tau=(C_n^2)^{-1}\sum_{i<j}\text{sign}[(x_i-x_j)(y_i-y_j)],\quad(i,j=1,2,\cdots,n)$$

(5.7)

式中:(x_i,y_i) 为实测点据;sign($\cdot$)为符号函数。当 $(x_i-x_j)(y_i-y_j)>0$ 时,sign=1;当 $(x_i-x_j)(y_i-y_j)<0$ 时,sign=−1;当 $(x_i-x_j)(y_i-y_j)=0$ 时,sign=0。

(2) 极大似然法。联合分布的参数包括两部分,即边缘分布的参数和 Copula 函数的参数 θ。边缘分布的参数,直接影响着联合分布的参数。依据边缘分布估计方法的不同,有三种极大似然方法可用于估计 Copula 函数的参数,即全参数的极大似然法、分步的极大似然法和半参数的极大似然法[4]。由于边缘分布的参数对 Copula 函数的影响较大,半参数(Semi – parametric)的极大似然法用经验的边缘分布值代替理论的边缘分布值,代入似然函数参与计算。本书采用半参数的极大似然法估计 Archimedean Copula 函数的参数。半参数极大似然法的似然函数表达式为

$$l(\theta) = \sum_{i=1}^{N} \ln c(\hat{u}_1, \hat{u}_2, \cdots, \hat{u}_d; \theta) \tag{5.8}$$

式中：d 为联合样本的维数，即 Copula 函数的维数；c 为 Copula 函数的概率密度函数；$\hat{u}_1, \hat{u}_2, \cdots, \hat{u}_d$ 为边缘分布的经验频率，其计算式为 $u_i = m(i)/(n+1)$。

将似然函数关于参数 θ 最大化，得到参数向量 θ 的评估值为

$$\hat{\theta} = \arg\max l(\theta) \tag{5.9}$$

5.2.2.4 Copula 函数的拟合检验与优选

采用 d 维（$d \geqslant 2$）K-S 检验法对 d 维 Archimedean Copula 函数进行拟合检验的基础上，采用 RMSE 准则评价 d 维联合分布的理论频率与经验频率拟合情况，选择 RMSE 值最小的 Copula 函数作为最优的 Copula 函数[5]。

d 维 K-S 检验统计量 D 的计算公式如下：

$$D = \max_{1 \leqslant i \leqslant n} \left\{ \left| F(x_{1i}, x_{2i}, \cdots, x_{di}) - \frac{m(i)-1}{n} \right|, \left| F(x_{1i}, x_{2i}, \cdots, x_{di}) - \frac{m(i)}{n} \right| \right\} \tag{5.10}$$

式中：$F(x_{1i}, x_{2i}, \cdots, x_{di})$ 为联合观测值 $(x_{1i}, x_{2i}, \cdots, x_{di})$ 的理论频率；$m(i)$ 为实测系列中满足 $(x_1 \leqslant x_{1i}, x_2 \leqslant x_{2i}, \cdots, x_d \leqslant x_{di})$ 的联合观测值个数。

d 维联合分布理论频率与经验频率的 RMSE 值，可通过下式计算：

$$\text{RMSE} = \sqrt{\frac{1}{n} \sum_{i=1}^{n} \left[F(x_{1i}, x_{2i}, \cdots, x_{di}) - \frac{m(i)}{n+1} \right]^2} \tag{5.11}$$

5.2.2.5 多维 Copula 函数

采用四维对称和非对称型 Copula 函数构造洪水发生时间和量级的联合分布。采用 Gumbel、Frank 和 Clayton 三种 Copula 函数进行试算，根据离差平方和最小准则选择合适的 Copula 函数，分析遭遇风险。

Salvadori 和 De Michele[6] 提出了多参数的方法构建多维 Copula 函数，此方法可描述变量之间的两两相关性，选择水文领域应用较为广泛且同时又属于极值分布的 Gumbel Copula 函数为例，对该方法进行简要地介绍，给出相关的计算步骤和应用实例。

Copula 函数为例，对该方法进行简要地介绍，给出相关的计算步骤和应用实例。多参数的 Copula 函数的表达式为

$$C_a(\boldsymbol{u}) = A(\boldsymbol{u}^a) \cdot B(\boldsymbol{u}^{1-a}) = A(u_1^{a_1}, \cdots, u_d^{a_d}) \cdot B(u_1^{1-a_1}, \cdots, u_d^{1-a_d}) \tag{5.12}$$

式中：A 和 B 都为 d 维的 Copula 函数；参数向量 $a = (a_1, \cdots, a_d) \in I_n$。

定义基于四维 Gumbel Copula 函数建立的多参数 Copula 称为 X-Gumbel，其表达式为

$$C_X(u_1, u_2, u_3, u_4) = C_\xi(u_1^{a_1}, u_2^{a_2}, u_3^{a_3}, u_4^{a_4}) \cdot C_\chi(u_1^{1-a_1}, u_2^{1-a_2}, u_3^{1-a_3}, u_4^{1-a_4}) \tag{5.13}$$

式中：ξ 和 χ 为两个 Gumbel Copula 函数的参数，且 $\xi, \chi \geqslant 1$；参数 a_1、a_2、a_3、$a_4 \in I$。

5.2.3 选择边缘分布和联合分布

根据金沙江屏山站（在向家坝建库后已下迁，现改名为向家坝水文站）、岷江高场站、嘉陵江北碚站、乌江武隆站 1951—2016 年的汛期日径流资料，得到长江上游干支流年最大洪水发生时间 T 和洪水量级 Q 的序列。

5.2.3.1　洪水发生时间的边缘分布

首先将洪水发生时间转换成弧度 x，$x = D_j 2\pi / L$，其中 D_j 表示实测第 j 年的洪水在第 D_j 天发生；L 为汛期的长度。由于洪水发生时间的概率密度函数可能呈现单峰状，也可能呈现多峰状，因此选择混合 von Mises 分布[7]，即洪水发生时间的概率密度函数为

$$f_X(x) = \sum_{i=1}^{m} \frac{p_i}{2\pi I_0(k_i)} \exp[k_i \cos(x - \mu_i)], 0 \leqslant x \leqslant 2\pi, 0 \leqslant \mu_i \leqslant 2\pi \quad (5.14)$$

式中：对于第 i 个组成部分；p_i 为其混合的比例；u_i 为位置参数（平均角）；k_i 为尺度参数；$I_0(k_i)$ 为第一类 0 阶修正的 Bessel 函数。两部分的混合 von Mises 分布较为常用，一般混合的部分不会超过 5。混合 von Mises 分布的参数估计采用最小二乘法，寻求与实测拟合最优的参数作为最终结果，寻优方法采用拟牛顿法。表 5.4 给出了 $m=3$ 时混合 von Mises 分布的参数，应用 Kolmogorov - Smirnov(K - S) 方法检验分布的拟合效果及理论与实测频率拟合的均方根误差（RMSE）。在 5% 的显著性水平下，K - S 检验接受域为小于等于临界值 0.164（表中括号内数据），由检验结果可知，4 个水文站的混合 von Mises 分布都通过了假设检验；且 RMSE 值也较小。图 5.2 给出了各站洪水发生时间的边缘分布频率曲线，由图可知，理论值与经验频率拟合较好。因此可以选用混合 von Mises 分布。

表 5.4　　　　　　　　　洪水发生时间边缘分布参数及检验结果表

控制站	u_i	k_i	p_i	RMSE	K - S 检验
屏山	4.33	68.01	0.17	0.020	0.060 (0.164)
	5.19	7.91	0.49		
	3.40	5.69	0.34		
高场	4.23	2.22	0.64	0.014	0.046 (0.164)
	3.66	300.00	0.13		
	2.88	7.87	0.23		
北碚	5.42	1.69	0.05	0.016	0.050 (0.164)
	2.99	5.86	0.54		
	5.49	2.66	0.41		
武隆	2.49	2.33	0.70	0.019	0.075 (0.164)
	4.15	0.18	0.11		
	5.03	0.17	0.19		

5.2.3.2　洪水发生量级的分布

在我国，《水利水电工程设计洪水计算规范》（SL 144—2016）推荐采用 P - Ⅲ 型分布计算设计洪水。假设年最大洪水系列（如洪峰、洪量）量级随机变量 Y 服从 P - Ⅲ 分布，其概率密度函数为

$$f(y) = \frac{\beta^\alpha}{\Gamma(\alpha)}(y - \delta)^{\alpha-1} \exp[-\beta(y - \delta)], \alpha > 0, \beta > 0, \delta \leqslant y < \infty \quad (5.15)$$

式中：α、β 和 δ 分别为 P - Ⅲ 分布的形状、尺度和位置参数；$\Gamma(\cdot)$ 为伽玛函数。

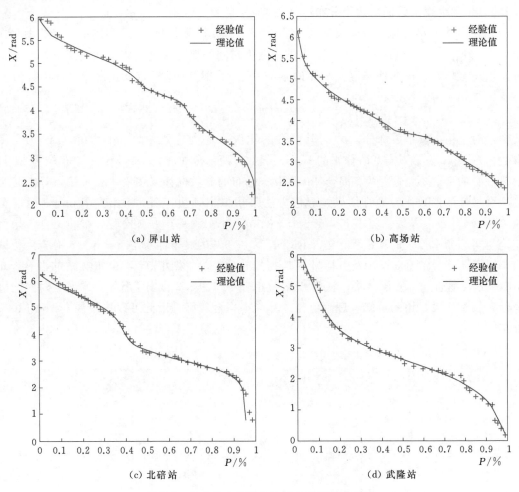

图 5.2　洪水发生时间的边缘分布频率曲线图

　　采用线性矩法估计 P-Ⅲ型分布的参数，应用 χ^2 检验方法对其进行假设检验，结果见表 5.5。在 5% 的显著性水平下，自由度为 $k-r-1$（r 为参数个数，k 为 χ^2 检验的分组数）的 χ^2 检验的接受域为小于等于临界值（表中括号内数据为检验的临界值），4 个站的 P-Ⅲ型分布都通过了假设检验。图 5.3 给出了洪水发生量级的频率曲线图。由图可知，理论值与经验频率拟合较好。

表 5.5　　　　　　　　　　　　　　洪水量级边缘分布参数及检验结果表

控制站	α	β	δ	RMSE	χ^2 检验 P 值
屏山	7.93	0.0007	5129.4	0.018	0.262（0.05）
高场	6.57	0.0005	3522.7	0.022	0.262（0.05）
北碚	9.23	0.0004	0	0.037	0.254（0.05）
武隆	6.48	0.0006	0	0.034	0.244（0.05）

5.2.3.3　选择二维 Copula 联合分布函数

　　采用 Copula 函数分别建立长江上游干支流金沙江屏山站、岷江高场站、嘉陵江北碚

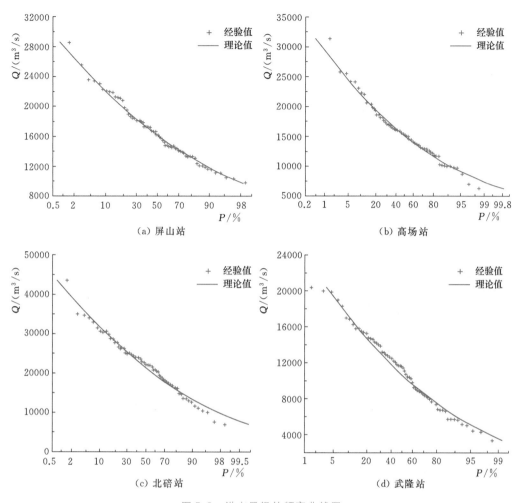

图 5.3 洪水量级的频率曲线图

站、乌江武隆站的洪水发生时间和量级的二维联合分布[8]，即

$$H(t_i,t_j)=C(T_i,T_j) \tag{5.16}$$

$$H(q_i,q_j)=C(Q_i,Q_j) \tag{5.17}$$

式中：i、j 代表了任意测站，但 j 站在 i 站的下游；T_i 为洪水发生时间；Q_i 为洪水发生量级。

利用 Kendall 秩相关系数估计 Archimedean Copula 函数的参数，结果见表 5.6 和表 5.7。为检验 Copula 函数的拟合效果，计算实测值与理论值的均方根误差（RMSE）。由表 5.3 可知，三种 Copula 函数建立的洪水发生时间联合分布的 RMSE 值差别较小，则选用 Gumbel Copula 函数。对洪水发生量级联合分布而言，除金沙江和嘉陵江，嘉陵江和乌江的洪水量级之间存在负相关性，需选用 Frank Copula 函数外，其余也均选用 Gumbel Copula 函数。图 5.4 为洪水发生时间与量级的经验点据与理论分布曲线，可知拟合效果较好。

表 5.6　　　　　　　　　两江洪水发生时间联合分布的参数估计值及拟合检验

两江遭遇组合	Clayton		Gumbel－Hougaard		Frank	
	θ	RMSE	θ	RMSE	θ	RMSE
金沙江和岷江	0.09	0.0296	1.04	0.0298	0.39	0.0294
金沙江和嘉陵江	0.06	0.0264	1.03	0.0264	0.25	0.0264
金沙江和乌江	0.18	0.0302	1.09	0.0286	0.73	0.0289
岷江和嘉陵江	0.12	0.0252	1.06	0.0257	0.50	0.0253
岷江和乌江	0.21	0.0285	1.11	0.0267	0.88	0.0269
嘉陵江和乌江	0.65	0.0339	1.33	0.0291	2.33	0.0291

表 5.7　　　　　　　　　两江洪水发生量级联合分布的参数估计值及拟合检验

两江遭遇组合	Clayton		Gumbel－Hougaard		Frank	
	θ	RMSE	θ	RMSE	θ	RMSE
金沙江和岷江	0.43	0.0330	1.21	0.0269	1.62	0.0285
金沙江和嘉陵江	−0.11	—	0.94	—	−0.54	0.0301
金沙江和乌江	0.44	0.0271	1.22	0.0266	1.67	0.0256
岷江和嘉陵江	0.04	0.0368	1.02	0.0363	0.19	0.0364
岷江和乌江	0.13	0.0289	1.07	0.0277	0.56	0.0278
嘉陵江和乌江	−0.21	—	0.89	—	−1.10	0.0353

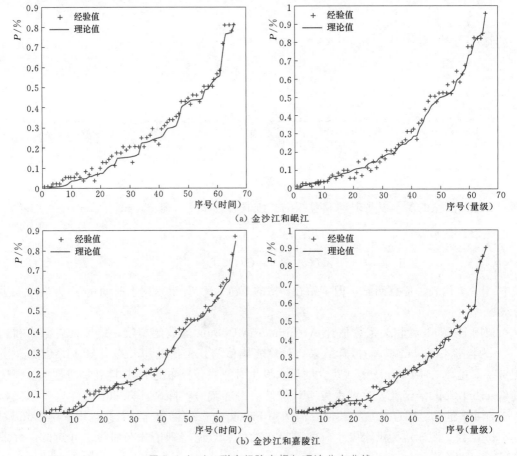

图 5.4 （一）　联合经验点据与理论分布曲线

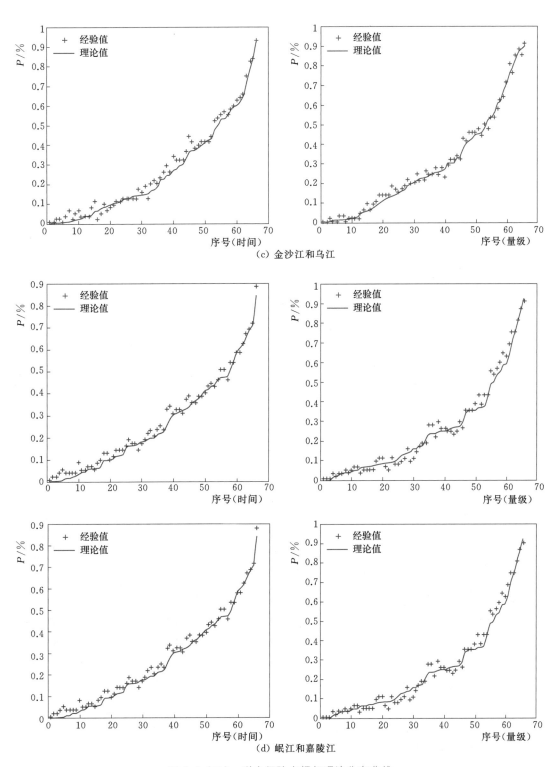

（c）金沙江和乌江

（d）岷江和嘉陵江

图 5.4（二） 联合经验点据与理论分布曲线

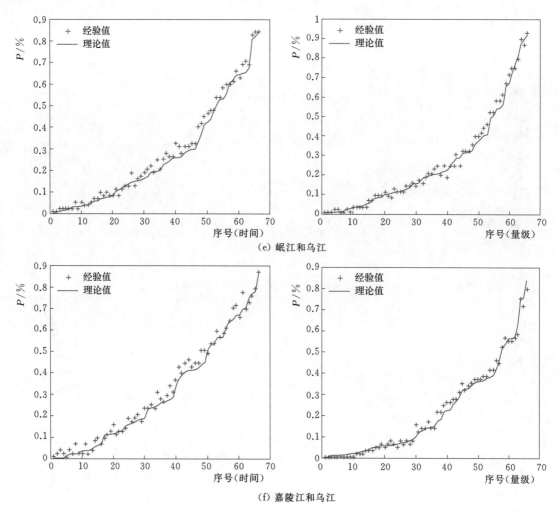

(e) 岷江和乌江

(f) 嘉陵江和乌江

图 5.4（三） 联合经验点据与理论分布曲线

5.2.4 洪水遭遇概率和风险分析

5.2.4.1 洪水遭遇概率

洪水遭遇是指流域内河流的干支流在同一时间内发生大的洪水，或是不同流域（地区）同一时间内发生大的洪水，采用概率值来描述遭遇的可能性大小。洪水事件包括了洪水发生的时间和量级，因此在研究洪水遭遇风险时，两个因素都需考虑。二维和多维的联合分布函数和条件分布函数为洪水遭遇的研究提供了理论基础。

洪水风险分析就是估计洪水发生的风险，或估计给定洪水事件的概率。将洪水发生时间作为研究变量，不同支流或干流不同观测点的年最大洪水发生在同一天的概率较小。因此，若年最大洪水发生时间的间隔不超过 dt 天，则定义洪水遭遇的概率为

$$P_n^t = P_t(t_k < T_i \leqslant t_{k+1}, t_k - dt_{ij} < T_j \leqslant t_{k+1} + dt_{ij}, \cdots, t_k - dt_{in} < T_n \leqslant t_{k+1} + dt_{in})$$

(5.18)

式中：i、j 代表了任意测站，但 j 站在 i 站的下游；T_i 为洪水发生的日期；t_k 代表汛期的第 k 天；dt 表示任意两江洪水发生时间的间隔。考虑了上下游、干支流的洪水传播时间，式（5.18）可计算两江、多江的遭遇概率。

同时考虑洪水发生时间和量级遭遇。假设洪水发生时间和洪水发生量级是两个相互独立的随机变量。若在干支流或干流多个观测点同时发生洪水，则在某一量级下的遭遇概率为

$$P_n^T = \sum_{t=1}^{N} P_n^t \cdot P(Q_1 > q_1^T, Q_i > q_i^T, \cdots, Q_n > q_n^T) \tag{5.19}$$

实测资料系列中干支流年最大日流量恰好发生在同一天的情况几乎没有。岷江及嘉陵江流域洪水过程陡涨陡落，历时较短（一般为 7d），为尖瘦的山峰型洪水，金沙江洪水较为平缓。因此若年最大日流量发生时间在相隔 4d 之内（考虑洪水传播时间），则假定发生洪水遭遇。

5.2.4.2　两江洪水遭遇概率

根据式（5.18）计算金沙江、岷江、嘉陵江和乌江两两洪水发生时间的概率，将第 k 天遭遇的概率 P_k 点绘在图 5.5 中。根据式（5.19）计算给定某一重现期的洪水遭遇风险，表 5.8、表 5.9 和表 5.10 列出了干支流重现期分别为 5 年、10 年、20 年、50 年及 100 年情况下的两江洪水遭遇概率[9]。

表 5.8　　金沙江与岷江、嘉陵江和乌江洪水发生量级遭遇概率（$\times 10^{-4}$）

河名	重现期 /a	金沙江				
		5	10	20	50	100
岷江	5	92.06	55.80	32.49	15.12	8.24
	10	55.80	37.27	23.68	12.05	6.89
	20	32.49	23.68	16.47	9.30	5.65
	50	15.12	12.05	9.30	6.07	4.07
	100	8.24	6.89	5.65	4.07	2.95
嘉陵江	5	30.35	14.84	7.33	2.91	1.45
	10	14.84	7.23	3.57	1.42	0.71
	20	7.33	3.57	1.76	0.70	0.35
	50	2.91	1.42	0.70	0.28	0.14
	100	1.45	0.71	0.35	0.14	0.07
乌江	5	22.04	13.39	7.80	3.63	1.98
	10	13.39	8.97	5.71	2.91	1.66
	20	7.80	5.71	3.98	2.25	1.37
	50	3.63	2.91	2.25	1.47	0.99
	100	1.98	1.66	1.37	0.99	0.72

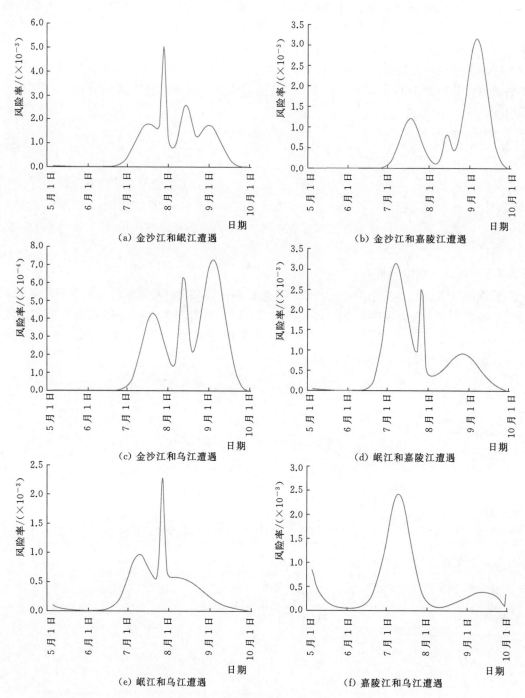

图 5.5　长江上游两江洪水发生时间遭遇风险

5.2.4.3　多变量联合分布

采用 Copula 函数分别建立长江上游干支流控制站的洪水发生时间和量级的联合分布[10]，即

表 5.9　　　　　　　　　　岷江与嘉陵江和乌江洪水发生量级遭遇概率（×10⁻⁴）

河名	重现期 /a	岷　江				
		5	10	20	50	100
嘉陵江	5	46.79	24.50	12.83	5.45	2.84
	10	24.50	13.25	7.20	3.21	1.74
	20	12.83	7.20	4.09	1.95	1.11
	50	5.45	3.21	1.95	1.03	0.63
	100	2.84	1.74	1.11	0.63	0.41
乌江	5	26.01	14.49	8.00	3.60	1.94
	10	14.49	8.60	5.07	2.46	1.39
	20	8.00	5.07	3.20	1.70	1.02
	50	3.60	2.46	1.70	1.02	0.67
	100	1.94	1.39	1.02	0.67	0.47

表 5.10　　　　　　　　　　嘉陵江和乌江洪水发生量级遭遇概率（×10⁻⁴）

河名	重现期 /a	嘉　陵　江				
		5	10	20	50	100
乌江	5	21.04	10.02	4.89	1.93	0.96
	10	10.02	4.75	2.32	0.91	0.45
	20	4.89	2.32	1.13	0.44	0.22
	50	1.93	0.91	0.44	0.17	0.09
	100	0.96	0.45	0.22	0.09	0.04

$$H(t_P, t_G, t_B, t_Y) = C(T_P, T_G, T_B, T_Y) \tag{5.20}$$

$$H(q_P, q_G, q_B, q_Y) = C(Q_P, Q_G, Q_B, Q_Y) \tag{5.21}$$

式中：变量 T_P、T_G、T_B、T_Y 分别为金沙江屏山站、岷江高场站、嘉陵江北碚站和长江干流宜昌站的洪水发生时间；Q_P、Q_G、Q_B、Q_Y 分别为这四站的洪水发生量级。

采用极大似然法分别估计对称型和非对称型 Archimedean Copula 函数的参数，结果见表 5.11。为检验 Copula 函数的拟合效果，计算实测值与理论值的均方根误差（RMSE）。由表 5.11 可知，非对称型 Copula 函数的 RMSE 值小于对称型 Copula 函数，然而由于相关性差别不大，对称和非对称 RMSE 值差别不明显。Gumbel Copula 函数建立的洪水发生时间联合分布的 RMSE 值最小，因此选用非对称 Gumbel Copula 函数参与下面计算。而 Clayton Copula 函数建立的洪水发生量级的 RMSE 值最小，但由于洪水发生量级属于极值事件，需要采用能够描述上尾相关性特征的 Copula 函数，故选用非对称 Gumbel Copula 函数参与计算。图 5.6 为 Gumbel Copula 函数洪水发生时间与量级的经验点据与理论分布曲线，可知拟合效果较好。

表 5.11　　　　　　　洪水发生时间或量级联合分布的参数估计值及拟合检验

Copula 函数	时间/量级	对 称 型		非 对 称 型			
		θ	RMSE	θ_1	θ_2	θ_3	RMSE
Gumbel–Hougaard	发生时间	1.09	0.018	1.03	1.29	1.32	0.016
	洪水量级	1.02	0.029	1.03	1.08	1.28	0.026
Clayton	发生时间	0.11	0.023	0.10	0.34	1.16	0.025
	洪水量级	0.23	0.025	0.10	0.25	0.73	0.023
Frank	发生时间	1.24	0.021	0.84	1.18	2.01	0.021
	洪水量级	1.03	0.030	1.05	1.15	1.93	0.030

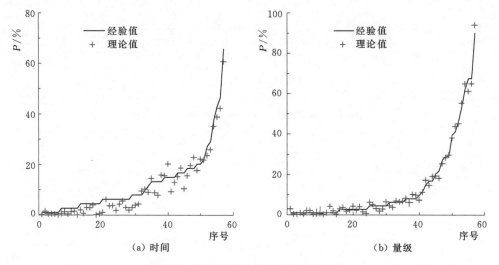

图 5.6　联合经验点据与理论分布曲线

5.2.4.4　长江上游四江洪水遭遇风险分析

长江上游干支流 4 个控制站，其分别是金沙江屏山站、岷江高场站、嘉陵江北碚站、乌江武隆站。4 站的洪水发生时间遭遇概率 P_4，采用下式计算：

$$P_{4洪} = \sum_{k=\tau_{PB}+dt}^{N} P(t_k < T_P \leqslant t_{k+1}, t_k + \tau_{PG} - dt < T_G \leqslant t_{k+1} + \tau_{PG} + dt,$$

$$t_k + \tau_{PB} - dt < T_B \leqslant t_{k+1} + \tau_{PB} + dt, t_k + \tau_{PW} - dt < T_W \leqslant t_{k+1} + \tau_{PW} + dt) \quad (5.22)$$

式中：τ_{PG} 为屏山站至岷江与长江交汇处的洪水传播时间；τ_{PB} 为高场站至嘉陵江与长江交汇处的传播时间；τ_{PW} 为屏山站至乌江与长江交汇处的洪水传播时间。每天的遭遇概率分析结果如图 5.7 所示，图形呈多峰状，在 7 月上中旬与 8 月中下旬出现两个遭遇高峰期。

屏山站、高场站、北碚站、武隆站，发生大于某一重现期的洪水遭遇的概率 P_4^T，采用下式计算：

$$P_{4洪}^T = P_{4洪} P(Q_P > q_P^T, Q_G > q_G^T, Q_B > q_B^T, Q_W > q_W^T) \quad (5.23)$$

表 5.12 列出了长江上游四江洪水发生量级遭遇概率。洪水频率分析通常研究的是超过概率，因发生 50 年一遇洪水的超过概率大于发生 1000 年一遇洪水的概率，所以随重现

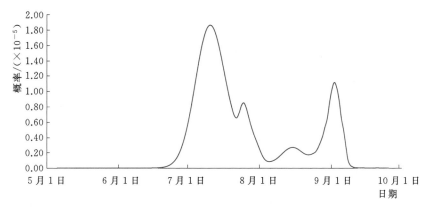

图 5.7　长江上游四江洪水发生时间遭遇分析

期减少，四江发生量级遭遇概率增加。并且任意一江重现期减少，量级遭遇概率也应相应增大，表中数据满足此规律。

表 5.12　　　　　　　　　长江上游四江洪水发生量级遭遇概率（$\times 10^{-7}$）

金沙江	岷江	乌江	嘉陵江		
重现期/a			$T=1000a$	$T=100a$	$T=50a$
1000	1000	1000	0.23	0.32	0.34
100	100	100	0.77	2.37	2.82
50	50	50	0.97	3.78	4.91
金沙江	岷江	嘉陵江	乌　江		
重现期/a			$T=1000a$	$T=100a$	$T=50a$
1000	1000	1000	0.23	0.29	0.31
100	100	100	0.80	2.37	2.73
50	50	50	1.02	3.88	4.91
金沙江	乌江	嘉陵江	岷　江		
重现期/a			$T=1000a$	$T=100a$	$T=50a$
1000	1000	1000	0.23	0.27	0.29
100	100	100	0.82	2.37	2.66
50	50	50	1.05	3.95	4.91
岷江	乌江	嘉陵江	金　沙　江		
重现期/a			$T=1000a$	$T=100a$	$T=50a$
1000	1000	1000	0.23	0.27	0.29
100	100	100	0.82	2.37	2.66
50	50	50	1.05	3.95	4.91

　　计算得出干支流 4 个控制站同时发生各重现期（1000 年、100 年、50 年）洪水的遭遇概率分别为 2.29×10^{-8}、2.37×10^{-7}、4.91×10^{-7}。金沙江、乌江、嘉陵江发生 1000 年（100 年、50 年）一遇洪水时岷江发生 1000 年（100 年、50 年）一遇洪水的概率，与

岷江、乌江、嘉陵江发生 1000 年（100 年、50 年）一遇洪水时金沙江发生 1000 年（100 年、50 年）一遇洪水的概率相同，原因是屏山站、高场站的 P-Ⅲ型中水文参数在数值上相似。其他情况的遭遇概率可由表 5.12 中查出，或通过内插方法得到。

5.3　长江上游后汛期枯水遭遇规律研究

采用同样的研究方法对长江上游后汛期枯水遭遇规律进行研究。选取金沙江、岷江、嘉陵江、乌江作为研究的主要对象。数据资料采用 1951—2016 年 7—9 月后汛期日流量同步资料，取样得到后汛期最小 7 天洪量及发生时间。

采用线性矩法估计 P-Ⅲ型分布的参数，应用 χ^2 检验方法对其进行假设检验，结果见表 5.13。在 5% 的显著性水平下，自由度为 $k-r-1$（r 为参数个数，k 为 χ^2 检验的分组数）的 χ^2 检验的接受域为小于等于临界值（表中括号内数据为检验的临界值），5 个站的 P-Ⅲ型分布都通过了假设检验。

表 5.13　　　　　　　　　　边缘分布参数及检验结果表

控制站	混合 von Mises 分布					P-Ⅲ型分布			
	u_i	k_i	P_i	K-S 检验	RMSE	α	β	δ	χ^2 检验
屏山	0.38	1.15	0.48	0.034 (0.167)	0.023	4.69	0.00008	4845.1	0.31 (3.84)
	2.99	1.01	0.41						
	5.04	0.85	0.11						
高场	1.86	94.7	0.13	0.026 (0.167)	0.014	18.9	0.0003	0	0.58 (3.84)
	4.42	0.52	0.57						
	6.23	300	0.30						
北碚	3.06	1.41	0.51	0.032 (0.167)	0.023	5.05	0.00018	1638.1	0.67 (3.84)
	3.88	0.94	0.12						
	5.36	1.64	0.37						
乌江	3.12	0.86	0.23	0.038 (0.167)	0.026	4.61	0.0003	1887.7	0.45 (3.84)
	4.29	0.90	0.12						
	5.73	2.49	0.65						

采用极大似然法分别估计对称型和非对称型 Archimedean Copula 函数的参数，最终发生时间 t 与 7 日最小流量量级选取非对称 Gumbel Copula 函数，其中时间非对称 Gumbel Copula 参数为 1.1、1.24、1.36；量级非对称 Gumbel Copula 参数为 1.17、1.31、1.54。

时间采用枯水遭遇定义，四站的枯水发生时间遭遇概率 P_4 采用下式计算：

$$P_{4枯} = \sum_{k=\tau_{PB}+dt}^{N} P(t_k < T_P \leqslant t_{k+1}, t_k + \tau_{PG} - dt < T_G \leqslant t_{k+1} + \tau_{PG} + dt,$$

$$t_k + \tau_{PB} - dt < T_B \leqslant t_{k+1} + \tau_{PB} + dt, t_k + \tau_{PW} - dt < T_W \leqslant t_{k+1} + \tau_{PW} + dt) \quad (5.24)$$

式中：τ_{PG} 为屏山站至岷江与长江交汇处的洪水传播时间；τ_{PB} 为高场站至嘉陵江与长江交

汇处的传播时间；τ_{PW} 为屏山站至乌江与长江交汇处的洪水传播时间。每天的遭遇概率分析结果如图 5.8 所示，图形呈上升趋势，表明四江在 9 月发生枯水遭遇的概率较大。

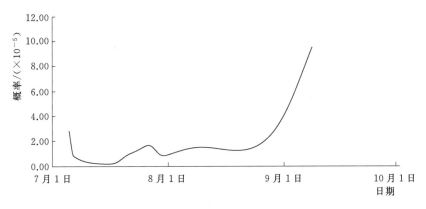

图 5.8　长江上游四江枯水发生时间遭遇分析

屏山站、高场站、北碚站、武隆站发生小于某一重现期的枯水遭遇的概率 P_4^T，采用下式计算：

$$P_{4枯}^T = P_{4枯} P(Q_P > q_P^T, Q_G > q_G^T, Q_B > q_B^T, Q_W > q_W^T) \tag{5.25}$$

表 5.14 列出了长江上游四江枯水发生量级遭遇概率。在后汛期，因发生 50 年一遇枯水的超过概率大于发生 1000 年一遇枯水的概率，所以随重现期减少，四江发生量级枯水遭遇概率增加。并且任意一江重现期减少，量级遭遇概率也应相应增大。表中数据满足此规律。采用式（5.25）计算得出干支流 4 个控制站同时发生各重现期（1000 年、100 年、50 年）枯水的遭遇概率分别为 0.16×10^{-10}、1.36×10^{-8}、1.03×10^{-7}；金沙江、乌江、嘉陵江发生 1000 年（100 年、50 年）一遇枯水时岷江发生 1000 年（100 年、50 年）枯水的概率，与岷江、乌江、嘉陵江发生 1000 年（100 年、50 年）一遇枯水时金沙江发生 1000 年（100 年、50 年）一遇枯水的概率相同；其他情况的遭遇概率可由表中查出，或通过内插方法得到。由于汛期来水较多，因此在数值上，长江上游出现四江枯水遭遇的概率比洪水遭遇的概率要小得多。

表 5.14　　　　　　　　　　长江上游四江枯水发生量级遭遇概率（$\times 10^{-10}$）

金沙江	岷江	乌江	嘉　陵　江		
重现期/a			$T=1000a$	$T=100a$	$T=50a$
1000	1000	1000	0.16	0.84	1.33
100	100	100	22.6	136	227
50	50	50	95.9	611	1035
金沙江	岷江	嘉陵江	乌　江		
重现期/a			$T=1000a$	$T=100a$	$T=50a$
1000	1000	1000	0.16	1.05	1.81
100	100	100	19	136	241
50	50	50	78	578	1035

续表

金沙江	乌江	嘉陵江	岷　　江		
重现期/a			$T=1000a$	$T=100a$	$T=50a$
1000	1000	1000	0.16	0.69	1.01
100	100	100	26	136	215
50	50	50	113	641	1035

岷江	乌江	嘉陵江	金　沙　江		
重现期/a			$T=1000a$	$T=100a$	$T=50a$
1000	1000	1000	0.16	0.69	1.01
100	100	100	26	136	215
50	50	50	113	641	1035

5.4　洪水量级遭遇概率计算方法比较研究

现以金沙江屏山站和岷江高场站 1951—2016 年的汛期日径流资料为例，采用混合 von Mises 分布拟合年最大洪水发生的时间，P-Ⅲ型分布拟合年最大洪水的量级，基于 GH Copula 函数分别建立两江年最大洪水发生时间和洪水量级的联合分布，分析金沙江和岷江洪水发生时间和量级的遭遇风险，重点研究比较联合概率、同现概率和条件概率这三种分析计算方法描述洪水遭遇风险的合理性与可靠性[11]。

对于两变量 Copula 联合分布，一般研究联合概率、同现概率和条件概率。联合概率是指两个变量中至少有一个超过其设计值时事件发生的概率。变量 X、Y 的联合概率为

$$P(X>x \bigcup Y>y)=1-F(x,y)=1-C(u,v) \tag{5.26}$$

同现概率是指两个变量同时都超过设计值时事件发生的概率。变量 X，Y 的同现概率为

$$P(X>x \bigcap Y>y)=1-F_X(x)-F_Y(y)+F(x,y)=1-u-v+C(u,v) \tag{5.27}$$

条件概率是指给定某一变量的范围，另一变量发生的概率大小。当 $X>x$ 时，$Y>y$ 的条件概率为

$$
\begin{aligned}
P(Y>y \mid X>x) &= \frac{P(X>x \bigcap Y>y)}{P(X>x)} \\
&= \frac{1-F_X(x)-F_Y(y)+F(x,y)}{1-F_X(x)} = \frac{1-u-v+C(u,v)}{1-u}
\end{aligned} \tag{5.28}
$$

将洪水量级作为研究变量。如果两江洪水不是在同一天发生或发生的时间间隔较大，则不能认为洪水发生遭遇。两江洪水遭遇意味着两江发生的洪水量级在一定程度之上，且洪水发生时间的间隔在一定范围之内。因此，在研究洪水量级遭遇时，必须考虑洪水发生时间。假设洪水发生时间和洪水量级是两个相互独立的随机变量，则两江中至少有一江发生某一量级洪水遭遇的联合概率为

$$P^T=P^t \cdot P(Q_i>q_i^T \bigcup Q_j>q_j^T) \tag{5.29}$$

考虑洪水发生时间，两江同时发生某一量级洪水遭遇的同现概率为

$$P^T = P^t \cdot P(Q_i > q_i^T \bigcap Q_j > q_j^T) \tag{5.30}$$

同理，i 江发生某一量级洪水时，j 江发生另一量级洪水遭遇的条件概率为

$$P^T = P^t \cdot P(Q_j > q_j^T | Q_i > q_i^T) \tag{5.31}$$

式中：q_i^T、q_j^T 为两江 T 年一遇的洪水设计值。

本书在研究洪水量级遭遇时，考虑了洪水发生时间，认为洪水发生时间与洪水量级相互独立，根据式（5.29）和式（5.30）分别计算金沙江和岷江发生大于某重现期洪水遭遇的联合概率和同现概率，根据式（5.31）计算金沙江发生大于特定重现期洪水时，岷江发生某重现期洪水的条件概率。表 5.15 列出了重现期分别为 5 年、10 年、20 年、50 年及 100 年情况下两江洪水遭遇的联合概率、同现概率和条件概率，对三种遭遇概率计算结果的分析讨论如下：

表 5.15 金沙江和岷江洪水发生量级遭遇的联合概率、同现概率和条件概率（$\times 10^{-3}$）

河名	金 沙 江					遭遇概率
	重现期/a	5	10	20	50	100	
岷江	5	40.87	31.98	28.05	26.03	25.47	联合概率
	10	31.98	21.31	16.41	13.82	13.08	
	20	28.05	16.41	10.87	7.83	6.95	
	50	26.03	13.82	7.83	4.40	3.35	
	100	25.47	13.08	6.95	3.35	2.21	
	5	9.21	5.58	3.25	1.51	0.82	同现概率
	10	5.58	3.73	2.37	1.21	0.69	
	20	3.25	2.37	1.65	0.93	0.57	
	50	1.51	1.21	0.93	0.61	0.41	
	100	0.82	0.69	0.57	0.41	0.30	
	5	46.03	55.80	64.99	75.60	82.43	条件概率
	10	27.90	37.27	47.36	60.24	68.94	
	20	16.25	23.68	32.94	46.50	56.48	
	50	7.56	12.05	18.60	30.36	40.66	
	100	4.12	6.89	11.30	20.33	29.50	

洪水发生量级遭遇的联合概率可能偏大。因为从联合概率定义的角度出发，不能保证两江都发生某一量级的洪水，若只有一江发生洪水，则不是洪水遭遇，这就会导致结果偏大。因此，在研究洪水遭遇问题时，采用联合概率描述遭遇风险并不合理，选用同现概率和条件概率更为恰当。

低重现期洪水遭遇的概率比高重现期洪水的大，且同现概率远小于条件概率。金沙江与岷江发生 5 年、10 年、20 年、50 年和 100 年一遇洪水遭遇的同现概率分别为 9.21×10^{-3}、3.73×10^{-3}、1.65×10^{-3}、0.61×10^{-3} 和 0.30×10^{-3}，随着重现期的增大，洪水量级遭遇的同现概率明显减小。而两江发生 5 年、10 年、20 年、50 年和 100 年一遇洪水遭遇的条件概率分别为 46.03×10^{-3}、37.27×10^{-3}、32.94×10^{-3}、30.36×10^{-3} 和

29.50×10^{-3}，随着重现期的增大，条件概率逐渐减小，但减小幅度不大。从同现概率和条件概率计算结果均可看出，金沙江和岷江大洪水发生遭遇的概率较小，中小洪水遭遇的概率更大，即中小洪水更容易发生遭遇，符合一般规律。

与发生小洪水相比，当上游金沙江发生大洪水时，下游岷江发生不同量级洪水的条件概率更大。金沙江发生 5 年一遇洪水时，岷江发生 5 年、10 年、20 年、50 年和 100 年一遇洪水遭遇的条件概率分别为 46.03×10^{-3}、27.90×10^{-3}、16.25×10^{-3}、7.56×10^{-3} 和 4.12×10^{-3}；而金沙江发生 100 年一遇洪水时，岷江发生 5 年、10 年、20 年、50 年和 100 年一遇洪水遭遇的条件概率分别为 82.43×10^{-3}、68.94×10^{-3}、56.48×10^{-3}、40.66×10^{-3} 和 29.50×10^{-3}。由于金沙江和岷江洪水量级的 Kendall 相关系数为 0.18，呈正相关关系，上游洪水对下游洪水有影响，且上游发生大洪水时，下游更容易发生洪水。

5.5 本章小结

分析研究了长江上游洪水的形成及类型、发生时间及过程。采用混合 von Mises 分布拟合汛期洪水枯水发生的时间，P-Ⅲ型分布拟合洪水和枯水量级，引入二维和多维非对称型 Gumbel Copula 函数，分别构建了长江上游干支流两两洪水遭遇和四个控制站的洪水和枯水发生时间及量级的联合分布；分析了洪水和枯水发生时间和量级的遭遇概率规律。研究结果表明：

（1）金沙江、岷江、嘉陵江和乌江两两同时发生 100 年一遇洪水的遭遇概率较小，金沙江与岷江的遭遇概率量级（$\times 10^{-4}$）要大于金沙江与嘉陵江和乌江的遭遇概率（$\times 10^{-5}$）量级。

（2）岷江和嘉陵江同时发生 20 年、50 年、100 年一遇洪水的遭遇概率分别为 4.09×10^{-4}、1.03×10^{-4}、4.1×10^{-3}。

（3）根据长江上游干支流四江洪水和枯水遭遇概率查询表，各种遭遇发生概率可由表中数据内插得到。发现四江同时发生 1000 年一遇枯水的概率（$\times 10^{-10}$）比洪水的概率（$\times 10^{-7}$）小得多，换句话说，长江上游干支流全流域同时发生 1000 年一遇的洪水枯水的概率很小，几乎可以不用考虑。

（4）考虑到联合概率的定义，不能保证两江都发生特定量级的洪水，联合概率不适合用来描述洪水量级遭遇风险，同现概率和条件概率更合理可行，二者的计算结果也符合洪水遭遇的一般规律。

参 考 文 献

［1］ NELSEN. An Introduction to Copulas ［M］. New York：Springer，1999.
［2］ 郭生练，闫宝伟，肖义，等. Copula 函数在多变量水文分析计算中的应用及研究进展［J］. 水文，2008，28（3）：1-7.
［3］ ZHANG L，SINGH V P. Bivariate flood frequency analysis using the copula method ［J］. Journal of Hydrologic Engineering，2006，11（2）：150-164.
［4］ GENEST C，GHOUDI K，RIVEST L P. A semiparametric estimation procedure of dependence pa-

rameters in multivariate families of distributions [J]. Biometrika，1995，82 (3)：543 – 552.

[5] SALVADORI G，DE MICHELE C. On the use of copulas in hydrology：theory and practice [J]. Journal of Hydrologic Engineering，2007，12 (4)：369 – 380.

[6] SALVADORI G，DE MICHELE C. Estimating strategies for multiparameter multivariate extreme value copulas [J]. Hydrology and Earth System Sciences，2011，15 (1)：141 – 150.

[7] 方彬，郭生练，肖义，等. 年最大洪水两变量联合分布研究 [J]. 水科学进展，2008，19 (4)：505 – 511.

[8] 闫宝伟，郭生练，肖义. 南水北调中线水源区与受水区降水丰枯遭遇研究 [J]. 水利学报，2007，38 (10)：1178 – 1185.

[9] 闫宝伟，郭生练，陈璐，等. 长江和清江洪水遭遇风险分析 [J]. 水利学报，2010，41 (5)：553 – 559.

[10] 陈璐，郭生练，张洪刚，等. 长江上游干支流洪水遭遇分析 [J]. 水科学进展，2011，22 (3)：323 – 330.

[11] 李娜，郭生练，熊丰，等. 洪水遭遇概率计算方法比较研究 [J]. 水资源研究，2020，9 (5)：525 – 535.

第 6 章

长江上游干支流水文控制站汛期洪水分期

长江流域位于典型的季风性气候——亚热带季风气候区域内，洪水主要由暴雨形成，具有明显的季节变化规律，从入汛到汛末，洪水由弱变强，后又逐渐变弱（也有较为复杂的过程），长江流域洪水的季节变化特性是水库群具备提前蓄水的决定性因素。若在整个汛期内，不同时段发生洪水的大小及概率相同，则认为水库在整个汛期内所需抵御的洪水相同，相应地为保证水库的防洪安全，水库不具备提前蓄水的条件。反之，若在汛期内，洪水发生次数及洪水大小随时间分布有季节性变化规律，满足以下两条中的一条，则可认为水库在汛期不同时段所需抵御的洪水存在差别，可以适当提前蓄水。一是洪水存在前后分期现象，且后一分期洪水的量级明显小于前期洪水；二是分期现象不明显，但洪水的发生次数和量级与时间的关系呈明显单峰形态，则可以在次单峰后的时段内找出合适的时间，使其满足在此时间后发生大洪水的概率降低，而在此时间后所发生的洪水在较大概率下均在水库抬高水位实施提前蓄水后可以承受的范围内。因此上游水库群提前蓄水的时机选择与洪水分期密切相关。

本章重点分析研究宜昌站与长江上游主要支流控制站的洪水季节变化规律，总结洪水的分期特性，从洪水分期或季节变化规律的角度论证长江上游梯级水库群是否具备提前蓄水的条件，为水库群提前蓄水时机的选择及方案的制定提供依据。

6.1 主要控制站洪水统计分析

6.1.1 干流宜昌站

根据 1882—2016 年宜昌站实测资料，其中（2003—2016 年资料已对三峡水库影响进行了还原）统计分析了宜昌站的洪水特性。为了分析判断宜昌站汛期洪水是否可划分为汛初、主汛期、汛末 3 个阶段，对宜昌站历年汛期洪水过程进行了分析。

6.1.1.1 宜昌站年最大洪峰峰现时间分析

表 6.1 为宜昌站年最大洪峰流量出现时间表，有如下特征：宜昌站年最大洪峰最早出现在 6 月下旬，最迟发生在 10 月上旬，主要集中在 7 月至 8 月中旬，占总数的 72.6%。整体来说，年最大洪峰出现次数与时间的对应关系呈双峰鞍形状态，双峰分别为 7 月中旬与 9 月上旬，发生次数分别是 25 次与 10 次。7 月中旬为主峰，年最大洪峰出现次数最多，之前与之后年最大洪峰发生次数均减少。年最大洪峰发生在 9 月的次数比发生在 6 月的多，9 月各旬出现年最大洪水的次数比 8 月下旬多。

表 6.1   宜昌站年最大洪峰流量出现时间表

时 间		不同量级洪峰流量出现次数						
月	旬	<30000m³/s	30000～40000m³/s	40000～50000m³/s	50000～60000m³/s	60000～70000m³/s	>70000m³/s	合计
6	下旬			2	1			3
7	上旬	1	1	8	9	2		21
	中旬	1	4	7	7	6		25
	下旬		2	5	9	4		20
8	上旬	1		3	9	4		17
	中旬		2	6	2	5		15
	下旬		2	2	3			7
9	上旬			7	1	1	1	10
	中旬	1	2	3	2			8
	下旬		2	6				8
10	上旬			1				1
合计		4	15	50	43	22	1	135

年最大洪峰日平均流量量级一般在 30000～70000m³/s，小于 30000m³/s 的仅有 4 次；大于 70000m³/s 的仅有 1 次，出现在 1896 年 9 月上旬。洪峰流量在 50000m³/s 以上的年最大洪水主要集中在 7—8 月，量级在 60000m³/s 以上的年最大洪水共有 23 场，主要发生在 7 月上旬至 8 月中旬，有 21 次，其他两次发生在 9 月上旬，8 月下旬与其他时间均未出现过洪峰流量大于 60000m³/s 的年最大洪水。

从以上分析可知，7 月中旬到 8 月中旬易出现峰高量大的洪水，历史调查洪水也如此，如 1788 年的洪水，其洪峰出现在 7 月下旬初；1860 年洪峰出现在 7 月中旬末；9 月也会出现大洪水，如 1896 年的洪水宜昌洪峰就出现在 9 月。

6.1.1.2 宜昌站汛期洪水过程分析

宜昌洪水是上游干流洪水共同影响的结果，由于各条支流大小洪水相互影响相互补充，使得宜昌站自主汛期进入汛末之后，虽然汛末与主汛期后平均流量有明显差别，但是后汛期并没有固定一个时段突出的峰状出现（图 6.1）。从宜昌站多年候平均流量过程看，6 月第 2 候至第 4 候的平均流量为 14500～18000m³/s，流量变幅相对平缓，6 月第 5 候至 7 月第 1 候的平均流量为 20000～28000m³/s，为流量增幅最快的时段，7 月第 6 候至 8 月第 5 候的平均流量为 28500～27500m³/s，8 月第 6 候减小到 26500m³/s，9 月第 1 候升至 27500m³/s，以后连续 3 候在 27000m³/s 左右，9 月第 3 候的流量迅速降至 25000m³/s 以下。从宜昌站汛期多年候平均流量过程分析看，8 月下旬（第 6 候）有一个相对较小时段，但与前后相邻时段比较量级相差不大，9 月第 4 候以后，多年平均及候平均流量过程迅速衰减。

6.1.2 金沙江屏山站

金沙江洪水由上游融雪洪水和下游暴雨洪水所组成，而最大洪水主要是由暴雨形成。

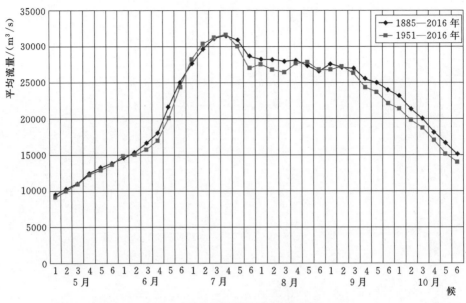

图 6.1 宜昌站候平均流量过程线图

根据 1940—2016 年（缺测 3 年）屏山站实测资料统计分析了屏山站洪水特性。

6.1.2.1 屏山站年最大洪峰峰现时间分析

表 6.2 为屏山站年最大洪峰流量出现时间表。可见，屏山站年最大洪峰流量出现在 6 月下旬至 10 月中旬，主要集中在 7—9 月，以 9 月上旬出现的次数最多，8 月中旬次之，8 月下旬次数较少。

表 6.2 屏山站年最大洪峰流量出现时间表

时　间		不同量级洪峰流量出现次数						
		$<11000\text{m}^3/\text{s}$	$11000\sim$ $12000\text{m}^3/\text{s}$	$12000\sim$ $15000\text{m}^3/\text{s}$	$15000\sim$ $20000\text{m}^3/\text{s}$	$20000\sim$ $25000\text{m}^3/\text{s}$	$>25000\text{m}^3/\text{s}$	合计
6 月	下旬		2		1			3
7 月	上旬	1		1				2
	中旬	1	1	1	3			6
	下旬			3	5			8
8 月	上旬	1	1	2	3	1		8
	中旬			2	4	6		12
	下旬			4	2	1		7
9 月	上旬		1	5	5	4	2	17
	中旬		1	3	2			6
	下旬			1	2			3
10 月	上旬				1			1
	中旬			1				1
合计		3	6	23	28	12	2	74

6.1.2.2　屏山站汛期洪水过程分析

从屏山站多年候平均流量过程看（图6.2），7月第3候平均流量达到约$10000m^3/s$，直到8月第4候，候平均流量一直在$10000m^3/s$上下，8月第5候开始，候平均流量增大，9月第1候候平均流量达最大，以后又渐渐变小，在9月第2候（9月10日左右）到达一个相对低的谷点。

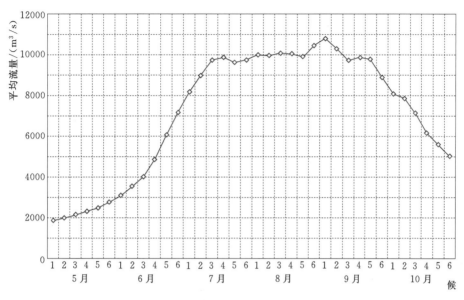

图6.2　金沙江屏山站候平均流量过程线图

综上所述，金沙江流域结合天气成因、降水特性、洪峰量级、峰现时间的分析，虽然没有十分明显前后期洪水，但是从历年洪水量级看确实存在一个相对的低值段，分界期9月10日左右较为合适，初步确定6月下旬至9月10日为主汛期，9月10日以后为汛末期。

6.1.3　岷江高场站

根据1939—2016年高场站实测资料统计分析了高场站洪水特性。

6.1.3.1　高场站年最大洪峰峰现时间分析

表6.3为高场站年最大洪峰流量出现时间表。高场站年最大洪峰流量出现在6月下旬至9月，主要集中在7—8月，以7月下旬出现的次数最多，7月上旬和8月中旬次之。8月中旬比8月上旬出现的次数多。高场站年最大洪峰流量量级一般在$10000\sim30000m^3/s$；年最大洪峰流量在$20000m^3/s$以上的占21.8%；在$25000m^3/s$以上的占6.4%。除9月上旬出现一次洪峰流量超过$25000m^3/s$的大洪水外，其余均出现在7月中旬至8月。

6.1.3.2　高场站汛期洪水过程分析

绘制高场站历年汛期候平均流量过程线如图6.3所示，8月第2候有一个相对的低谷，8月第6候以后，平均流量开始下降，9月第3候以后，平均流量下降较快。从汛期候平均流量过程线分析来看，岷江高场站在8月下旬有一个分界点，大致在8月25日前后（第5候），此后平均流量又有所回升，8月30日以后，洪水量级则明显减小。

表 6.3　　　　　　　　　　高场站年最大洪峰流量出现时间表

时间		不同量级洪峰流量出现次数						
		$<10000\text{m}^3/\text{s}$	$10000\sim$ $15000\text{m}^3/\text{s}$	$15000\sim$ $20000\text{m}^3/\text{s}$	$20000\sim$ $25000\text{m}^3/\text{s}$	$25000\sim$ $30000\text{m}^3/\text{s}$	$>30000\text{m}^3/\text{s}$	合计
6 月	下旬			2			1	3
7 月	上旬	2	4	4	2			12
	中旬		1	3	4	1		9
	下旬		7	8	1	1		17
8 月	上旬	3	5	2	1			11
	中旬		7	2	3	1		13
	下旬		2	3				5
9 月	上旬	1	2	1	1	1		6
	中旬			1				1
	下旬		1					1
合计		6	29	26	12	4	1	78

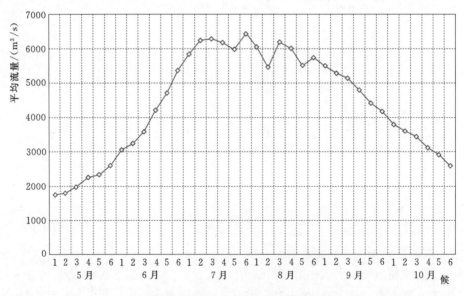

图 6.3　岷江高场站候平均流量过程线图

综合考虑洪峰量级、峰现时间等因素，对于岷江高场站汛期洪水过程，分界期可以 8 月 25 日左右为界。

6.1.4　嘉陵江北碚站

根据 1939—2016 年（缺测 1 年）北碚站的实测资料，统计分析了北碚站的洪水特性。

6.1.4.1　年最大洪峰峰现时间分析

北碚站的年最大洪峰流量出现时间见表 6.4，年最大洪峰流量出现在 5 月中旬至 10

月上旬，主要集中在 7—9 月，以 7 月中旬出现的次数最多，7 月上旬次之。由于受秋汛影响，9 月比 8 月出现的次数多。年最大洪峰流量量级一般在 $10000 \sim 40000 \mathrm{m}^3/\mathrm{s}$，小于 $10000 \mathrm{m}^3/\mathrm{s}$ 的有 4 次；大于 $40000 \mathrm{m}^3/\mathrm{s}$ 的仅有 1 次，出现在 1981 年 7 月；年最大洪峰流量在 $20000 \mathrm{m}^3/\mathrm{s}$ 以上的占 57.1%，在 $30000 \mathrm{m}^3/\mathrm{s}$ 以上的占 14.3%，其中有一次出现在 10 月上旬。

表 6.4 北碚站年最大洪峰流量出现时间表

时　间		不同量级洪峰流量出现次数							合计
		<10000 m^3/s	$10000 \sim$ $15000 \mathrm{m}^3/\mathrm{s}$	$15000 \sim$ $20000 \mathrm{m}^3/\mathrm{s}$	$20000 \sim$ $25000 \mathrm{m}^3/\mathrm{s}$	$25000 \sim$ $30000 \mathrm{m}^3/\mathrm{s}$	$30000 \sim$ $40000 \mathrm{m}^3/\mathrm{s}$	$>$ $40000 \mathrm{m}^3/\mathrm{s}$	
5 月	中旬				1				1
	下旬					1			1
6 月	上旬			1					1
	中旬			2					2
	下旬		1		2		1		4
7 月	上旬	1	3	2	3	3	1		13
	中旬		1	3	5	1	3	1	14
	下旬	2		1	3				6
8 月	上旬			1		1			2
	中旬		2	2					4
	下旬	1		2	1	2			6
9 月	上旬		1	1	3	2	2		9
	中旬			2	1	2	2		7
	下旬		2	2	2				6
10 月	上旬						1		1
合计		4	10	19	21	12	10	1	77

6.1.4.2　汛期洪水过程分析

从北碚站历年汛期候平均流量过程线来看（图 6.4），8 月第 2 候和 9 月第 5 候有两个低谷，呈明显两高一低马鞍形。

从以上分析可见，嘉陵江由于受秋汛影响，有较明显的前后期洪水，分期时间大致在 8 月 10 日左右。

6.1.5　乌江武隆站

根据 1951—2016 年武隆站的实测资料，统计分析了武隆站洪水特性。

6.1.5.1　年最大洪峰峰现时间分析

武隆站年最大洪峰流量出现时间见表 6.5，年最大洪峰流量一般出现在 5 月至 9 月上旬，10 月也有年最大洪水出现，年最大洪水一般集中在 6—7 月，占总数的 73.2%，6 月下旬最多，7 月中旬次之。

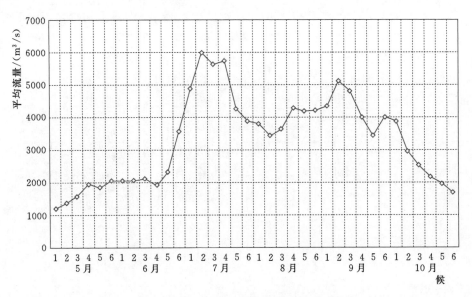

图 6.4　嘉陵江北碚站候平均流量过程线图

表 6.5　　　　　　　　　　　　武隆站年最大洪峰流量出现时间表

时　间		不同量级洪峰流量出现次数						
		<5000m³/s	5000~7000m³/s	7000~10000m³/s	10000~15000m³/s	15000~20000m³/s	>20000m³/s	合计
5 月	中旬	1	1	1				3
	下旬			2				2
6 月	上旬	1	2		2			5
	中旬			1	2			3
	下旬		1	4	7	5	1	18
7 月	上旬			4	3	1	1	9
	中旬				4	4		8
	下旬			1	4	1		6
8 月	上旬	1			1			2
	中旬				1			1
	下旬				2			2
9 月	上旬		1	1				2
	中旬	1	1					2
	下旬							0
10 月	上旬							0
	中旬		1	2				3
合计		4	7	16	26	11	2	66

年最大洪峰流量量级一般在 8000~22000m³/s，小于 8000m³/s 的有 5 次；大于

22000m³/s 的有 1 次, 出现在 1999 年; 多数年份的年最大洪峰流量在 8000~16000m³/s, 20000m³/s 以上的仅占 6.7%。

6.1.5.2 汛期洪水过程分析

从武隆站历年汛期候平均流量过程线 (图 6.5) 可知, 6 月第 6 候达到最大流量, 流量过程呈单峰型, 没有明显的主汛与后汛分期点。

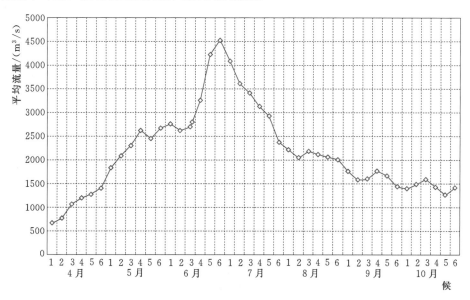

图 6.5 乌江武隆站候平均流量过程线图

6.2 汛期分期方法及结果分析

在综述分析各种汛期分期方法的基础上, 选择均值变点和熵理论分期方法, 对长江上游干支流控制站进行汛期分期。

6.2.1 汛期分期方法研究进展

我国位于欧亚大陆的东南部、太平洋的西岸, 具有明显的季风气候特点。由于受季风气候的影响, 偏北干冷气流和偏南暖湿气流交汇而形成的雨带, 在不同的地区和不同的年份出现的迟早和强弱不同, 由此造成各河流定期涨水的特征不同, 各河流的汛期迟早不一。我国汛期主要由夏季暴雨和秋季连绵阴雨造成。从全国来讲, 汛期的起止时间不一样, 主要由各地区的气候和降水情况决定。南方入汛时间较早, 结束时间较晚; 北方入汛时间较晚, 结束时间较早。

为确保汛期防洪安全和充分拦蓄雨洪, 把洪水变成可利用的水资源, 可对汛期进行合理的划分, 即汛期分期。河流洪水 (流量) 随季节、时间变化的过程是自然界中的一种复杂现象, 在这种复杂现象的背后隐藏特定规律性, 它在一定原则下则显而易见, 一般把满足这种原则的特定规律性洪水的年内时间段作为一个洪水分期。我国规范规定进行汛期分期时，其最短分期不宜小于一个月。

所谓汛期分期法，就是按照当地暴雨特征在整个汛期的变化规律，一般先将汛期划分为三个阶段，即汛前期、主汛期和汛末期，再根据相关资料（包括上下游来水量、当地暴雨特征、流域特征、河流、河势和水库特征等），分别确定每一段的汛期运行控制水位。这样，通过细化分析汛期各阶段的水文系列资料和相关的水文计算，分别确定出每一阶段的汛期运行控制水位值。采用这种方法计算出来的汛期运行控制水位与以往固定的汛限水位相比较，是一个动态的过程，从而也更接近于实际来水情况，也为适当抬高汛前期与汛末期的运行控制水位提供了可操作的空间。毫无疑问，汛末期运行控制水位的抬高对增加水库蓄水量、提高水库的兴利效益，具有十分重要的现实意义[1]。

为提高水库综合利用效益，我国学者曾对如何利用暴雨洪水的季节性变化特征确定汛期分期、利用水库分期汛限水位调控洪水资源来缓解水库防洪与兴利的矛盾进行了有益的探索。

北京勘测设计院、天津勘测设计院和国家气象局北京气象中心在 20 世纪 80 年代对我国东部地区汛期分期设计洪水研究工作进行了初步总结[2]，从两个方面归纳了以往的汛期分期洪水研究工作：一是汛期分期洪水的气象分析，通过对汛期降水和暴雨特征的统计分析以及对大气环流的季节演变与暴雨关系的成因分析，为汛期内分期的划分提供成因和定量依据；二是分期洪水的分析与计算，通过汛期洪水特性和汛期内洪水峰量散布图的分析，考虑工程运用的要求，对洪水分期做出划分，进而进行分期设计洪水的计算。考虑到分期设计洪水的计算误差较大，需要对分期设计洪水成果进行合理性检查和分析。

由于汛期变化规律有确定性、随机性和过渡性的特征，在汛期分期实践中，需要采用多种方法进行计算、比较，经综合分析方可得到合理、可行的汛期分期方案。分期方法主要包括成因分析法[3]、数理统计法[4]、模糊分析法[5]、分形分析法[6]、变点分析法[7]、系统聚类法[8]、矢量统计法、相对频率法[9-12] 等。各种汛期分期方法说明和特点见表 6.6，以下介绍这些方法的使用情况。

表 6.6　　　　　　　　　　各种汛期分期方法说明和特点

划分方法	说　　明	特　　点
成因分析法	根据防洪安全和兴利蓄水要求、河道及水库工程状态，利用水文气象和统计规律分析流域汛期或主汛期的确切含义	优点：结果比较合理，有较高的可靠性而被普遍采用。 缺点：需要对成灾天气进行大量的分析，尤其对于大流域，成灾天气有很多组合方式，因而工作量大，同时分期有一定的主观性，也难于将汛期分到较细的时段（如日）
数理统计法	利用实测历史流量（雨量）资料，选择统计指标，分析指标在年内（或汛期）的变化规律，最后通过数理统计理论得出汛期的变化规律	优点：简单实用。 缺点：在分析过程中，对洪水临界值带有一定的主观性；同时也很难将汛期划分得较细
模糊分析法	采用模糊集理论，使用成因分析、数理统计、模糊统计为一体的模糊集合综合分析法对水库的汛期划分进行研究	优点：考虑了汛期在时间上的模糊性，在理论上有了较大的发展，具有先进性。 缺点：分析结果对所选用的指标阈值比较敏感，而指标阈值在取值上任意性较大；同时该方法主要用于主汛期划分，对于有多个分期要求时则尚显不足

划分方法	说　明	特　点
分形分析法	洪峰散点序列在一定尺度范围内表现出了自相似性，认为洪峰散点序列是一种分形，用分维指标划分洪水分期	优点：比较客观，受经验和人为影响较小。 缺点：分析计算的工作量较大。如何判断对象是分形，至今仍是一个需要进一步讨论的问题
变点分析法	基于统计理论，用于检测时间序列突变，同时可以进行假设检验的划分时间序列的方法	优点：结论合理，划分汛期可精确到日，并且在一定程度上更为客观、可靠。 缺点：要通过取样使时间序列满足特定的分布，需较长的实测径流、雨量资料
系统聚类法	选用描述流域降雨洪水等特性的多个因子，计算论域元素之间的相似系数以构成模糊相似矩阵，通过系统聚类分析进行汛期分期	优点：避免了采用单因子进行分析带来的片面性，更具合理性。 缺点：该方法对于汛期分期这样具有时序分布的样本聚类问题，仍具有一定的局限性，可能会产生将非连时序的时段归为一类的不合理现象
矢量统计法	把每场洪水的发生日期看作一个矢量，根据各个矢量之间的方向相似性来判断分割点，即作为汛期分期点	优点：比较直观，结论合理，划分汛期可精确到日。 缺点：其应用具有一定的限制性，对相似矢量聚集的情况比较适用，而对于相同矢量累计的情况则分期效果不明显
相对频率法	根据实际需要与应用方便，按照月（或旬）统计时段内发生洪水的频率，通过分析整个时段内发生频率的变化特征，得到汛期的分期方式	优点：比较直观。 缺点：分期划分比较粗略，只能精确到旬

（1）成因分析法。对副热带高压活动、西风带活动、热带环流和大气中的水汽等影响流域降水的动力条件和水汽供应条件进行分析，如分析西风带长波槽时空变化，南支急流时空变化，热带气旋或台风移动路径、强度，太平洋副高压脊位置变化，高空或地面比湿线时空分布等。选取流域某一量级暴雨量、防护断面洪峰、河道水位高度和入库洪峰等指标，分析其在一年内的变化规律，寻求其与天气系统、大气环流之间的相关密切程度，并根据成因分析结果，以变化点作为汛期分期的划分点。如刘秀华等[13]在音河水库的汛限水位分期计算中，郭荣文[14]在龙溪河梯级水电站分期洪水设计中，基本上都采用了这种方法。该方法可综合地区气候特征，得出的结果比较合理可靠，在实际中应用最多最普遍；但需要对成灾天气进行大量的分析，尤其对于大流域，成灾天气有很多组合方式，因而工作量大，同时分期有一定的主观性。

（2）数理统计法。根据统计不同的特征值，数理统计法可分为：①统计极值，按旬（月）统计描述汛期的指标（暴雨量或洪峰流量）的频率分布，或点绘指标的散布图取外包线，选定一定的频率标准并分析其合理性，来确定汛期分期的划分点，极值取样可采用年最大值方法[4]，也可采用超定量方法[10-11]；②统计均值，统计各旬（月）的降水量或平均流量，分析其变化规律，选定一定的标准划分汛期。

冯尚友和余敷秋[15]针对丹江口水库调度的需要对汛期划分进行了研究，具体分析了单站多年旬平均雨量、多年旬平均流量、7日最大降水量的时间分布、历年最大洪峰流量出现过程，发现在汛期表现为呈前大中小后又大的"马鞍形"，这样汛期可分为三段。中国电建集团昆明勘测设计研究院[16]针对澜沧江漫湾电站后期设计洪水进行了分析研究，在分期时段的划分上，主要考虑汛期各月大气环流形势的变化、汛期各月雨量的变化、汛期各旬洪水流量的变化；在后期洪水的取样上，选择了跨期选样的方法。数理统计法简单实用，但在分析过程中，对临界汛期的判断划分带有一定的主观性；同时也很难将汛期划分得较细。

（3）模糊分析法。实质是如何确定描述汛期（或非汛期）的中介过渡性和此性质的隶属函数形状或参数。许士国和陈守煜[16]在丰满水库的汛期分期实践中，提出了一种描述汛期隶属度的方法。陈守煜[5]阐述了用模糊集描述汛期的合理性。

（4）分形分析法。侯玉等[6]将分形理论引入洪水分期中，发现洪峰散点序列在一定尺度范围内表现出自相似性，认为洪峰散点序列是一种分形；并且以实例得出了用分形法划分的洪水分期和传统的经验方法划分的洪水分期基本一致的结论。方崇惠等[17]应用分形理论分析水文现象的分形特性，选择容量维和相似维的分维计算方法，从时间尺度和空间尺度两个方面，基于漳河入库汛期洪水历年日最大流量系列样本，计算分形维数，对漳河水库控制流域汛期进行了分期计算。

（5）变点分析法。国际《水文学手册》指出[18]：季节性检验可采用跳跃（变点）的检验分析方法。这说明汛期分期的实质是确定洪水序列中的突变时间点，可采用基于变点（跳跃）的分析方法。进行变点分析的方法很多，各种方法都依赖于一定的假设条件，其中均值变点须假定数据独立且服从正态分布，概率变点须满足二项式分布且独立。因此，应用该方法进行汛期分期计算时，需要通过取样使时间序列满足特定的分布。基于统计试验，已经证明了以超定量取样为基础的概率变点分析方法效率最高[19-20]。变点分析方法理论性较强，有客观的分期标准，并且有严格的假设检验，分期可以细化到计算时段长度，但需要年数较长的实测流量（雨量）资料。

（6）系统聚类法。聚类分析就是根据变量的属性、特征的相似性或亲疏程度，用数学方法定量地把它们逐步分型划类，最后得到一个能反映样品或指标之间亲疏关系的客观分类系统。在分类时不能打乱时间序列次序，这样的分类称为有序分类。以有序分类来推求最可能的干扰点，其实质是推求最优分割点，使同类之间的离差平方和较小，而类与类之间的离差平方和较大。以日最大流量序列和日流量频次序列构成双因子序列，利用有序聚类法对该双因子样本序列进行分期，可以将定性和定量分析手段结合起来，减少了人为主观因素在水库汛期分期研究中的影响；采用多因子样本进行聚类，能够消除单一因子给分期划分带来的片面性；并且在聚类过程中不破坏样本序列的时序性，划分精度细分至日。

（7）矢量统计法。把洪水发生的日期转换成角度值来表示，成为确定性的矢量，方向代表发生的时间，长度代表发生的密集程度。各矢量的方向均值以及汛期发生洪水的平均时间也可根据各矢量计算得出[21]。喻婷等[12]将这种方法用于汛期分期计算，可直观地描述汛期的变化规律。这种方法可直观地根据矢量的密集程度划分汛期，但在分割点的选择上，仍有较大的主观性。

（8）相对频率法。根据实际需要与应用方便，按照月（或旬）统计时段内发生洪水的频率，通过分析发生频率的变化特征，得到汛期的分期方式。

在矢量统计法以及相对频率法中，都可采用年最大值取样和超定量取样方式，最为可取的是，可以综合区域信息，借用其他测站的季节性信息获得水库汛期的分期方式。但如何选取分割点，尚未有一种客观的判断标准。

应该指出，在汛期分期实践中，需要采用多种方法进行计算、比较，经综合分析方可得到合理、可行的汛期分期方案。如果水库下游有多个防洪控制点，并且有较大干、支流汇入，则需要分析河流间洪水的季节性遭遇特征。

6.2.2 均值变点分期方法

变点（change-point）分析是一种基于统计理论，用于检测时间序列突变，同时可以进行假设检验的划分时间序列的方法。对于某一时间序列，变点分析是研究某一分割点前后的统计量是否发生变化以及变化的位置、幅度等，也可称为跳跃分析。其定义是：假定 $p_1(x)$ 和 $p_2(x)$ 属于同分布概率密度函数，θ 表示其参数，对于系列长度为 n 的独立随机变量 $X=(x_1,x_2,\cdots,x_n)$，如果：

$$X_i \sim p_1(x) = p(x_i|\theta_1), \quad i=1,2,\cdots,\tau$$
$$X_i \sim p_2(x) = p(x_i|\theta_2), \quad i=\tau+1,\tau+2,\cdots,n \tag{6.1}$$

使得 $\theta_1 \neq \theta_2$，并且 τ 是一个未知的点则称为变点。即 $p_1(x)$ 和 $p_2(x)$ 属于同一分布族，但有不同的参数。如果概率密度函数 $p_1(x) \neq p_2(x)$，则称为模型变点。常用的变点分析方法较多，下面介绍均值变点模型与概率变点模型及其计算方法。

均值变点的离散模型提法是：对于服从正态分布的时间序列 X_i，有

$$X_i = \mu_i + e_i, \quad i=1,2,\cdots,n \tag{6.2}$$

如果存在：

$$\mu_1 = \mu_2 = \cdots = \mu_{m_1-1} = b_1, \mu_{m_1} = \mu_{m_1+1} = \cdots = \mu_{m_2-1} = b_2, \cdots, \mu_{m_q} = \mu_{m_q+1} = \cdots = \mu_n = b_{q+1} \tag{6.3}$$

式中：$1 < m_1 < m_2 < \cdots < m_q \leqslant n$，随机误差项 e_i 的方差相等且期望值为 0。如果 $b_j \neq b_{j+1}$，则 m_j 就是一个变点。

从上述定义来看，均值变点是分割时间序列，使得分割前后序列的均值发生明显变化的一些点，因此可以应用到汛期的分期研究中。均值变点的分析方法有最小二乘法、局部比较法、极大似然法等。采用最小二乘法，基本步骤如下：

(1) 给出变点个数 q 和初步估计的变点位置，给定 $m_0=1$ 及 $m_{q+1}=n+1$。

(2) 固定 m_{j-1} 与 m_{j+1}，在 $m_{j-1} < m_j < m_{j+1}$ 范围内变动 m_j，极小化函数 W_j：

$$W_j = \sum_{i=m_{j-1}}^{m_j-1} (x_i - y_j)^2 + \sum_{i=m_j}^{m_{j+1}-1} (x_i - y_{j+1})^2, \quad j=1,2,\cdots,q \tag{6.4}$$

其中，y_j 为均值 b_j 的初步估计值：

$$y_j = \frac{x_{m_{j-1}} + x_{m_{j-2}} + \cdots + x_{m_{j-1}}}{m_j - m_{j-1}} \tag{6.5}$$

将使得 W_j 最小的数值 m_j' 取代原来的 m_j。

(3) 重复步骤（2），直到新值 m_j' 与上次值 m_j 完全一样为止。最后得到的 m_j 就是序列 q 个变点的估计。

由上面的方法可以看出，变点分析的最小二乘法有点类似于动态规划中的逐次优化方法。实践表明，与逐次优化方法一样，最小二乘法的最后估计结果与步骤（1）中初步估

计的变点位置有关系。因此，随机生成很多初始变点位置，以使得 S^* 最小的变点来作为最后的估计结果。

$$S^* = \sum_{j=1}^{q+1} \sum_{i=m_{j-1}}^{m_j-1} (x_i - b_j)^2 \tag{6.6}$$

为了检验在 m_{j-1} 至 m_{j+1} 区间中，是否存在变点 m_j，取检验显著性水平 α，计算统计量 C_α 值：

$$C_\alpha = \sigma^2 \{2\log\log N + \log\log\log N - \log\pi - 2\log[-0.5\log(1-\alpha)]\} \tag{6.7}$$

式中：N 为从 m_{j-1} 至 m_{j+1} 的长度；σ^2 为样本的方差，可以用下面的公式进行估计：

$$\sigma^2 = \frac{W_j}{N - 2\log\log N - \log\log\log N - 2.4} \tag{6.8}$$

计算统计量 T：

$$T = \sum_{i=m_{j-1}}^{m_{j+1}-1} (x_i - \overline{X})^2 \tag{6.9}$$

式中：$\overline{X}$ 为序列 m_{j-1} 至 m_{j+1} 的均值。若 $T - W_j > C_\alpha$，则认为在显著性水平 α 上，变点 m_j 存在。通常，为了检验两序列的分布函数（或参数）不同，可以采用秩和检验法或游程检验法，这些非参数方法的优点在于无须对模型做正态假设，具有更好的通用性。

最后，为了确定变点的个数，假定变点个数 $j = 1, 2, \cdots, n$，分别计算 S_j^*，若 S_1^* 到 S_k^* 的下降梯度较大，而 S_{k+1}^* 至 S_n^* 的变化较为平缓，则可估计变点个数为 k 个。

需要指出的是，在这里模型假定均值发生变化，而方差不变，实际上还有可能是均值不变而方差发生变化、甚至两者皆发生变化的情形。但是在汛期的分期中，研究关心的是普遍较大的洪水时期而不是它们的离散程度，因此可以用均值变化的模型来描述汛期的变化规律。

6.2.3 基于熵理论的分期方法

Shannon 所提出的信息熵概念解决了信息的不确定性度量问题，在许多学科得到了广泛的应用[22]。对离散型随机变量 X，设其可能取值为 $x_1, x_2, \cdots, x_N$，且对应的各个取值的概率分别为 $p_1, p_2, \cdots, p_N$，则其 Shannon 熵的表达式为

$$H(X) = H(P) = -\sum_{i=1}^N p(x_i) \log[p(x_i)] \tag{6.10}$$

由此表达式可见，如果 X 是一个确定性变量，即它取某一个值的概率为 1，则其 Shannon 熵 $H(x) = 0$；相反的，如果 X 取该序列的任何值是等可能的，即 $p_i = 1/N (i = 1, 2, 3, \cdots, N)$，则其 Shannon 熵 $H(x) = H_{max} = \log N$。可见离散型随机变量的 Shannon 熵的值域是 $[0, \log N]$。因此，Shannon 熵可用来描述随机变量的均匀程度。

熊丰等[23]基于熵理论的汛期分期方法步骤如下：

（1）选用汛期日流量资料作为研究对象，考虑到对水库构成威胁的是极值洪水，首先构造日最大洪峰流量序列 $X(X_1, X_2, X_3, \cdots, X_n)$。

（2）根据具体流域确定分期期数。通过对实测流域的洪水分期特性的成因研究来确定分期期数，一般为两期或三期。本书以三期为例阐述分期方法。因此，设选取的分期时间

分别为从汛期开始的第 i、j 天（$j>i$）。

（3）计算各期内各洪峰值占总洪峰值的百分比。由于将汛期分为三期，故每一期的洪水峰值总量分别为

$$\begin{cases} Q_1 = \sum_{t=1}^{i} X_t \\ Q_2 = \sum_{t=i+1}^{j} X_t \\ Q_3 = \sum_{t=j+1}^{n} X_t \end{cases} \tag{6.11}$$

式中：Q_1、Q_2、Q_3 分别为汛前期、主汛期、汛末期的洪水峰值总量。

因此，各期内各洪峰值 $X_t(1 \leqslant t \leqslant n)$ 的占比 P_t 分别为

$$P_t = \begin{cases} \dfrac{X_t}{Q_1}, 1 \leqslant t \leqslant i \\ \dfrac{X_t}{Q_2}, i+1 \leqslant t \leqslant j \\ \dfrac{X_t}{Q_3}, j+1 \leqslant t \leqslant n \end{cases} \tag{6.12}$$

（4）计算各期内洪水的信息熵。由 Shannon 熵的定义式（6.10），可知汛前期、主汛期、汛末期的 Shannon 熵大小分别为

$$\begin{cases} H_1 = -\sum_{t=1}^{i} p_t \log p_t \\ H_2 = -\sum_{t=i+1}^{j} p_t \log p_t \\ H_3 = -\sum_{t=j+1}^{n} p_t \log p_t \end{cases} \tag{6.13}$$

（5）构造总体基于信息熵的均匀度模型。由信息熵的性质，易知对各个分期而言，其信息熵存在最大值，且仅当各个洪峰值的概率相等时取到，即当 $p_1 = p_2 = \cdots = p_i$ 时，有 $H_{1\max} = \log i$。当 $p_{i+1} = p_{i+2} = \cdots = p_j$ 时，有 $H_{2\max} = \log(j-i)$。当 $p_{j+1} = p_{j+2} = \cdots = p_n$ 时，有 $H_{3\max} = \log(n-j)$。

因此构建均匀度模型为

$$\begin{cases} U_1 = \dfrac{H_1}{H_{1\max}} \\ U_2 = \dfrac{H_2}{H_{2\max}} \\ U_3 = \dfrac{H_3}{H_{3\max}} \end{cases} \tag{6.14}$$

式中：U_1、U_2、U_3 分别为汛前期、主汛期、汛末期的洪水均匀度。

而总体的加权均匀度可以定义为

$$U=\frac{i}{n}U_1+\frac{j-i}{n}U_2+\frac{n-j}{n}U_3 \tag{6.15}$$

通过遍历所有的 i、j，找到最大的总体加权均匀度。此时对应的 i、j 便认为是最合理的分期时间。易知 U 的最大取值 $U_{max}=1$。

通过上述步骤可以看出，基于熵理论的分期方法是一种简单、客观的方法。

6.2.4 分期结果分析

选用汛期日流量资料作为研究对象，考虑到对水库构成威胁的是极值洪水，构造日最大洪峰流量和 7 日最大洪量序列进行分析计算。构造步骤如下：

（1）选取每一个日期发生的历史最大洪水。

（2）POT 采样独立性原则：①两个被采样的洪峰间隔时间必须大于 3 倍的洪水起涨时间；②两洪峰之间的最小流量需小于第一个洪峰值的 2/3。

（3）如果被采样的洪峰不满足 POT 独立性原则，则将其替换为该日期中发生的次最大洪水，即一场洪水过程只能有一个洪峰被取样。

（4）重复步骤（2）和（3），直到日最大洪峰流量序列和 7 日最大洪量序列满足独立性、代表性准则。

选用上述 5 站作为研究对象，采用均值变点和熵理论分期方法对其洪峰流量序列和 7 日最大洪量序列进行分期，所得分期结果如图 6.6～图 6.10 所示。从图中可以看出，两种方法得到的分期结果相差不大。宜昌站、屏山站由 7 日最大洪量序列得到的后汛期分期结果比洪峰序列的分期结果要早；而高场站、北碚站、武隆站由 7 日最大洪量序列得到的后汛期分期结果比洪峰序列的分期结果略晚。

将均值变点、信息熵方法计算得到的长江上游干支流 5 个控制站的后汛期分期结果列于表 6.7 中。表 6.7 中同时列出 2019 年长江上游水库群联合调度方案中 5 个控制站点相应水库的蓄水时间范围。可以看出调度方案推荐水库开始蓄水时间与流域后汛期分期节点相比，溪洛渡、向家坝、三峡等水库提升潜力有限，而岷江、乌江流域梯级水库蓄水时间提升潜力巨大。

表 6.7   长江上游干支流五个控制站后汛期分期结果比较

站点	洪峰序列		7 日洪量序列		2019 年水库群联合调度方案水库起蓄时间
	均值变点	熵理论	均值变点	熵理论	
干流宜昌站	9 月 11 日	9 月 11 日	9 月 8 日	9 月 6 日	三峡：9 月上旬
金沙江屏山站	9 月 10 日	9 月 10 日	9 月 6 日	9 月 7 日	溪洛渡：9 月上旬 向家坝：9 月上旬
岷江高场站	9 月 7 日	9 月 13 日	9 月 15 日	9 月 13 日	岷江梯级：10 月 1 日
嘉陵江北碚站	8 月 27 日	8 月 17 日	8 月 27 日	8 月 29 日	嘉陵江梯级：9 月 1 日
乌江武隆站	8 月 3 日	8 月 5 日	8 月 8 日	8 月 8 日	乌江梯级：9 月 1 日

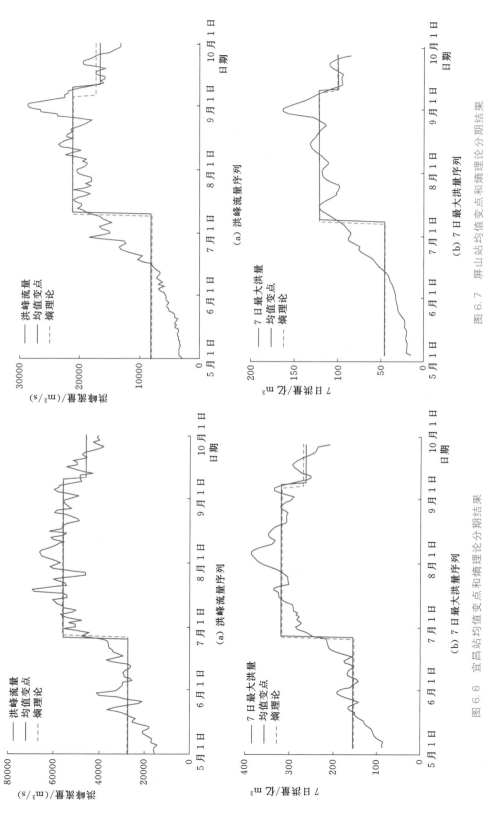

图 6.7 屏山站均值变点和熵理论分期结果

图 6.6 宜昌站均值变点和熵理论分期结果

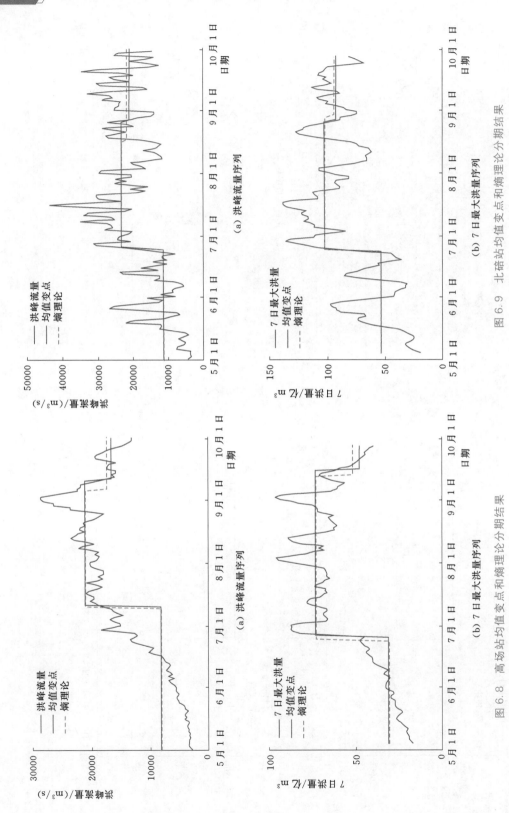

(a) 洪峰流量序列

(b) 7 日最大洪量序列

图 6.9 北碚站均值变点和熵理论分期结果

(a) 洪峰流量序列

(b) 7 日最大洪量序列

图 6.8 高场站均值变点和熵理论分期结果

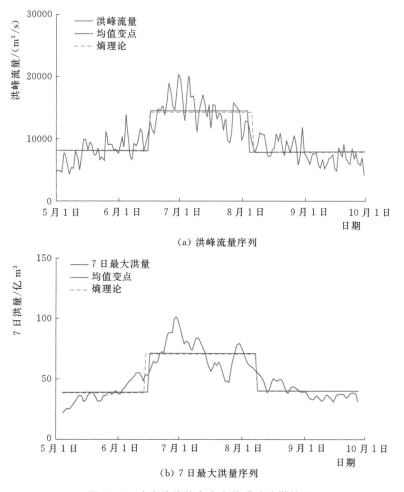

（a）洪峰流量序列

（b）7 日最大洪量序列

图 6.10　武隆站均值变点和熵理论分期结果

6.3　本章小结

　　本章在长江上游洪水统计分析的基础上，分析了上游各主要支流洪水的分期特性，根据洪水峰量大小统计规律，对上游各大支流及宜昌站，年最大洪峰、7 日洪量等特征量及汛期洪水过程的时间分布规律进行了分析总结。并采用均值变点分析、熵理论分析方法对上游洪水的分期特征进行了研究，两种方法得出了较为相近的研究结果。结合上游各主要支流分期特点，现有长江上游水库群联合调度方案存在调整的空间，开展上游水库群提前蓄水研究是必要的。

参　考　文　献

［1］　郭生练. 设计洪水研究进展与评价［M］. 北京：中国水利水电出版社，2005.
［2］　水电部天津勘测设计院，国家气象局北京气象中心. 岳城水库汛期后期暴雨特性及设计洪水分析

[J]. 水文计算，1982（4）：217－228.

[3]　史良如，陈继东. 利用水文气象和统计规律对海河流域中南部水库汛期控制运用的研究 [J]. 水文，1996，16（6）：52－56.

[4]　郭生练，李响，刘心愿，等. 三峡水库汛限水位动态控制关键技术研究 [M]. 北京：中国水利水电出版社，2011.

[5]　陈守煜. 从研究汛期描述论水文系统模糊集分析的方法论 [J]. 水科学进展，1995，6（2）：133－138.

[6]　侯玉，吴伯贤，郑国权. 分形理论用于洪水分期的初步探讨 [J]. 水科学进展，1999，10（2）：140－143.

[7]　刘攀，郭生练，王才君，等. 三峡水库汛期分期的变点分析方法研究 [J]. 水文，2005，25（1）：18－23.

[8]　高波，刘克琳，王银堂，等. 系统聚类法在水库汛期分期中的应用 [J]. 水利水电技术，2005，36（6）：1－5.

[9]　CUNDERLIK J M，OUARDA M J，BOBÉE B. On the objective identification of flood seasons [J]. Water Resources Research，2004，40，W01520，doi：10.1029/2003WR002295.

[10]　CUNDERLIK J M，OUARDA M J，BOBÉE B. Determination of flood seasonality from hydrologicalrecords [J]. Hydrological Sciences Journal，2004，49（3）：511－526.

[11]　方彬，郭生练，刘攀，等. 分期设计洪水研究进展和评价 [J]. 水力发电，2007，33（7）：71－75.

[12]　喻婷，郭生练，刘攀，等. 水库汛期分期方法研究及其应用 [J]. 中国农村水利水电，2006，（8）：24－26.

[13]　刘秀华，宋君，张志会，等. 河水库汛期分期研究 [J]. 水利水电技术，1999，30（增刊）：60－61.

[14]　郭荣文. 龙溪河梯级水电站分期洪水分期运行研究 [J]. 水电站设计，1997，13（4）：91－98.

[15]　冯尚友，余敷秋. 丹江口水库汛期划分及实践效果 [J]. 水利水电技术，1982，13（2）：56－61.

[16]　许士国，陈守煜. 水文分期描述的模糊统计方法 [J]. 大连理工大学学报，1990，30（5）：585－589.

[17]　方崇惠，郭生练，段亚辉，等. 应用分形理论划分洪水分期的两种新途径 [J]. 科学通报，2009，54（11）：1613－1617.

[18]　MAIDMENT. 水文学手册 [M]. 张建云，李纪生，等译. 北京：科学出版社，2002.

[19]　刘攀，郭生练，方彬，等. 汛期分期变点分析方法的原理及验证 [J]. 长江科学院院报，2006，23（6）：27－31.

[20]　刘攀，郭生练，肖义，等. 水库分期汛限水位的优化设计研究 [J]. 水力发电学报，2007，26（3）：5－10.

[21]　方彬，郭生练，郭富强，等. 汛期分期的圆形分布法研究 [J]. 水文，2007，27（5）：7－11.

[22]　SHANNON，C E. A mathematical theory of communication [J]. Bell System Technology Journal，1948，27（3）：379－423.

[23]　XIONG F，GUO S L，CHEN L，et al. Identification of flood seasonality using an entropy－based method [J]. Stochastic Environmental Research and Risk Assessment，2018，32：3021－3035.

第 7 章

水库群蓄水次序策略与联合优化调度研究

　　水库汛末开始蓄水时间以及蓄水方式的选定，直接影响到水库效益的充分发挥。为确保水库在枯水期也能充分发挥其兴利效益，必须选择一定的时间开始蓄水，这样才能保证在规定的保证率下，将水库水位由汛期的防洪限制水位蓄至汛末的正常蓄水位[1]。当然，水库汛末蓄满可以保证水库在供水期内正常发挥长期兴利作用，但也可能与一些近期兴利目标产生矛盾。例如，蓄水时间越提前，水库蓄满率也越大，发电量总体而言也会得到提高，但是水库承担的防洪风险也越大。实践表明，起蓄时机及蓄水进程是影响水库蓄水效益最为关键的两个因素，其中蓄水时机的选取需要考虑多方面的因素，包括防洪、发电、航运、生态、淤沙问题等因素[2]。

7.1　水库群蓄水调度模型

　　水库提前蓄水常采取调度图优化模式，结合调度控制线，明确水库起蓄水时间和蓄水进程，通过设置汛末期防洪限制水位满足库区和下游河道防洪安全的要求，建立提前蓄水调度模型并优化求解，旨在充分利用水库蓄水期的综合效益，具有重要的理论价值与现实意义。水库提前蓄水调度控制线如图 7.1 所示，模型优化参数为蓄水调度控制线各时间节点对应的控制水位[3]。

　　对于水库原设计蓄水方案，假定水库水位在蓄水期分段线性控制，从防洪汛限水位开始逐步升至正常蓄水位。依据梯级水库蓄水次

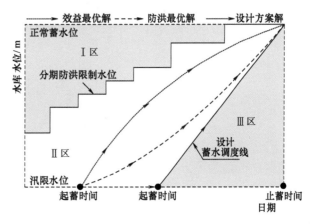

图 7.1　水库提前蓄水调度控制线示意图

序优化理论与策略，结合工程实践经验，水库一般可根据所在流域的水文气象特征和汛期分期结果，采用提前蓄水时间和抬高关键时间节点控制水位两种策略同步优化，实现防洪、蓄水、发电等多目标最优化过程[4]。具体实施方案为：当水位位于设计蓄水调度控制线以下的Ⅲ区间时，按照该时段考虑综合利用要求确定的最小流量进行控制，使水位尽量抬升至设计蓄水水位；当其在设计蓄水调度控制线和分期防洪限制水位之间的Ⅱ区间时，

由于水库的蓄水时间已经提前，因此有必要考虑汛末期库区和下游的防洪安全问题，在不发生大水情况下，可按照优化蓄水方案进行蓄水；发生中小洪水时，控制最高调洪水位不超过蓄水水位上限，并控制最大出库流量不超过下游安全泄量；当水位在高于分期防洪汛限水位的Ⅰ区间，且发生蓄水期水库设计洪水时，控制调洪高水位不超过水库设计洪水位，此外，在调洪过程中不能出现人造洪峰[5]。

7.1.1 蓄水目标函数

依据水库蓄水期优化不同的防洪、发电、航运、供水、生态等调度目标，其目标函数通常可由如下公式表达：

（1）水库防洪控制点遭遇洪水的风险 R 最小，即

$$\min R_1 = \min_{x \in X}[\max(R_{f,1}, R_{f,2}, \cdots, R_{f,j}, \cdots, R_f)] = f_1(x) \tag{7.1}$$

$$\min R_2 = \min_{x \in X}[\max(R_{s,1}, R_{s,2}, \cdots, R_{s,j}, \cdots, R_s)] = f_2(x) \tag{7.2}$$

式中：R_1 和 R_2 分别为基于风险分析得到的风险率和风险损失；$R_{f,j}$ 和 $R_{s,j}$ 分别为第 j 个水库的风险率和风险损失；$f_1(x)$ 和 $f_2(x)$ 分别为风险率和风险损失目标函数与决策变量的函数关系；x 为决策变量，由梯级水库的运行方式决定，是一组向量，并且满足蓄水调度约束条件。

（2）水库群多年平均发电量 E 最大，即

$$\max E = \max_{x \in X}(\sum_{i=1}^{M} E_j) = f_3(x) \tag{7.3}$$

式中：E_j 为第 j 个水库多年平均发电量；$f_3(x)$ 为发电量目标函数与决策变量的函数关系，M 为水库的数量。

（3）蓄满率是评价联合蓄水方案的重要效益指标之一，采用库容百分比表示，其定义式如下：

$$V_{f,j} = \frac{V_{i,\text{high}} - V_{\min,j}}{V_{\max,j} - V_{\min,j}} \times 100\% \tag{7.4}$$

$$\max V_f = \max_{x \in X}(\sum_{i=1}^{M} \alpha_j V_{f,j}) = f_4(x) \tag{7.5}$$

式中：$V_{i,\text{high}}$ 为第 i 年蓄水期最高蓄水位对应的库容；$V_{\max,j}$ 为第 j 个水库的正常蓄水位对应的库容；$V_{\min,j}$ 为第 j 个水库的死水位对应的库容；α_j 为第 j 个水库蓄满率所占的权重，其值可根据该水库所占梯级水库群总兴利库容的比例确定，且 $\sum_{i=1}^{M} \alpha_j = 1$；$f_4(x)$ 为蓄满率目标函数与决策变量的函数关系。

对于以上传统多目标优化问题，理论上有两种不同的解决思路：①选取最主要目标函数作为优化对象，将其余优化目标作为约束条件，从而转换为简单易处理的单目标优化问题[6]；②采用多目标遗传算法或 Pareto 存储式动态维度搜寻法等智能算法，直接对多目标模型进行优化求解[7]。

7.1.2 约束条件

水库调度模型约束条件有：

（1）水量平衡约束：

$$V_i(t) = V_i(t-1) + [I_i(t) - Q_i(t) - S_i(t)] \cdot \Delta t \tag{7.6}$$

式中：$V_i(t)$、$V_i(t-1)$ 分别为第 i 个水库第 t 时段末、初库容，m^3；$I_i(t)$、$Q_i(t)$、$S_i(t)$ 分别为蓄水期第 i 水库 t 时刻的入库、出库和损失流量，m^3/s；Δt 为计算时段步长，s。

（2）水位上下限约束及水位变幅约束：

$$Z_{i,\min}(t) \leqslant Z_i(t) \leqslant Z_{i,\max}(t) \tag{7.7}$$

$$|Z_i(t) - Z_{i-1}(t)| \leqslant \Delta Z_i \tag{7.8}$$

式中：$Z_{i,\min}(t)$、$Z_i(t)$、$Z_{i,\max}(t)$ 分别为第 i 水库 t 时刻允许的下限水位、运行水位和上限水位，m；ΔZ_i 为第 i 水库允许水位变幅，m。

（3）水库出库流量及流量变幅约束：

$$Q_{i,\min}(t) \leqslant Q_i(t) \leqslant Q_{i,\max}(t) \tag{7.9}$$

$$|Q_i(t) - Q_{i-1}(t)| \leqslant \Delta Q_i \tag{7.10}$$

式中：$Q_{i,\min}(t)$ 和 $Q_{i,\max}(t)$ 为第 i 水库 t 时刻最小和最大出库流量，m^3/s，$Q_{i,\max}(t)$ 一般由水库最大出库能力、下游防洪任务确定；ΔQ_i 为第 i 水库日出库流量最大变幅，m^3/s。

（4）电站出力约束：

$$N_{i,\min} \leqslant N_i(t) \leqslant N_{i,\max} \tag{7.11}$$

式中：$N_{i,\min}$ 和 $N_{i,\max}$ 为第 i 水库保证出力和装机出力，kW。

（5）蓄水调度控制线形状约束：是指各调度控制线不交叉且尽可能光滑，确保水位不出现大幅波动。

7.2 水库群蓄水次序策略

7.2.1 梯级水库电站时历补偿法

针对水库群蓄水问题，其往往还涉及蓄水时机先后的科学问题。位于不同流域的几个水电站水库，其水文径流特征和水库调节性能往往存在差异，当他们联合工作时，常可通过相互之间的补偿作用，来提高水力资源的利用效率。梯级电站的补偿调节方式可分为两种：按水文径流特征的差别进行的补偿称为水文补偿；按水库调节性能差异所进行的补偿称为库容补偿。补偿调节就是利用调节性能好的水电站水库（称补偿电站），来帮助调节性能差的水电站水库（称被补偿电站），使后者的季节性电能尽可能地转变为可靠出力来进行水库群的联合工作。

时历补偿法的特点就在于逐个地把条件差的被补偿电站的出力过程，通过补偿电站的依次补偿，以达到提高和拉平总出力的目的，进而提高系统总的保证出力和使其年内甚至多年的变化过程尽量均匀。首先要对补偿电站和被补偿电站进行划分。水电站补偿能力的大小主要取决于其所调节电能的多少，因此库容、径流量以及水头高低，是划分补偿电站与被补偿电站的主要标准。其次，各水库综合利用要求，以及对于梯级水电站而言，电站所处的上下游位置，对划分补偿电站与被补偿电站也有一定影响。一般来说，调节性能好的，比如库容系数、多年平均径流量和电站装机容量大的，可作为第一类补偿电站；库容、水量和水头较大的可作为第二类补偿电站；库容小、无调节或日调节以及一些小型的水电站可作为被补偿电站。此外，由于水电站群中各个水库的调节性能不同，可以是年调节、多年调节、日调节和无调节四种情况，为了正确反映补偿调节后总保证出力的可靠程度，需要选用统一的设计枯水段。一般可以按出力占系统比重较大的几个重要的补偿电站所在河流的代表性枯水年组，作为全系统统一的设计枯水段。

补偿调节计算可按如下步骤进行：首先，按补偿电站自身最有利运行方式进行水能调节计算，在尽量满足其综合利用前提下推求其出力过程。然后，将所有被补偿电站的出力过程，同时段相加得总出力过程，作为被补偿的对象。进而按补偿电站的补偿能力从小到大的次序，分别以每一补偿电站的有效库容和天然来水，在被补偿的总出力过程线上，逐时段进行补偿调节计算。由于各时段来水的多少不相同，需假定各时段不同补偿后的总出力来进行试算。

（1）按照补偿电站的径流过程，基本确定补偿水库的各供水段 T_1 和各蓄水段 T_2，如图 7.2 所示。

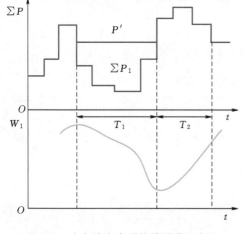

图 7.2　水电站水库群补偿调节示意图

（2）在各段中假定一拟发的总出力 P'，即可得到补偿电站所需的逐月出力值。

（3）根据补偿电站的补偿库容和该时段的天然来水量，进行调节计算至 T_1 时段末，检验水库是否刚刚放空。如果 P' 太大，则水库没有到 T_1 时段末便泄空了；如果 P' 偏小，则水库尚存有剩余水量，这些情况下均应重新假定 P'，返回第二步计算。

（4）以同样的试算法对 T_2 蓄水段的补偿调节计算，然后进入下一调节周期的计算。

（5）当第一个补偿电站的调节计算完成之后，再进行第二个补偿电站的计算，依次类推，最后即求得系统水电站群补偿后的总出力过程和各电站的出力过程。

为了避免多次试算，可以对 P' 预先进行近似估算。即根据 T_1 时段内补偿电站的天然来水量 $\sum Q$ 及有效库容 V_{yx}，按式（7.12）近似估算补偿电站可能发的总补偿出力：

$$\sum P = K\left(\sum Q \pm \frac{V_{yx}}{T_1}\right)\overline{H} \tag{7.12}$$

式中：正号为供水段，负号为蓄水段；$\overline{H}$ 为平均水头，由死库容 $(V_s + V_{yx})/2$ 确定的上游库水位，与由调节流量确定的下游水位之差而得。由此近似计算的 $\sum P$ 值，在被补偿电站总出力过程线上，求 P' 线，使 $\sum P'_1$ 与 $\sum P$ 相等。这样补偿调节试算一、二次便可达到精度要求。

7.2.2 水库群蓄水次序判别式法

判别式法蓄水次序的原理如下，凡是具有相当于年调节程度的蓄水式水电站，它用来生产电能的水量由两部分组成：一部分是经过水库调蓄的水量，它生产的电能为蓄水电能，这部分电能是由兴利库容决定；另一部分是经过水库的不蓄水量，它生产的电能为不蓄电能，这部分电能与水库调节过程中的水头变化有密切关系。如果同一系统中有两个这样的电站联合运行，由于水库特性不同，它们在同一供水或蓄水时段为生产同样数量电能所引起的水头变化是不同的，这样就使以后各时段中当同样数量的流量通过它们时，引起出力和发电量的不同。因此，研究蓄放水次序，就是使水电站的蓄水量在尽可能大的水头下流放，以达到总发电量尽可能大的目的。

7.2.2.1 串联水库的蓄放水次序

以梯级上两个不受综合利用限制的年调节水电站为例，研究它们不同的蓄放水次序对发电量的影响。设上游水库为 A，下游水库为 B。当某一供水时段电力系统需要水电站放水来补充出力不足时，如果由上游 A 水库供水发电来满足系统要求，其提供的电能为

$$\Delta E_{KA} = F_A \Delta H_A (H_A + H_B) \eta_A / 367.1 \tag{7.13}$$

如果由下游 B 水库供水发电满足系统要求，其提供的电能为

$$\Delta E_{KB} = F_B \Delta H_B H_B \eta_B / 367.1 \tag{7.14}$$

式中：F_A、F_B，H_A、H_B，ΔH_A、ΔH_B，η_A、η_B 分别为某时段内 A、B 水库的存水面积、发电水头、供水消落的深度和水电站的发电效率。

上游 A 水库发电下放的流量在下游 B 水电站仍可用来发电，以式（7.14）中的水头项是两水电站的水头之和。由于系统要求的不足出力是相同的一个值，并假设两电站的发电效率相等，那么有

$$\Delta H_B = \frac{F_A (H_A + H_B)}{F_B H_B} \Delta H_A \tag{7.15}$$

由于水库发电供水使水库消落，从而影响了以后时段的发电水头，导致不蓄电能的损失。由于两水库特性不同，不蓄电能的损失是不同的。A 水库的不蓄电能损失值为

$$\Delta E_{bA} = W_{bA} \Delta H_A \eta_A / 367.1 \tag{7.16}$$

B 水库的不蓄电能损失值为

$$\Delta E_{bB} = (W_{bA} + V_A + W'_{bB}) \Delta H_B \eta_B / 367.1 \tag{7.17}$$

式中：ΔE_{bA}、ΔE_{bB} 分别为 A、B 水库不蓄电能损失值；W_{bA} 为 A 水库在面临时段以后至供水期末的不蓄水量；W'_{bB} 为面临时段以后的供水期内，两电站间的区间不蓄水量；V_A 为 A 水库蓄水量。

上级 A 电站的蓄水量及不蓄水量都将经过下游 B 电站发电，因此，式（7.17）括号内有三部分水量。

（1）自计算时段至水库供水期末，按不蓄电能损失总值最小原则求梯级水库放水次序。则上游水库 A 先供水的有利条件为

$$W_{bA} \Delta H_A < (W_{bA} + V_A + W'_{bB}) \Delta H_B \tag{7.18}$$

将式（7.15）代入式（7.18）中得

$$\frac{W_{bA}}{F_A(H_A+H_B)} < \frac{W_{bA}+W'_{bB}+V_A}{F_B H_B} \tag{7.19}$$

令 $K_A = \dfrac{W_{bA}}{F_A(H_A+H_B)}$，$K_B = \dfrac{W_{bA}+W'_{bB}+V_A}{F_B H_B}$，上游 A 电站水库先供水条件为 $K_A < K_B$；下游 B 电站先供水条件为 $K_B < K_A$；若 $K_A = K_B$；则两库同时供水。

（2）根据不蓄能量最大准则，则可求出梯级水电站蓄水次序判别式。

上游 A 电站先蓄水的条件为

$$\frac{W_{bA}}{F_A(H_A+H_B)} > \frac{W_{bA}+W'_{bB}-V_A}{F_B H_B} \tag{7.20}$$

令 $K'_A = \dfrac{W_{bA}}{F_A(H_A+H_B)}$，$K'_B = \dfrac{W_{bA}+W'_{bB}-V_A}{F_B H_B}$，即上游 A 电站水库先蓄水的条件为 $K'_A > K'_B$；下游 B 电站水库先蓄水的条件为 $K'_A < K'_B$；则两水库同时蓄水的条件为 $K'_A = K'_B$。

7.2.2.2 并联水库的蓄放水次序

设 A、B 两水电站为电力系统中并联的年调节水电站，当它的不蓄出力不能满足电力系统要求而需要水库供水时，若由 A 电站水库供水时，需下放流量 Q_A 为

$$Q_A = \frac{\Delta V_A}{\Delta t} = \frac{F_A \Delta H_A}{\Delta t} = \frac{N_K}{A H_A} \tag{7.21}$$

若系统缺少出力由 B 电站承担时，需下放流量 Q_B 为

$$Q_B = \frac{F_B \Delta H_B}{\Delta t} = \frac{N_K}{A H_B} \tag{7.22}$$

式中：N_K 为水库供水补充出力；Δt 为供水时间；A 为出力系数；其他符号含义同前。

由式（7.21）和式（7.22）得

$$\Delta H_B = \frac{F_A H_A}{F_B H_B} \Delta H_A \tag{7.23}$$

两水库的不蓄电能损失分别为

$$\Delta E_{bA} = W_{bA} \Delta H_A \eta_A / 367.1 \tag{7.24}$$

$$\Delta E_{bB} = W_{bB} \Delta H_B \eta_B / 367.1 \tag{7.25}$$

式中：W_{bB} 为 B 水库在面临时段以后至供水期末的不蓄水量。

为使电力系统获得电能最大，应以不蓄电能损失最小为判别供水次序。若 $\eta_A = \eta_B$，$\Delta E_{bA} < \Delta E_{bB}$，则

$$W_{bA} \Delta H_A < W_{bB} \Delta H_B \tag{7.26}$$

即 A 电站水库先放水有利；否则应 B 电站先放水。将式（7.23）代入式（7.26）得

$$\frac{W_{bA}}{F_A H_A} < \frac{W_{bB}}{F_B H_B} \tag{7.27}$$

若令 $K_A = \dfrac{W_{bA}}{F_A H_A}$，$K_B = \dfrac{W_{bB}}{F_B H_B}$，则 A 电站水库先供水条件为 $K_A < K_B$；B 电站水库先供水条件为 $K_B < K_A$；若 $K_A = K_B$，则两库同时供水。

综上所述，并联水库的蓄放水次序判别式为

$$K' = \frac{W'_b}{FH} \tag{7.28}$$

式中：W'_b 为自计算时段起至蓄水期末的天然来水量减去水库汛期待蓄库容。应用时为 K' 大的水库先蓄，若两库 K' 值相等则同时蓄水。

不论是串联还是并联水库，也不论是供水还是蓄水，各时段水库的面积 F 及水头 H 都在不断变化，所以 K 值也是在变化的，应注意逐时地判别调整。

7.2.2.3　判别式的应用

判别式在计算之前，每一时刻或每一时刻初的水库水位是已知的。如果面临时段、甚至所余供水期的各库入流，根据预报亦能知道，就可计算各水电站的 K 值。由 K 值大小即可判别该时段应由哪个水电站先供水为有利。当根据过去水文资料需作调度曲线时，同样可自供水期初满库开始由式（7.28）确定每一时刻由哪个水库供水。因此，两水电站的调度曲线就可由水能计算逐时段进行，但需要注意以下两点：

（1）在实际计算中，由于须考虑到综合利用要求（如下游航运、灌溉、给水等）及其他限制条件（如水电站的装机容量和必需最小出力等），同时为了避免某些水库可能期末来不及泄放，发生无益弃水，往往并不绝对地按 K 值判别决定各水电站水库的蓄水放水次序，较多情况下是同时供水，仅以 K 值来判别决定水电站多供水或少供水的问题。

（2）在蓄水期，由于判别式中 K 是没有考虑汛期末期可能发生弃水的因素的，为了在判别蓄水放水次序的同时顾及避免弃水，各水库应根据汛期天然来水的情况，按照绘制各库单独的防弃水调度控制线的方法，从汛末开始以装机容量逆时序进行调节计算，推得水库蓄水位过程线作为具体操作的上限控制线，这样就可避免弃水。然后，在避免弃水的条件下进行判别水库的蓄水次序。另外，在特别枯水年的限制出力及丰水年利用多余水量的调度规则，则各库应单独制定。

7.2.2.4　库群分级

判别式法是一种物理意义明确的梯级水库群蓄水次序判别方法，当水库群完全按上述判别式控制蓄水次序时，可使水电站尽可能保持在总水头最高的情况下运行，得到较高的联合保证出力。但在实际应用中该法存在一定的局限性：首先该法未考虑各水库干支流地理位置关系、是否承担防洪任务以及上下游水库群间水力电力联系等因素，单纯从使时段末水库群蓄水电能最多的角度并不能缓解流域水库群竞争性蓄水，提高流域水库群汛末蓄满率；其次，在多数情况下上游水库的判别系数 K 会比下游水库的小，因此上游水库供水的机会大于下游水库，在供水期先供水，蓄水的机会小于下游水库，在蓄水期后蓄水。如此就易造成下游水库在供水期末存水太多，而在蓄水期却又先蓄，水库很快蓄满而产生弃水；上游水库则相反，供水时过早放空而蓄水时又后蓄，汛末往往蓄水不足。

针对上述问题，为合理控制梯级水库群进行适度蓄水，本书基于流域水库群蓄水三条原则：①在同一流域中，单库服从梯级调度，梯级服从流域调度；②上游水库先蓄水，下游水库后蓄水，支流水库先蓄水，干流水库后蓄水；③无防洪任务或库容小的水库先蓄水，库容大的水库后蓄水，错开起蓄时间，有利于梯级水库群蓄水统一调配。将其与 K 值判别式法相结合，提出一种新的蓄放水策略来判定流域各水库的蓄水时机和次序。其具体实现过程如下：根据该蓄水调度原则，对各个水库进行蓄水分级，其中不具有防洪任务或处于梯级上游的水库优先蓄水，为第 1 级；其次，具有防洪任务但防洪任务较轻的水库较先蓄水，为第 2 级；最后，具有整体流域控制性功能、巨大防洪库容或重大防洪任务的水库最后蓄水，为第 3 级。同时，在梯级水库群没有分级前，采用 K 值判别式法对梯级水库群进行计算，得出各水库的 K 值大小，结合蓄水原则分级及 K 值判别式法计算结果，在同级水库中以 K 值判别式法的结果对各水库蓄水次序进行排序，K 值大的水库应优先蓄水。

7.3 乌江梯级水库群联合蓄水优化调度

7.3.1 乌江梯级水库群简介

乌江是贵州境内最大的河流，同时也是中国第一大河——长江的重要支流之一。乌江的源头有两支，它们是南源三岔河和北源柳冲河，将南源视为正源。乌江上游和中游的分界点在化屋基，中游和下游的分界点在思南。乌江干流全长 1037km，上、中、下游分别长 325.6km、366.8km、344.6km，乌江落差较大，水能资源丰富。

乌江是一条季节性特征比较明显的河流，4—10 月的降水可占到全年降水的 80%，也导致了乌江流域的洪水集中发生在 5—9 月。乌江流域年均降水量超过 1000mm，多年平均流量为 1690m³/s，充足的水能资源为水电开发提供了得天独厚的自然条件。

选取乌江 7 座梯级水库为研究对象，乌江流域水系图及 7 座水库拓扑关系图如图 7.3 所示，图中灰色填充的洪家渡水库、构皮滩水库为梯级中两座多年调节水库。

乌江流域降水量多，干流落差较大，水能资源充沛，为水电开发利用提供了自然基础，位列全国十三大水电基地之六，目前，乌江流域已经形成以洪家渡多年调节水库为龙头，包括洪家渡、东风、乌江渡、构皮滩、思林、沙沱和彭水 7 座梯级水库群，各水库特征参数见表 7.1。

表 7.1 乌江梯级水库特征参数表

水库	总库容 /亿 m³	调节库容 /亿 m³	调节性能	装机容量 /MW	平均水头差 /m	多年平均流量 /(m³/s)	流域面积 /万 km²	正常蓄水位 /m	死水位 /m	汛限水位 /m
洪家渡	49.47	33.61	多年调节	600	156	155	0.99	1140	1076	1138
东风	10.16	4.9	季调节	570	125	343	1.82	970	936	968
乌江渡	23	13.6	季调节	630	127	502	2.78	760	720	756
构皮滩	64.54	29.02	多年调节	3000	146	717	4.33	630	585	626.24~628.12
思林	16.15	3.17	日调节	1050	72	849	4.86	440	431	435
沙沱	9.1	2.87	日调节	1120	69	951	5.45	365	350	357
彭水	14.65	5.18	季调节	1750	67	1300	6.9	293	278	287

7.3.2 乌江梯级水库群蓄水时机和次序

以乌江流域 7 座水库联合蓄水调度为例，以上述方法判别流域水库群各水库的蓄水时

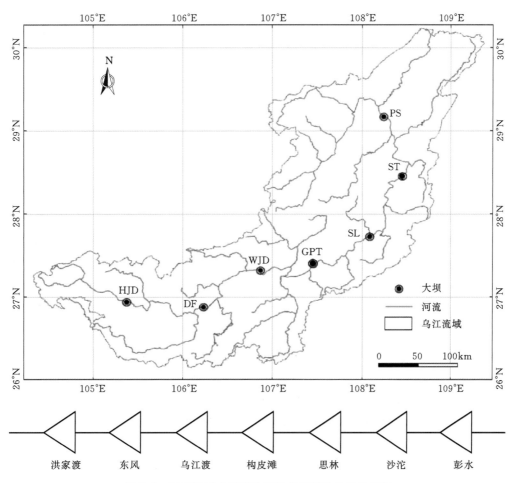

图 7.3　乌江流域水系图及梯级水库拓扑关系示意图

机和次序[8]，梯级水库群分级及 K 值判别式法的结果见表 7.2 和表 7.3。

表 7.2　　　　　　　　　　　乌江梯级水库群分级结果

水库名称	有无直接防洪任务	防　洪　任　务	库群分级
洪家渡	无		1
东风	无		1
乌江渡	配合	配合三峡水库承担长江中下游防洪任务	2
构皮滩	配合	配合思林、沙沱、彭水承担乌江中下游防洪任务	2
思林	有	将下游塘头粮产区的防洪标准由 2 年一遇提高至 5 年一遇；遭遇 20 年一遇洪水，控制思南县城水位不高于 376.39m	3
沙沱	有	遭遇 20 年一遇洪水，控制沿河水文站水位不高于 312m	3
彭水	有	遭遇 20 年一遇洪水，在满足库区沿河县城防洪要求的前提下，不增加下游彭水县城的防洪负担	3

表 7.3 乌江梯级水库 K 值表

水库名称	10%频率来水 K 值		90%频率来水 K 值	
	最大值	最小值	最大值	最小值
洪家渡	1.24	0.32	1.15	0.44
东风	2.08	0.43	1.87	0.56
乌江渡	1.46	0.38	1.42	0.57
构皮滩	2.68	0.69	1.94	1.06
思林	6.33	2.81	6.19	3.19
沙沱	16.27	4.65	14.58	5.33
彭水	21.8	3.23	18.69	4.69

综合上述蓄水分级原则和 K 值判别式法计算结果，本书制定的蓄放水策略见表 7.4：洪家渡、东风位于乌江上游，不直接承担防洪任务，可考虑在 8 月上旬开始蓄水，至 9 月底蓄满；乌江渡水库需配合三峡水库承担长江中下游防洪任务，构皮滩水库需配合思林、沙沱、彭水水库承担乌江中下游防洪任务，可考虑在 8 月中旬起蓄，至 9 月底蓄满；思林水库将下游塘头粮产区的防洪标准由 2 年一遇提高至 5 年一遇；遭遇 20 年一遇洪水时，控制思南县城水位不高于 376.39m，沙沱水库遭遇 20 年一遇洪水时，控制沿河水文站水位不高于 312m，彭水水库遭遇 20 年一遇洪水时，在满足库区沿河县城防洪要求的前提下，不增加下游彭水县城的防洪负担，可考虑在 9 月初起蓄，至 9 月底蓄满。与乌江流域梯级水库原设计蓄水方案相比，蓄放水策略能够避免集中蓄水和竞争性蓄水，在充分提高流域梯级水库群综合效益的同时，延长乌江水库群的蓄水期。

表 7.4 乌江梯级水库提前与原设计蓄水方案的起蓄时间

水库名称	洪家渡	东风	乌江渡	构皮滩	思林	沙沱	彭水
提前起蓄时间	8月10日	8月10日	8月10日	8月10日	9月1日	9月1日	9月1日
原设计起蓄时间	9月1日	9月1日	9月1日	9月1日	9月1日	9月1日	9月1日

7.3.3 乌江梯级水库联合蓄水调度结果分析

采用各水库 1956—2012 年 8 月 1 日至 12 月 31 日的入库径流资料，计算时段选择为 7d。采用前述章节提到的与流域性蓄水原则相结合的蓄水次序判别式法，拟定各水库的开始蓄水时间和蓄水次序，相应的结果见表 7.4。

由图 7.1 可知，水库蓄水调度控制线的优化空间为水库分期防洪限制水位和水库设计蓄水调度控制线围成的区域。各水库分期防洪限制水位可以通过在选定的时间节点，假定水库遭遇相应设计标准的洪水时，在不增加防洪风险的前提下，水库允许的最高防洪限制水位来确定。对于本书选择的研究对象，设定 8 月 10 日、8 月 20 日、9 月 1 日、9 月 10 日、9 月 20 日和 9 月 30 日六个时间节点，计算乌江梯级水库各自的分期防洪限制水位（表 7.5）。

表 7.5   乌江梯级水库蓄水期各时间节点的防洪限制水位约束

水库名称	水　位/m					
	8月10日	8月20日	9月1日	9月10日	9月20日	9月30日
洪家渡	1138	1139	1140	1140	1140	1140
东风	968	969	970	970	970	970
乌江渡	756	758	759	760	760	760
构皮滩	626.24	627	628.12	630	630	630
思林	435	437	438	439	440	440
沙沱	357	360	361	365	365	365
彭水	287	290	291	293	293	293

得到各水库蓄水优化调度过程线的优化空间后，分别采用 NSGA-Ⅱ算法和 PA-DDS 算法对各水库的蓄水调度控制线进行优化计算，得到在不增加防洪风险的前提下，发电量与蓄满率较优的可行方案。图 7.4 展示了 NSGA-Ⅱ算法和 PA-DDS 算法计算得到的梯级水库联合蓄水调度方案 Pareto 解集。

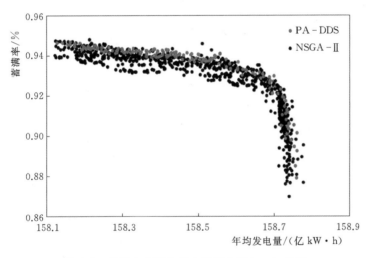

图 7.4　梯级水库联合蓄水调度方案 Pareto 解集

从图 7.4 中可以看出，采用 NSGA-Ⅱ算法和 PA-DDS 算法对乌江梯级水库联合蓄水优化调度模型进行求解的结果表现优秀。在图 7.4 中，蓄满率最大的梯级水库蓄水方案能够使乌江梯级水库蓄满率达到 94.8%，梯级水库发电量最大可以达到 158.97 亿 kW·h。

并且，分析比较两种优化算法得到的 Pareto 解集，从分布情况可以看出，PA-DDS 算法得到的 Pareto 解集大部分位于 NSGA-Ⅱ算法解集的右上区域，同时 PA-DDS 求解模型的速度更快，说明 PA-DDS 算法能够以更高的效率，得到较优的结果，体现了 PA-DDS 算法的优势[9]。

7.3.3.1　不同蓄水方案分析

从图 7.4 的 Pareto 解中优选出保证蓄满率最大的方案 A 和保证发电量最大的方案 B，

采用 A、B 两种水库蓄水调度方案进行模拟调度计算，并与原设计方案的效益指标数据进行比较，结果见表 7.6。

表 7.6　　　　　　　　　　　各水库不同方案模拟调度结果

项　　目		洪家渡	东风	乌江渡	构皮滩	思林	沙沱	彭水	梯级
原设计方案	发电量/(亿 kW·h)	8.11	13.32	20.26	44.33	17.96	20.64	29.36	153.98
	蓄满率/%	80.45	82.14	96.49	68.94	64.91	85.96	73.68	85.12
方案 A	发电量/(亿 kW·h)	8.11	14.58	21.63	45.16	18.58	20.94	29.36	158.36
	蓄满率/%	81.40	87.72	100.00	91.93	96.49	94.74	100.00	94.81
方案 B	发电量/(亿 kW·h)	8.13	14.66	21.73	45.20	18.79	21.02	29.44	158.99
	蓄满率/%	57.89	87.72	94.74	57.89	82.46	96.49	84.21	86.89

当乌江梯级水库采用原设计蓄水方案进行蓄水调度时，蓄水期多年平均发电量为 153.98 亿 kW·h，其中构皮滩水库的发电量为 44.33 亿 kW·h，占乌江梯级水库蓄水期总发电量的 28.79%；而对乌江梯级开发意义重大的龙头水库——洪家渡水库，虽然其库容较大，但是洪家渡水库位于乌江上游，坝址处径流量较小，蓄水期发电量为 8.11 亿 kW·h，仅占乌江梯级水库蓄水期发电总量的 5.27%。由此可以看出，龙头水库在梯级水库联合调度中发挥的作用与其自身所能得到的效益不成比例。

对于梯级水库联合蓄水调度来说，错开起蓄时间，提前蓄水节点，抬高关键时间节点水库水位，可以使水库蓄水期发电效益和汛末蓄满率大幅提高。方案 A 的水库综合效益指标可以看出，采用方案 A 指导梯级水库蓄水调度，可以使乌江梯级水库蓄水期发电量增加 4.38 亿 kW·h，增幅为 2.84%，蓄满率可以由原设计蓄水方案的 85.12% 提高至 94.81%，尤其是中下游地区的构皮滩、思林、沙沱、彭水水库，蓄满率的改善十分明显。优化方案 B 则是更加侧重梯级水库蓄水期发电量的增加，增发电量可达 5.01 亿 kW·h，增幅为 3.25%。不过，优化方案 B 的梯级水库蓄满率则相对差一些，为 86.96%，与设计蓄水方案相比略有提高。

7.3.3.2　典型年蓄水调度实例分析

为了更直观地展示优化方案 A、设计方案 B 和原设计方案的区别，以构皮滩水库为例，分别以来水较枯（1963 年）和来水较丰（1967 年）作为典型年，采用优化方案 A、优化方案 B 和原设计方案进行水库模拟蓄水调度计算，得到构皮滩水库在不同典型年下各蓄水方案的蓄水调度过程，如图 7.5 和图 7.6 所示。

由图 7.5 可知，1963 年来水较枯，侧重于水库蓄满率的优化方案 A 选择在 8 月 20 日起蓄，在满足水库分期防洪限制水位的前提下，尽早将水库水位抬高至较高水平，最终在蓄水期末期将水库水位蓄至 630m。原设计蓄水方案选择在 9 月 1 日起蓄，蓄水时间较晚，并且在来水较枯的情况下，各水库同时蓄水，相互竞争的情况会愈发严重，最终导致水库在蓄水期末水位为 629.2m，不能正常蓄满。侧重于水库蓄水期发电效益的优化方案 B，虽然也将蓄水时间提前至 8 月 20 日，但其追求水库发电量尽可能大，错过了将水库蓄满的机会，最终，在蓄水期末期，水库水位为 629.4m，蓄水期发电量为 40.72 亿 kW·h，与设计蓄水方案的 39.29 亿 kW·h 相比，增加了 1.43 亿 kW·h，增幅为 3.64%。

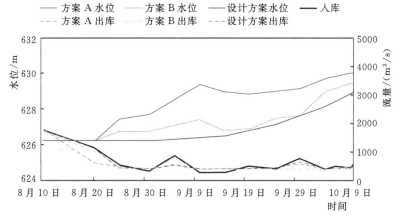

图 7.5　构皮滩水库 1963 年模拟调度蓄水过程

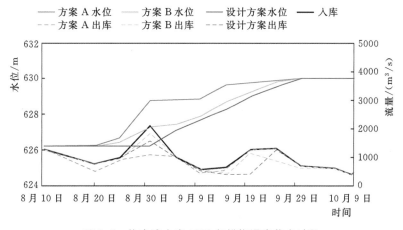

图 7.6　构皮滩水库 1967 年模拟调度蓄水过程

图 7.6 则给出了 1967 年来水较丰的情况下，构皮滩水库不同蓄水调度方案的蓄水过程线。从图中可以看出，三种蓄水调度方案均可以在蓄水期末期将水库水位蓄至正常高水位。但是，侧重于保证水库蓄满率的优化方案 A，其蓄水水位过程线始终高于其他两种方案，水库采用该蓄水方案进行蓄水调度时，会在蓄水期开始后，充分利用后汛期的来水，将水库水位抬高至一个较高的水平，并按照调度方案的指导，将水库蓄满。侧重于水库蓄水期发电效益的优化方案 B，从图中的表现来看，是在设计蓄水方案和优化方案 A 之间进行了权衡。既将蓄水时间节点进行了一定程度的提前，保证水库在蓄水期末期能够正常蓄满，同时，优先考虑水库在蓄水期间的发电效益，其发电量为 46.85 亿 kW・h，与设计蓄水方案的 44.93 亿 kW・h 相比，发电量增加了 1.92 亿 kW・h，增幅为 4.27%。水库原设计蓄水方案，则仍采用 9 月 1 日起蓄，分段线性蓄水方式进行蓄水，虽然该方案也可以将水库蓄满，但是对水能资源的利用效率不够高，忽视了后汛期的洪水资源蕴含的经济效益，有相当大的提升空间。

7.4 乌江梯级水库联合优化调度增益分配

在流域梯级开发中，龙头水库的作用十分显著，既能改善下游河道水力条件，又可增加梯级水库总发电效益。在梯级水库联合调度中，上游龙头水库凭借其良好的调节能力，可显著地提高下游各水电站的发电量。然而受益水库效益的增加伴随着施益水库部分利益的牺牲，在相同主体统一开发运营的水库群中，这种方式可以接受。但当施益方、受益方分属于不同主体的多元化开发模式逐渐增多时，施益方的损失需要得到合理的补偿，否则，施益方将会脱离梯级水库联盟，导致水能资源总体开发利用效率降低。因此，开展梯级水库联合优化调度增益分配研究，可以增强梯级水库联盟的稳定性，有利于总体调度效益的提高[10]。

梯级水库补偿效益分摊常采用指标分配法。该法计算简单，但忽略了各主体争取自身利益最大化而产生的矛盾，难以反映多水库利益主体之间复杂的利益补偿与竞争关系，具有一定的局限性。为综合考虑各种指标，得出更合理的效益分配结果，可采用综合指标分配法。薛小杰等[11]采用综合分析法、模糊综合评判法对岚河梯级水库补偿效益进行分摊，以发电效益或灌溉效益为主的水电站，采用综合分析法较为合理，综合利用水电站采用模糊综合评判法较为合理。综合指标分配法和模糊综合评判法虽然能综合考虑多种指标，但其核心是采用专家打分的方式确定不同指标的权重，具有一定的主观性。赵麦换等[12]提出采用离差平方方法对梯级水库补偿效益进行分摊，一定程度上排除了人为主观因素的影响，分配方法简单且高效。高仕春等[13]采用熵权法综合考虑兴利库容、装机容量、发电水头多项指标进行效益分摊，体现了电站调节性能、电站位置、水头、装机容量等更多因素，克服了单一指标法的局限性。

多水库利益主体效益分摊是一个典型的合作与竞争并存的问题，合作博弈理论在解决此类问题上有良好的应用前景，其中 Shapley 值法应用最为广泛。杨春花等[14]采用Shapley 值法，对梯级水库联合调度产生的增益进行分配，既能使梯级水库总效益增加，又能兼顾公平合理的原则，调动各方参与的积极性，有效促进了梯级水库群开展联合优化调度。曹云慧等[15]提出熵权 Shapley 值效益分摊法，不仅考虑了各水电站之间的公平性，同时兼顾了自身的装机容量、调节库容、额定水头和保证出力等个体特征，分摊结果公平合理。该法需要知道所有子联盟的获利情况，随着利益主体的增加，会给计算带来很大的困难。采用 Shapley 值法进行效益分配，主体数量常为 2~5 个，当主体数量进一步增多时，Shapley 值法计算量将大大增加。张剑亭等[16]将信息熵引入合作博弈的求解过程中，为解决多主体梯级水库联合调度增益分配问题，探讨了新的方法和思路。

7.4.1 增益分配方法

7.4.1.1 指标分配法

指标分配法是指按照某种给定的指标将系统增益分配到各个成员当中，按照指标的数目可以分为单指标分配法和综合指标分配法。单指标分配法常采用兴利库容、装机容量等水库特征参数作为分配指标，该法的优点是结构简单、计算快速方便，但是梯级水库之间包含多方面的联系，仅采用一种指标进行增益分配，难以涵盖水库的方方面面。并且，只采用单一指标进行增益分配还可能导致不合理结果的出现，给实际应用带来一定的麻烦。因此，一些学者提出了许多综合考虑多种指标的综合指标分配法。目前，比较常用的综合指标分配法有：

（1）多目标综合分析法。该方法将不同的单一指标，通过加权的方式进行综合，来指导水库进行增益分配。其权值的确定需要综合专家的意见来确定，其权值确定过程中的主观因素也制约了该方法的发展。

（2）模糊综合评判法。该方法引入模糊理论对各种指标进行综合，但是其评判方法，仍然包括专家打分的过程，无法摆脱人为因素的干扰。

（3）熵权法。该方法通过引入信息熵的概念，确定各指标进行综合时的权值系数。虽然该方法一定程度上受制于综合前各指标的分配结果，但其摆脱了人为因素的干扰，可以作为一种对比方案加以采用。熵权法确定权重的主要步骤为：

第一步：指标值矩阵标准化，有

$$r_{ij} = (x_{ij} - \min x_{ij})/(\max x_{ij} - \min x_{ij}) \tag{7.29}$$

式中：r_{ij} 为第 i 种分配方法中，成员 j 的标准化指标值；x_{ij} 为第 i 种分配方法中，成员 j 的指标值；$\min x_{ij}$ 为分配方法 i 的最小特征值；$\max x_{ij}$ 为分配方法 i 的最大特征值。

第二步：分配方法 i 的信息熵定义为

$$H_i = -K \sum_{j=1}^{n} f_{ij} \ln(f_{ij}), \quad i = 1, 2, \cdots, m \tag{7.30}$$

式中：$f_{ij} = r_{ij} / \sum_{i=1}^{n} r_{ij}$，$K = 1/\ln(n)$。当 $f_{ij} = 0$ 时，令 $f_{ij} \ln(f_{ij}) = 0$。

第三步：由各分摊方法的熵权和归一后的各指标值相乘，即可计算得出各个水电站的效益分配系数及所分配的效益。

7.4.1.2　Shapley 值法

Shapley 值法区别于指标分配法，它是一种通过计算个体成员对合作系统的边际贡献的期望值来进行增益分配的方法。该方法不依赖于某种特定的指标特性，合理、公正地分析个体成员在系统中的贡献程度，并据此作为效益分配的依据，体现了多劳多得的公平原则。合理的分配方法也可以使得个体成员积极参加系统合作，有助于资源的高效利用。

为方便对 Shapley 值法的原理进行介绍，首先对一般的合作博弈模型进行介绍。

假设 $I = \{1, 2, \cdots, n\}$ 代表 n 个成员组成的集合。此时，任取 $s \subseteq I$，都存在函数值 $v(s)$，当案例满足以下要求时：

（1）$v(\varnothing) = 0$，其中 $\varnothing$ 表示空集。

（2）任取两个不相交的 s_1，$s_2 \subseteq I$，都有 $v(s_1 \bigcup s_2) \geqslant v(s_1) + v(s_2)$，那么，将 $v(s)$ 叫作定义在 I 上的一个特征函数。

在实际应用中，$v(s)$ 可以理解为集合 s 的收益，从条件（2）中可以看出，任意情况下的合作所得到的总效益，不小于其各自效益之和。效益分配问题需要解决的就是如何将合作所获得的总效益，公平合理的分配给各个参与合作的成员。

一个合理的分配需要满足

$$\sum_{i \in s} \varphi_i(v) > v(s) \tag{7.31}$$

并且，该式当 $s = I$ 时等号成立。

下面介绍 Shapley 值法的计算原理。1953 年，Shapley[17] 提出了合作博弈中合理分配的 4 个公理。

公理 1（有效性）：合作各方获利之和等于合作总获利为

$$\sum_{i \in I} \varphi_i(v) = v(I) \tag{7.32}$$

公理 2（对称性）：设 π 是 $I = \{1, 2, \cdots, n\}$ 的一个排列，对于 I 的任意子集 $s = \{i_1, i_2, \cdots, i_n\}$，有 $\pi s = \{\pi i_1, \cdots, \pi i_n\}$。若在定义特征函数 $w(s) = v(\pi s)$，则对于每个 $i \in I$ 都有 $\varphi_i(w) = \varphi_{\pi i}(v)$。

公理 3（冗员性）：若对于包含成员 i 的所有子集，都有 $v(s \setminus \{i\}) = v(s)$，则 $\varphi_i(v) = 0$。式中：$s \setminus \{i\}$ 表示在集合 s 中去掉仅仅元素 i 后组成的整体。从冗员性的特点可以看出，对于一个个体来说，如果任意一个包含其自身的合作，去掉自身后，合作的效益都不发生改变，那么可以得到该成员没有产生贡献，因此也不应获得收益。

公理 4（可加性）：若在 I 上有两个特征函数 v_1、v_2，则有

$$\varphi(v_1 + v_2) = \varphi(v_1) + \varphi(v_2) \tag{7.33}$$

当一个模型满足这 4 条公理时，$\varphi(v)$ 是唯一的，并且其公式为

$$\varphi_i(v) = \sum_{s \in S_i} \{\omega(|s|)[v(s) - v(s \setminus i)]\}$$

$$\omega(|s|) = \frac{(n-k)!\,(k-1)!}{n!} \tag{7.34}$$

式中：S_i 为包含成员 i 的所有子集；$|s|$ 为合作 s 中的元素个数；$v(s \setminus i)$ 为合作 s 中除去 i 后可获得的收益。

以梯级水库增益分配问题为例，上述求解式的含义为：$v(s) - v(s \setminus i)$ 表示水库 i 在它参与的合作 s 中做出的贡献；这种合作总计有 $(n-k)!\,(k-1)!$，因此，每一种出现的概率就是 $\omega(|s|)$。

Shapley 值法在求解合作博弈问题中具有一定的优越性，但该方法需要知道所有合作的获利，计算所有组合方案的收益复杂而繁琐。

7.4.1.3 基于信息熵的增益分配法

为了规避 Shapley 值法在求解合作博弈问题时所需信息量较大，计算繁琐的局限性，本书将信息熵引入增益分配环节，建立了一种基于信息熵的增益分配模型。

信息熵是对信息进行量化的一种指标，其基本概念为：假设一个实验不同结果的发生概率分别为 p_1，p_2，$\cdots$，p_n，那么，该实验熵可以表示为 $H = -\sum_{i=1}^{n} p_i \ln p_i$。

最大熵原理：假设一个实验有有限个结果，可以表示为 Q_1，Q_2，$\cdots$，Q_n，每个结果发生的概率表示为 p_1，p_2，$\cdots$，p_n，那么当 $p_1 = p_2 = \cdots = p_n = \dfrac{1}{n}$ 时，该实验的熵达到最大值。

基于信息熵的增益分配方法应用于 n 人合作博弈问题的求解中，试图使用较少的信

息得到合理且稳定的分配结果，其基本思路如下：

单位时间内信道能传送的最大信息量叫作信道容量。每一信道符号的平均信息量可以表示为

$$H = -\sum_{i=1}^{n} p_i \ln p_i \tag{7.35}$$

每一符号传递所需的平均时间定义为

$$\bar{t} = \sum_{i=1}^{n} p_i t_i \tag{7.36}$$

单位时间传递的信息量为

$$I = \frac{-\sum\limits_{i=1}^{n} p_i \ln p_i}{\sum\limits_{i=1}^{n} p_i t_i} \tag{7.37}$$

当系统熵最大的状态时，可以表示为

$$\max \frac{H}{\bar{t}} = \frac{-\sum\limits_{i=1}^{n} p_i \ln p_i}{\sum\limits_{i=1}^{n} p_i t_i}$$

$$\text{s. t.} \sum_{i=1}^{n} p_i = 1 \tag{7.38}$$

以梯级水库联合调度增益分配问题为例，采用信息熵法进行效益分配时，主要分为以下两步：

（1）采用合作博弈的协商解方法，进行效益的初次分配。即计算 7 座水库中任意 6 座水库组成的子联盟收益 $v(I \backslash i) = b_i$，并据此得出各水库分配的下限：

$$X = (\underline{x_1}, \underline{x_2}, \cdots, \underline{x_n}) \tag{7.39}$$

即解方程组：

$$\begin{cases} \sum\limits_{j=1}^{n} x_j - \underline{x_1} = b_1 \\ \cdots \\ \sum\limits_{j=1}^{n} x_j - \underline{x_n} = b_n \end{cases} \tag{7.40}$$

式中：x_j 为水库 j 在联合调度情景下的效益。

求解得到分配下限：

$$\underline{x_i} = \frac{1}{n-1} \sum_{j=1}^{n} b_j - b_i, \quad i = 1, 2, \cdots, n \tag{7.41}$$

（2）计算按下限 X 分配后全体合作获利的剩余，采用信息熵最大的方法对剩余收益进行二次分配：

$$R = B - \sum_{i=1}^{n} \underline{x_i} \tag{7.42}$$

式中：R 为按下限 X 分配后全体合作获利的剩余。

此时的最大信息熵法为

$$\max \frac{H}{\bar{t}} = \frac{-\sum_{i=1}^{n} p_i \ln p_i}{\sum_{i=1}^{n} p_i \underline{x}_i}$$

$$\text{s. t.} \sum_{i=1}^{n} p_i = 1 \tag{7.43}$$

求解上式可得到各水库的分配比例 $P = (p_1, p_2, \cdots, p_n)$，按比例对分配余额进行二次分配，于是各水库最终的分配得到的效益值为

$$x_i = \underline{x}_i + p_i \left(B - \sum_{j=1}^{n} x_j \right), \quad i = 1, 2, \cdots, n \tag{7.44}$$

7.4.1.4 分配结果稳定性评价方法

分裂倾向（Propensity to disrupt，PTD）是一种定量评价合作博弈解决方案稳定性的常用方法，是在某种分配结果下大联盟失去成员 i 所遭受的损失与成员 i 离开大联盟自身遭受的损失之比：

$$\text{PTD}_i = \frac{1}{x_i - v(i)} \left[\sum_{j \neq i} x_j - v(N - \{i\}) \right] \tag{7.45}$$

式中：PTD_i 为某种分配结果下成员 i 的分列倾向；x_i 为大联盟中成员 i 分配得到的收益；$v(i)$ 为成员 i 实行单库调度取得的收益；$v(N - \{i\})$ 为失去成员 i 的大联盟总收益。

PTD 值越大，则该成员分得的收益相较于它对联盟的贡献越小，离开联盟的倾向越大，则也有更多的谈判资本要求分得更多的收益；PTD 值越小，则该成员越倾向于留在联盟中。对某种分配结果而言，若各成员 PTD 值均较小且比较接近，表明该分配方案下各成员谈判能力接近，且均倾向于留在联盟中，即该分配方案合理且稳定。

7.4.2 增益分配结果分析

7.4.2.1 增益分配方案比较

假设乌江 7 座水库分属于 7 个不同的业主，按照单库优化调度方案运行，梯级水库多年平均总收益为 139.15 亿元；若 7 座水库进行联合优化调度，则梯级水库多年平均总收益为 143.99 亿元，由联合调度产生的额外收益为 4.84 亿元。图 7.7 给出联合优化调度方案下各水库年均发电效益增加值。在联合调度体系中，各水库对联盟的贡献与其获得的效益不相匹配，与单库优化调度方案相比，采用梯级联合优化调度方案，洪家渡水库、乌江渡水库多年平均发电效益有所减少，其余水库效益增加，梯级总效益仍然增加。因此，有必要采用基于信息熵的增益分配法，将联合调度产生的增益在各水库之间重新进行分配，以维持联合调度机制的稳定性。

分别采用平均分配法、单指标分配法（兴利库容、装机容量）、熵权法、基于信息熵的增益分配方法进行增益分配，结果见表 7.7 和图 7.8。由表可知：

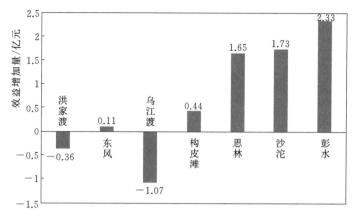

图 7.7　联合优化调度方案下各水库年均发电效益增加值

表 7.7　　　　　　　　　　各水库不同增益分配结果　　　　　　　　　单位：亿元

水库	平均分配法	单指标（兴利库容）	单指标（装机容量）	熵权法	信息熵法
洪家渡	6.95	8.02	6.59	7.38	7.63
东风	12.54	12.11	12.17	12.14	12.54
乌江渡	17.61	17.63	17.27	17.47	17.09
构皮滩	39.74	40.56	40.71	40.63	40.21
思林	17.16	16.64	17.05	16.83	16.67
沙沱	20.48	19.94	20.41	20.15	20.65
彭水	29.51	29.09	29.79	29.39	29.2
梯级	143.99	143.99	143.99	143.99	143.99

（1）平均分配方案将梯级水库联合优化调度产生的增益平均分配到各个水库，没有考虑各水库参数的差异。

（2）对单指标分配方法而言，若采用兴利库容指标进行效益分配，调节库容较大的洪家渡、构皮滩水库分别分得 1.74 亿元、1.50 亿元，占总增益的 67.81%，其余 5 座调节能力较差的水库分得效益较少，在该分配体系中处于不利的地位；若采用装机容量指标进行效益分配，增益中较大比例将被下游装机容量较大的水库分走，而在联合调度中发挥重要作用的龙头水库——洪家渡水库仅能分得增益的 6.88%，与其在联合调度体系中的贡献严重不符。因此，洪家渡水库会倾向于脱离该联合调度联盟，无法保障联盟的稳定性。并且，采用不同指标进行分配的结果差异较大，难以在不同利益主体之间达成一致。熵权法虽能综合考虑两种单指标分配方法，但其受原单指标分配方法影响较大，综合后的结果仍不能令人满意。

（3）基于信息熵的增益分配法，可利用较少的信息量，得到合理的分配结果。洪家渡水库总效益为 7.63 亿元，大于采用装机容量指标进行分配的效益值，小于采用调节库容指标进行分配的效益值。表明在该分配体系下，洪家渡水库的分配结果既考虑了龙头水库在联合调度中发挥的作用，又避免了单一指标分配法可能产生的不合理结果；并且在该分

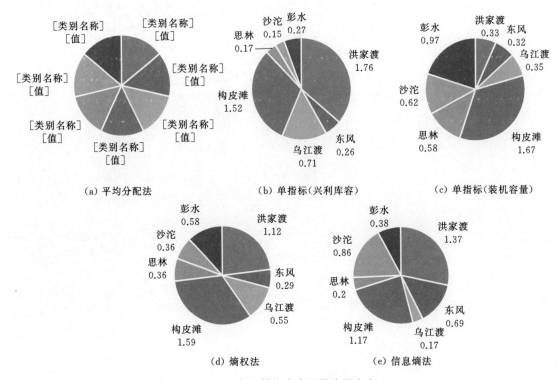

图 7.8 乌江梯级水库不同分配方案

配体系下，各水库效益值均大于其进行单库调度时的效益，表明联盟中各成员均有所获利，分配结果具有一定的合理性。

7.4.2.2 分配方案稳定性评价

采用 PTD 指标对增益分配方案的稳定性进行定量评价，结果见表 7.8 和图 7.9，分析表 7.8 和图 7.9 可知：

表 7.8 各水库不同增益分配结果的 PTD 值

水库	平均分配法	单指标 （兴利库容）	单指标 （装机容量）	熵权法	信息熵法
洪家渡	1.97	0.17	5.16	0.84	0.71
东风	0.58	3.25	2.45	2.85	0.79
乌江渡	0.31	0.27	1.58	0.64	0.98
构皮滩	1.57	0.17	0.07	0.12	0.34
思林	0.27	0.69	0.41	0.54	0.66
沙沱	0.82	7.37	1.02	2.47	0.7
彭水	0.41	1.04	0.16	0.32	0.68

（1）平均分配方案从理论上来说，虽然是熵最大的分配方案，但其没有考虑各水库特征参数的差异，并且各水库在联合调度中的贡献也不同，单纯地将增量效益平均分配给各个水库并不合理，平均分配方案的各水库 PTD 值相差较大也说明了该方案的不合理性。

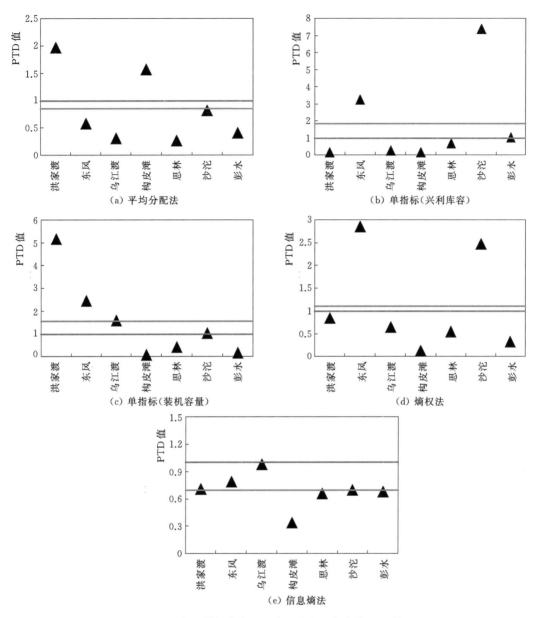

图 7.9　乌江梯级水库不同分配方案下各水库 PTD 值

（2）采用兴利库容单指标进行增益分配，洪家渡、乌江渡、构皮滩水库的 PTD 值较小，而东风、思林、沙沱、彭水水库的 PTD 值较大，有脱离联盟的倾向；采用装机容量单指标进行增益分配，洪家渡、东风、乌江渡水库 PTD 值均较大，有脱离联盟的倾向，其余 4 座水库 PTD 值较小。熵权法将两种单指标分配法进行综合，但各水库 PTD 值之间的差异仍然较大。

（3）采用信息熵法进行增益分配，联盟中各水库 PTD 值均较小且较为接近，即 7 个电站谈判能力接近，因此信息熵法分配的结果最稳定。

7.4.3 增益分配方法比较

Shapley 值法可充分考虑各水库在联合调度中的贡献情况,据此实现公平分配增量效益,但其缺点是计算量较大,需要知道所有可能联盟的收益情况,尤其当利益主体较多时,求解较为烦琐。因此选择洪家渡、东风、乌江渡、构皮滩 4 座水库进行 Shapley 值法增益分配计算,并与信息熵法的计算结果进行比较。

首先,计算所有可能联盟情况下,各电站的发电效益,结果列于表 7.9(1、2、3、4分别表示洪家渡、东风、乌江渡和构皮滩水库,集合 {1,2} 表示洪家渡和东风水库组成的联盟),据此得到采用 Shapley 值法的增益分配方案。Shapley 值法和信息熵法的分配结果和各分配方案的 PTD 值列于表 7.10。

表 7.9　　　　　　　　　Shapley 值法所有可能联盟形式下各水库发电效益

电站数目	联盟形式	多年平均发电效益/亿元				
		洪家渡	东风	乌江渡	构皮滩	梯级
1 个	{1}、{2}、{3}、{4}	6.26	11.85	16.92	39.04	74.07
2 个	{1,2}	6.69	13.28	—	—	19.97
	{1,3}	6.25	—	17.88	—	24.14
	{1,4}	4.99	—	—	41.73	46.72
	{2,3}	—	11.79	17.01	—	28.80
	{2,4}	—	11.88	—	38.98	50.86
	{3,4}	—	—	16.74	39.21	55.95
3 个	{1,2,3}	6.30	13.50	17.96	—	37.77
	{1,2,4}	5.83	13.32	—	41.47	60.61
	{1,3,4}	5.71	—	17.73	41.83	65.27
	{2,3,4}	—	11.53	17.03	39.84	68.40
4 个	{1,2,3,4}	5.50	13.56	17.85	41.88	78.80

由表 7.10 可知,信息熵法的分配结果与 Shapley 值法相近,同时,两种分配方案中各水库的 PTD 值均较小,表明基于信息熵法的增益分配法具有一定的合理性。由于信息熵法计算所需的信息量远少于 Shapley 值法,特别是当利益主体数量较多时,基于信息熵的增益分配法具有一定的优越性。

表 7.10　　　　　　　　　　各水库不同增益分配结果和 PTD 值

水库	Shapley 值法		信息熵法	
	分配结果/亿元	PTD	分配结果/亿元	PTD
洪家渡	8.07	0.39	8.03	0.42
东风	12.99	0.47	12.83	0.7
乌江渡	17.66	0.48	17.56	0.64
构皮滩	40.08	0.67	40.38	0.39

梯级水库汛期运行水位联合调度和动态控制

　　水库群蓄水调度中往往还涉及另外一个经典的"维数灾"问题，寻求有效优化方法，对库群进行快速、优化求解，亦成为国内外众多科技工作者的研究目标。大系统聚合分解思想作为一种理论成熟的体系，虽然暂时还未运用于蓄水调度研究，但已被广泛运用于防洪、发电等复杂优化调度中。其基本原理是一种递阶控制理论：将相对复杂的大系统分解为若干个相互独立且相互关联的子系统，以此作为第一级，称为下级系统；设置一个协调机构，即协调器，作为第二级，称为上级系统，用来处理各子系统之间的关联。协调最终的目的是使得大系统达到最优，在此过程中通过协调器来控制各子系统的变化。图 7.10 给出复杂水库系统能量聚合分解示意图[18]。

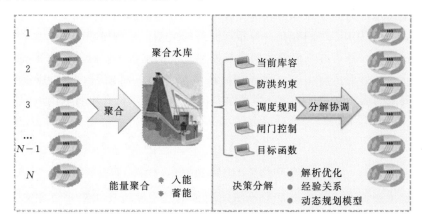

图 7.10　复杂水库系统能量聚合分解示意图

7.5.1　梯级水库聚合分解方法

　　下面以串联水库梯级为例，介绍大系统聚合分解原理在水库群防洪优化调度问题上的建模过程。如图 7.11 所示，A、B 分别为上、下游梯级水库，F1、F2 分别为水库 A、水库 B 下游的防洪控制点，其允许最大下泄流量分别为 $Q_{max,A}$ 和 $Q_{max,B}$，Q_A 和 Q_B 分别为水库 A 和水库 B 的入库流量。大系统聚合分解模型通过构建：聚合模块、库容分解模块、模拟调度模块，优化其调度过程与调度规则[19]。

7.5.1.1　聚合模块

　　将梯级水库当成一个"聚合水库"，设 T_y 为"聚合水库"的有效预见期，按预蓄预泄法的思想，要求水库以 Z' 水位起调时，经过洪水有效预见期 T_y 的预泄，能使水库的水

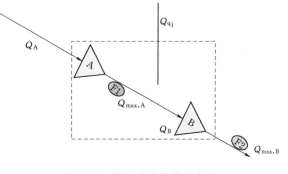

图 7.11　梯级水库结构示意图

位降低至汛限水位 Z，水库能够提供不少于原调度方式的防洪库容，若预报流域将有大洪水产生时，各水库在预泄期内腾空防洪库容，使原设计方案的防洪标准不降低。设 $Q_{in}(t)$ 为"聚合水库"的入库流量，$Q_{out}(t)$ 为可能出库流量，则水库的最高起调水位 $Z'(t)$ 对应的库容为[20]

$$f(Z'(t)) = f(Z(t)) + \int^{T_y} Q_{out}(t)dt - \int^{T_y} Q_{in}(t)dt \tag{7.46}$$

则该"聚合水库"在 t 时段初所允许最大预蓄水量 $V_{yx}(t)$ 为

$$\max V_{yx}(t) = f(Z'(t)) - f(Z(t)) \tag{7.47}$$

式中：$f(*)$ 为水位-库容关系；$\int^{T_y} Q_{in}(t)dt$ 为预见期 T_y 内的入库水量；$\int^{T_y} Q_{out}(t)dt$ 为预见期 T_y 内的可能出库水量。

7.5.1.2　分解模块

由于上下游水库之间存在水力联系，各水库允许最高起调水位均受其他水库当前库容状态的影响，因此各水库之间存在一种相互制约的关系，分解模块是根据水力联系推求出各水库之间的内在联系，并在满足各防洪控制点安全的前提下，计算各水库在时段初的允许最高起调水位，即当水库 B 在 t 时段初起调水位 $Z_B(t)$ 确定时，也可以推导出水库 A 在 t 时段初的最高起调水位 $Z'_A(t)$，当水库 B 的可能起调水位在可行域内取值时，可以推求出水库 A 在 t 时段初的一系列最高起调水位 $Z'_A(t)$，因此可确定一个动态控制域。反之亦然，即

$$\max Z'_A(t) \text{ 或 } \max Z'_B(t) \tag{7.48}$$

对于梯级水库而言，要求上下游水库均满足不低于原设计汛限水位方案下的防洪标准，则 A、B 水库存在如下关系：

A 水库：　$$\int^{T_y} Q_{out,A}(t)dt - \int^{T_y} Q_A(t)dt = f_A(Z'_A(t)) - f_A(Z_A(t)) \tag{7.49}$$

B 水库：　$$\int^{T_y} Q_{out,B}(t)dt - \int^{T_y} Q_B(t)dt = f_B(Z'_B(t)) - f_B(Z_B(t)) \tag{7.50}$$

A、B 水库之间存在上下游水力联系，即

$$Q_B(t) = C_0 Q_{out,A}(t) + C_1 Q_{out,A}(t-1) + C_2 Q_B(t-1) + Q_{qj}(t) \tag{7.51}$$

同时要求 A、B 水库的下泄流量均满足防洪要求，即

$$Q_{out,A}(t) \leqslant Q_{max,A} \tag{7.52}$$

$$Q_{out,B}(t) \leqslant Q_{max,B} \tag{7.53}$$

式中：$Z_A(t)$、$Z_B(t)$ 分别为 A、B 水库原设计汛限水位；$Q_A(t)$、$Q_B(t)$ 分别为 A、B 水库入库流量；$Q_{out,A}(t)$、$Q_{out,B}(t)$ 分别为 A、B 水库可能下泄流量；$V_A = f_A(Z_A)$ 和 $V_B = f_B(Z_B)$ 分别表示水库 A、水库 B 的水位-库容关系；C_0、C_1、C_2 为马斯京根系数；$Q_{qj}(t)$ 为区间入库流量。

可按自下而上的逆序方式求解上下游水库间的预蓄库容关系，先由最下游防洪控制点 F2 的安全流量约束和库容状态信息推求水库 B 的入库流量：

$$\int^{T_y} Q_{\text{out,B}}(t)\mathrm{d}t - \int^{T_y} Q_{\text{B}}(t)\mathrm{d}t = f_{\text{B}}(Z'_{\text{B}}) - f_{\text{B}}(Z_{\text{B}}) \leqslant \int^{T_y} Q_{\text{max,B}}\mathrm{d}t - \int^{T_y} Q_{\text{B}}(t)\mathrm{d}t$$

$$= Q_{\text{max,B}} T_y - \int^{T_y} Q_{\text{B}}(t)\mathrm{d}t \tag{7.54}$$

由于在第 t 时段初中间变量 $Q_{\text{out,A}}(t-1)$、$Q_{\text{B}}(t-1)$、$Q_{\text{qj}}(t)$ 均为已知，故 $Q_{\text{B}}(t)$ 与 $Q_{\text{out,A}}(t)$ 的关系可表达为

$$Q_{\text{B}}(t) = C_0 Q_{\text{out,A}}(t) + K(t) \tag{7.55}$$

其中：$K(t) = C_1 Q_{\text{out,A}}(t-1) + C_2 Q_{\text{B}}(t-1) + Q_{\text{qj}}(t)$，则式（7.53）可写成：

$$f_{\text{B}}(Z'_{\text{B}}) - f_{\text{B}}(Z_{\text{B}}) \leqslant Q_{\text{max,B}} T_y - \int^{T_y} (C_0 Q_{\text{out,A}}(t) + K(t))\mathrm{d}t \tag{7.56}$$

再由求出的 $Q_{\text{out,A}}(t)$ 逆序递推至上游水库 A，通过上游水库的预报来水、当前库容状况和下泄能力在有效预报期内确定该水库的最高起调水位，即

$$\int^{T_y} Q_{\text{out,A}}(t)\mathrm{d}t = \int^{T_y} Q_{\text{A}}(t)\mathrm{d}t + f_{\text{A}}(Z'_{\text{A}}(t)) - f_{\text{A}}(Z_{\text{A}}(t)) \tag{7.57}$$

联立式（7.56）和式（7.57）可得

$$f_{\text{B}}(Z'_{\text{B}}) \leqslant f_{\text{B}}(Z_{\text{B}}) + Q_{\text{max,B}} T_y - C_0\left(\int^{T_y} Q_{\text{A}}(t)\mathrm{d}t + f_{\text{A}}(Z'_{\text{A}}) - f_{\text{A}}(Z_{\text{A}})\right) - K(t)T_y \tag{7.58}$$

上式即描述了上下游 A、B 水库的汛期运行水位上限 Z'_{A}、Z'_{B} 之间的动态控制关系。由于其他变量均为已知，故当上游水库的起调水位确定时，由下游水库预报的来水、当前库容状况和防洪约束等信息，可在有效预报期内确定下游水库的最高起调水位。同理，当确定了下游水库的起调水位，则上游水库的最高起调水位也可随之确定，两水库预留的防洪库容之间存在一种相互协调、相互制约的关系。下限为原设计汛限水位，上限为梯级水库汛期运行水位动态控制关系确定的上限值，梯级水库汛期运行水位联合调度的寻优区间如图 7.12 所示[21]。

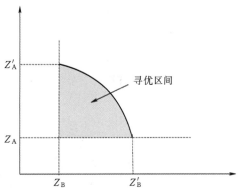

图 7.12 梯级水库联合调度汛期运行水位上下限关系示意图

7.5.2 梯级水库汛期运行水位联合调度模型

结合洪水预报及梯级水库防洪调度信息，建立梯级水库汛期运行水位联合调度模型，该模型主要包括聚合模块、库容分解模块和模拟调度模块。聚合模块利用预蓄预泄思想确定预报期内"聚合水库"在满足系统防洪条件下允许的最大预蓄水量；库容分解模块就是各水库根据库容状态和预报期内的来水情况，在满足各水库防洪约束要求下，建立上下游水库汛期运行水位关系，并确定各水库允许动态调整的控制域；模拟调度模块是在聚合模块和库容分解模块确定的控制域中，基于水库防洪调度规则和闸门控泄要求，根据预报信息滚动优化推求水库汛期运行水位最优组合，使梯级水库的兴利效益最大[22]。

7.5.2.1　目标函数

在实时洪水调度过程中，未来长系列入库流量是未知的，决策者仅能根据有限的预报信息确定预报期内的入库流量，因此梯级水库汛期运行水位联合调度并对实时洪水进行动态控制只能是在有效预报期内根据预报径流、面临库容、防洪要求等状态信息确定各水库最优蓄放水策略（或防洪库容分配最优策略），库容补偿优化调度是一个"预报-优化-预报"的实时动态滚动过程，则该目标函数就是在有效预见期内寻求最优策略使梯级水库的兴利效益最大，其目标函数为

$$\max E = \int^{T_y} \sum_{i=1}^{L} N_i(t)\mathrm{d}t, \quad N_i(t) = K_i Q_i(t) H_i(t) \tag{7.59}$$

式中：T_y 为有效预见期；L 为梯级水库数目；$N_i(t)$ 为 i 水库第 t 时段的出力；K_i 为 i 水库第 t 时段的出力系数；$Q_i(t)$ 为 i 水库第 t 时段的发电流量；$H_i(t)$ 为 i 水库第 t 时段的平均发电水头。

7.5.2.2　约束条件

约束条件包括水量平衡约束、水库水位约束、出库流量限制、电站出力约束等，其约束条件表达式同前。

7.5.2.3　模型求解

模拟调度模块根据防洪调度规程和水库分级控泄原则，寻求出使梯级水库的兴利效益最大的最优分解策略。模拟调度模块在每个起始时段，根据预报信息求出一组最优策略，并随着预报信息滚动不断更新策略，使梯级水库的兴利效益最大化，该滚动优化过程示意如图 7.13 所示。

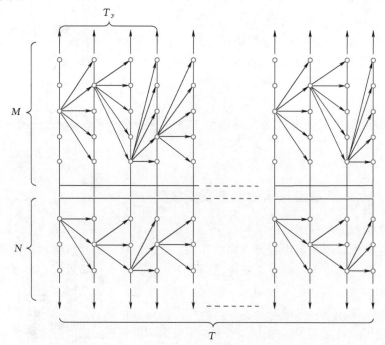

图 7.13　梯级水库汛期运行水位实时控制优化过程图

梯级水库汛期运行水位联合调度模型求解流程如图 7.14 所示。汛期运行水位联合调度最优分配策略问题属于多维多阶段优化决策问题，可用非线性优化方法来求解，采用求解动态规划问题中的逐次优化方法（Progressive Optimality Algorithm，POA）计算，在这里用罚函数法处理约束优化问题，用黄金分割点与动态缩小搜索廊道相结合的方法来处理多维非线性最优搜索问题。

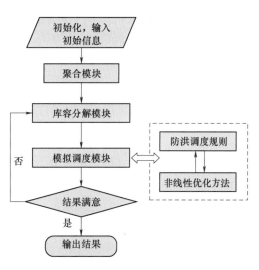

图 7.14　梯级水库汛期运行水位联合调度模型求解流程图

7.5.3　清江梯级水库运行条件和结果分析

7.5.3.1　汛期运行水位边界条件

按《长江防洪规划报告》要求，清江梯级防洪库容按以下原则控制：①主汛期（6 月 21 日至 7 月 31 日）清江水布垭、隔河岩水库各预留 5 亿 m³ 防洪库容。②当枝城流量大于 56700m³/s 时，清江梯级水库防洪库容首先投入运用，配合三峡水库进行防洪调度。主汛期需要清江梯级水库动用防洪库容时，水布垭、隔河岩水库各自按最大拦蓄流量 5000m³/s 同时对水库来水进行拦蓄；若来水较小、不能满足拦蓄流量要求时，下泄流量按水布垭、隔河岩电站发电流量 1000m³/s 控制；若来水小于电站发电流量，则按来量下泄。③8 月 1 日以后清江梯级水库原则上不再预留防洪库容，可视水情采取预报预泄调度方式为防护对象提供保护。当长江未发生较大洪水而清江发生较大洪水，隔河岩水库可利用预报预泄方式将水位降低至 198.0m，以保证长阳县城的防洪安全；若长江发生较大洪水时，为安全起见，水布垭、隔河岩水库服从长江防洪调度，可适当推迟充蓄时间。④水布垭、隔河岩水库防洪库容按照长江防洪的总体安排进行调度。

7.5.3.2　模型参数设置

清江梯级水库由水布垭、隔河岩和高坝洲水库组成，因高坝洲水库为径流式电站，防洪库容很小，因此仅考虑水布垭和隔河岩水库的汛期运行水位联合调度问题。表 7.11 列出了清江梯级各水库设计特征值。

表 7.11　　　　　　　　　　　清江梯级水库设计特征值

水库	正常蓄水位/m	汛　限　水　位/m			死水位/m	装机容量/kW
水布垭	400.0	397.0 （5 月 21—31 日）	391.8 （6 月 1 日至 7 月 31 日）	397.0 （8 月 1—10 日）	350.0	1840
隔河岩	200.0	200.0 （5 月 1—31 日）	192.2 （6 月 1 日至 7 月 31 日）	200.0 （8 月 1 日至 9 月 30 日）	180.0	1200

清江流域水文气象预报系统较为完善，为了使资料更具代表性，选择经径流还原后的流量代替预报值进行研究，水布垭水库汇流面积占清江流域总面积的 63.9%，为简化计

算，模型中按所控制流域面积比例推求水布垭水库至隔河岩水库区间流量。分别选取 1983 年、1987 年和 1992 年 5 月 1 日至 9 月 30 日的 3h 时段数据为丰、平、枯三种典型年汛期径流过程，分别对原设计汛限水位和汛期运行水位联合调度进行计算。原设计方案按各水库原设计汛限水位和防洪调度规则计算，梯级水库汛期运行水位联合调度方案，按在防洪调度规则下最优分配策略控制运行。

取 5 月 1 日 2：00 为开始计算时段，统计水库多年实际运行水位值，水布垭水库初始水位取 395m，隔河岩水库取 195m，9 月 30 日 23：00 为终止计算时刻，要求水库终止时刻水位与原设计方案计算的终止时刻水位一致。为了体现洪水资源的利用效果，采用下式计算洪水资源利用效率，即

$$\eta = \left(1 - \sum_{i=1}^{2} W_i^L \middle/ \sum_{i=1}^{2} W_i\right) \times 100\% \qquad (7.60)$$

式中：η 为洪水资源总利用效率；W_i^L 为 i 水库调度期总弃水量；W_i 为流入 i 水库的调度期总径流量。

7.5.3.3 计算结果分析

表 7.12 和表 7.13 分别列出了丰、平、枯典型年调度期内原设计方案和梯级水库汛期运行水位联合调度方案计算结果和洪水资源利用率对比结果。图 7.15～图 7.17 分别给出了丰、平、枯典型年梯级水库汛期运行水位联合调度最优策略和动态控制过程。

表 7.12　原设计方案和联合调度动态方案计算结果对比（5 月 1 日至 9 月 30 日）

水库	项目	丰 水 年		平 水 年		枯 水 年	
		发电量 /(亿 kW·h)	弃水量 /亿 m³	发电量 /(亿 kW·h)	弃水量 /亿 m³	发电量 /(亿 kW·h)	弃水量 /亿 m³
水布垭	原方案	27.33	35.89	25.05	8.54	14.70	0.96
	动态方案	28.50	33.87	26.10	7.20	14.78	0.00
	增量	1.17	−2.02	1.05	−1.34	0.08	−0.96
	增幅	4.28%	−5.63%	4.19%	−15.69%	0.54%	−100.00%
隔河岩	原方案	19.51	63.86	19.06	15.21	13.65	2.31
	动态方案	20.61	61.61	20.81	10.73	13.88	0.00
	增量	1.10	−2.25	1.75	−4.48	0.23	−2.31
	增幅	5.64%	−3.52%	9.18%	−29.45%	1.68%	−100.00%
梯级水库	原方案	46.84	99.75	44.11	23.75	28.35	3.27
	动态方案	49.11	95.48	46.91	17.93	28.66	0.00
	增量	2.27	−4.27	2.80	−5.82	0.31	−3.27
	增幅	4.85%	−4.28%	6.35%	−24.51%	1.09%	−100.00%

由表 7.12 可知，清江梯级水库汛期运行水位联合调度后，各典型年汛期的发电量增加，弃水量减少。其中，丰水年汛期的发电量增加了 2.27 亿 kW·h，增幅为 4.85%；平水年汛期的发电量增加了 2.80 亿 kW·h，增幅为 6.35%；枯水年汛期的发电量增加了 0.31 亿 kW·h，增幅为 1.09%；清江梯级汛期的平均发电量增加 1.79 亿 kW·h，增幅

达到 4.51％。由表 7.13 可知，丰、平、枯水年汛期的洪水资源利用率分别提高了 1.77％、3.64％和 3.72％；梯级水库多年平均洪水资源利用率提高了 2.73％。

表 7.13 梯级水库洪水资源利用率比较结果（5 月 1 日至 9 月 30 日）

汛限水位	丰水年	平水年	枯水年	多年平均
设计方案	58.67％	85.14％	96.28％	74.08％
动态方案	60.44％	88.78％	100.00％	76.81％
增幅	1.77％	3.64％	3.72％	2.73％

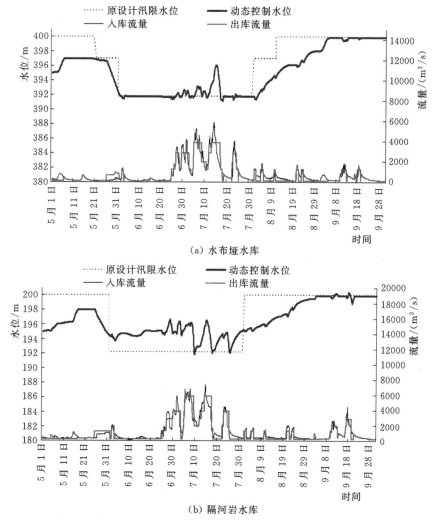

（a）水布垭水库

（b）隔河岩水库

图 7.15 梯级水库汛期运行水位联合调度动态控制方案（丰水年）

对比表 7.12 中水布垭和隔河岩水库的发电增量可以看出，在三种不同典型年中，隔河岩水库的发电量增幅均大于水布垭水库，弃水减幅也均超过水布垭水库。由图 7.15～图 7.17 可知，主汛期的预蓄库容几乎都分配给了下游的隔河岩水库。梯级水库汛期运行

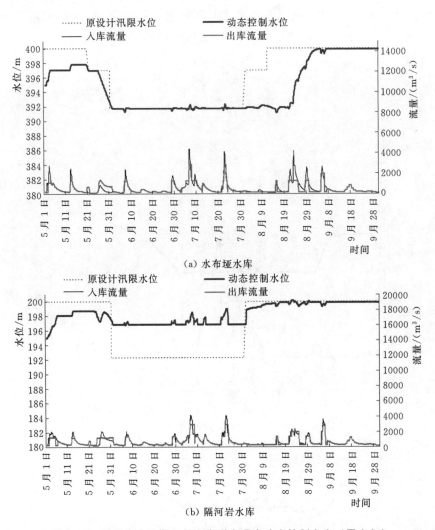

（a）水布垭水库

（b）隔河岩水库

图 7.16　梯级水库汛期运行水位联合调度动态控制方案（平水年）

水位联合调度后，两水库按动态控制汛期运行水位，减少弃水，且保证最大出库流量均在可控范围内，达到了在不降低防洪标准的前提下提高梯级水库兴利效益的目的。

以平水年为例，如图 7.16 所示，水布垭水库汛期无较大入库洪峰，中小场次洪水交替出现。在主汛期时实行动态控制后，在遭遇洪水且入库流量超过机组满发流量时及时提高运行水位，避免汛限水位运行时出现弃水的情况发生，增加了发电效益。受上游水布垭水库调节，隔河岩水库入库流量较为稳定，洪峰和洪量均不大，隔河岩水库几乎在汛期运行水位联合调度上限值附近运行，且在汛末期及时拦蓄部分洪水，增加汛末期水库蓄满率，有效地利用了洪水资源。

由于清江流域在枯水年的径流量不大，两水库受汛期运行水位联合调度影响不大，实时运行水位不高，两水库主汛期运行水位均在设计汛限水位附近运行，再加上后汛期来水不足，故两水库在枯水年汛期结束时均未蓄满。当入库流量超过满发流量时，水库通过动态控制及时拦蓄洪水，提高水库运行水位，保证在枯水年不弃水，因此汛期运行水位联合

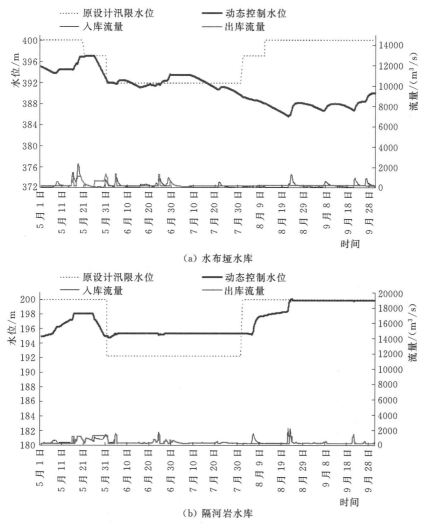

图 7.17　梯级水库汛期运行水位联合调度动态控制方案（枯水年）

调度将枯水年的洪水资源利用率提高至 100%。

　　综上所述，实行梯级水库汛期运行水位联合动态控制主要有以下两大优点：①从防洪的角度考虑，实行梯级水库汛期运行水位联合动态控制，在汛期预报来水较大时，可通过预泄的手段及时将汛期运行水位上限降低到汛限水位，保证足够的防洪库容，甚至在预报到将产生特大洪水时，可根据来水情况和上下游水库的当前库容状态及时动态调整汛期运行水位联合调度方案，甚至可将汛期运行水位上限降低到汛限水位以下，以满足特大洪水的防洪需求；②从兴利的角度考虑，实行梯级水库汛期运行水位联合动态控制，不仅有利于水库在汛期洪水到来之前保持较高水位运行，避免了水库从非汛期过渡到汛期过程中由于降低水位而产生弃水的现象，还有利于水库在汛末期或是洪水退水期，及时拦蓄洪水尾水，逐步抬高水库蓄水位，提高水库的兴利效益。

　　由此可见，梯级水库采用动态控制汛期运行水位方案后，能兼顾各水库的防洪及兴利两个方面。动态控制方案更符合流域洪水的形成、发展过程，同时也有利于水库充分发挥防洪兴利功能，提高洪水资源的利用率。

7.6 本章小结

本章给出梯级水库蓄水调度模型，探讨水库群蓄水次序策略，基于系统聚合分解协调理论，建立梯级水库汛期运行水位联合调度模型，寻求综合利用效益最大的梯级水库汛期运行水位联合动态控制方案。主要结论如下：

（1）基于流域水库群蓄水三条原则：①单库服从梯级，梯级服从流域调度；②上游水库先蓄，下游水库后蓄，支流水库先蓄，干流水库后蓄；③无防洪任务或库容小的水库先蓄水，库容大的水库后蓄水。将其与 K 值判别式法相结合，提出一种新的蓄放水策略来判定流域各水库的蓄水时机和次序，既满足了流域性蓄水原则，又延长了整体的蓄水时间，避免各水库出现集中蓄水的情况，也可以保障水库能够顺利蓄满，提高水资源的利用效率。

（2）采取蓄满率最大和发电量最大两种蓄水方案，对乌江梯级水库进行模拟调度计算，结果表明蓄满率最大方案梯级水库蓄水期年均发电量为 158.36 亿 kW·h，梯级蓄满率为 94.81%；发电量最大方案梯级水库蓄水期年均发电量为 168.99 亿 kW·h，梯级蓄满率为 86.96%。与原设计方案的发电量 153.98 亿 kW·h、蓄满率 85.12% 相比，均有所提升。

（3）单指标分配方法计算简便快速，有多种反映水库不同性质的指标可供选择，但在不同指标间的分配结果差异较大，在多业主集团联盟中难以达成一致。面对多水库利益主体组成的联盟增益分配问题，Shapley 值法应用广泛，但随着利益主体数量的增多，其计算量会大大增加。基于信息熵的增益分配法可以利用较少的信息，得到合理且稳定的分配结果，尤其当利益主体较多时，信息熵法具有明显的优势。

（4）清江梯级水库汛期运行水位联合调度模型与原设计方案相比，汛期发电量可增加 1.79 亿 kW·h，增幅为 4.51%，洪水资源利用率提高了 2.73%。

参 考 文 献

［1］ 纪恩福，冯平，陈根福，等. 水库联合调度下超汛限蓄水的风险效益分析 [J]. 水力发电学报，1995，13 (2)：8-16.

［2］ 郭家力，郭生练，李天元，等. 三峡水库提前蓄水防洪风险分析模型及其应用 [J]. 水力发电学报，2012，30 (4)：16-21.

［3］ 刘心愿，郭生练，刘攀，等. 考虑综合利用要求的三峡水库提前蓄水方案研究 [J]. 水科学进展，2009，20 (6)：851-856.

［4］ 李雨，郭生练，郭海晋，等. 三峡水库提前蓄水的防洪风险与效益分析 [J]. 长江科学院院报，2013，30 (1)：8-14.

［5］ 李玮，郭生练，朱凤霞，等. 清江梯级水电站联合调度图的研究与应用 [J]. 水力发电学报，2008，27 (5)：10-15.

［6］ 郭生练，陈炯宏，刘攀，等. 水库群联合优化调度研究进展与展望 [J]. 水科学进展，2010，

21（4）：85－92.

[7] 杨光，郭生练，陈柯兵，等.基于决策因子选择的梯级水库多目标优化调度规则研究［J］.水利学报，2017，48（8）：914－923.

[8] 刘攀，郭生练，王才君，等.三峡水库动态汛限水位与蓄水时机选定的优化设计［J］.水利学报，2004，35（7）：86－91.

[9] 张剑亭.乌江梯级水库联合优化调度及效益分配研究［D］.武汉：武汉大学，2020.

[10] 徐斌，马昱斐，储晨雪，等.多主体水库群联合调度增益分配讨价还价模型［J］.水力发电学报，2018，37（5）：47－57.

[11] 薛小杰，黄强，田峰巍，等.梯级水电站补偿效益分摊方法研究［J］.中国农村水利水电，2001（4）：45－47.

[12] 赵麦换，徐晨光，黄强，等.离差平方法在梯级水库补偿效益和综合水利工程费用分摊中的应用［J］.水力发电学报，2004，23（6）：1－4.

[13] 高仕春，陶自成，阳蓉.熵权法在梯级电站效益补偿分摊中的应用研究［J］.水电能源科学，2007，25（4）：120－122.

[14] 杨春花，杜康华.基于Shapley－Value的梯级水库联合调度效益分配方法探讨［J］.长江科学院院报，2011，28（12）：53－57.

[15] 曹云慧，王丽萍，王春超，等.基于熵权Shapley值法的梯级水电站补偿效益分摊［J］.水电能源科学，2013，31（2）：91－94.

[16] 张剑亭，郭生练，陈柯兵，等.基于信息熵的梯级水库联合优化调度增益分配法［J］.水力发电学报，2020，39（2）：95－102.

[17] SHAPLEY L S. Stochastic Games ［J］. Proceedings of the National Academy of Sciences of the U-nited States of America，1953，39（10）：1095－1100.

[18] 李玮，郭生练，刘攀，等.梯级水库汛限水位动态控制模型研究及应用［J］.水力发电学报，2008，27（2）：22－28.

[19] 李响，郭生练，刘攀，等.三峡水库汛期水位控制运用方案研究［J］.水力发电学报，2010，29（2）：102－107.

[20] 郭生练，陈炯宏，栗飞，等.清江梯级水库汛限水位联合设计与运用［J］.水力发电学报，2012，31（3）：1－8.

[21] 陈炯宏，郭生练，刘攀，等.梯级水库汛限水位联合运用和动态控制研究［J］.水力发电学报，2012，31（6）：35－42.

[22] 周研来，郭生练，段唯鑫，等.梯级水库汛限水位动态控制［J］.水力发电学报，2015，34（2）：23－30.

第 8 章

水库群多目标联合调度高效求解算法

8.1 水库调度优化算法研究进展

早在 20 世纪 40 年代，国外就有学者提出了水库多目标调度的概念[1]，后来在 20 世纪 50 年代中期创立的系统工程理论被广泛利用到水库优化调度[2]。我国的水库调度研究开始较晚，从 20 世纪 80 年代开始逐渐形成了成熟的常规和优化调度方法。常规水库调度方法往往根据历史径流资料，采用径流调节的方式对水库调度过程进行演算，并经过归纳整理形成直观且便于操作的调度图，以根据水库和径流状态确定放水决策[3]。这种常规调度方法考虑了天然径流信息的季节性和周期性，无论是对防洪还是发电调度均有一定的指导和利用价值，由于其决策方式简单，便于操作，因此该方法也是我国很多中小水库常用的调度方法，同时，该方法更多地基于已有的调度经验，并未针对不同调度目标对水库决策过程进行优化。为此，基于系统分析的水库调度方法应运而生，该类方法根据水库利用要求，建立出水库优化调度系统的优化目标和相应的约束条件，采用一定的优化方法对水库的泄流和水位过程进行合理控制，从而使最终的调度结果（即目标函数）达到极值。比较常用的优化方法包括线性规划法[4]、非线性规划法[5]、动态规划法[6]等。

1. 线性规划法

线性规划法由于发展较早，具有成熟的求解方法和相应的求解工具，而且具有求解效率高、能得到全局最优解的特点，很适合处理大型系统的优化问题，因此早期被广泛应用于水资源系统规划、设计、施工和管理等方面[4]。早在 20 世纪 70 年代，Windsor 等[7]就将线性规划方法应用在水库防洪调度中，他通过将洪水特征和洪水灾害对应的损失采用线性关系进行描述，构建了基于线性规划的水库防洪调度模型。后来，我国的王厥谋[8]在 1985 年根据丹江口水库及下游的防洪问题，建立了线性规划模型，利用 7 天的入库和区间洪水过程求解的水库优化调度过程可同时考虑河道洪水演变和区间补偿。许自达[9]于 1990 年采用马斯京根法对河道洪水进行演进，针对并联水库（四个水库）联合防洪优化调度问题构建了线性规划模型。王栋等[10]在单个水库线性规划调度模型的基础上进行改进，建立了水库群防洪调度系统，并采用仿射变换法进行了求解。线性规划法虽然在水库调度的模型构建和优化求解方面提供了一种方便的途径，但需满足线性和连续性等假定的前提，限制了该方法在实际调度中的应用。

2. 非线性规划法

在诸多水库优化调度问题中涉及的变量之间往往存在着一定的非线性关系，采用线性规划并不能充分描述这种关系，相比之下非线性规划能够弥补这一不足，更适于处理这类问题[11]。非线性规划属于运筹学，通过目标变量和决策变量之间的函数关系对目标函数进行非线性优化，由于工程领域许多问题均可表示为非线性规划模型，因此该方法自诞生以来应用广泛。在水库调度方面，Unver 等[12]将洪水演进模型与水库最优决策框架相结合，利用非线性规划方法建立了一种实时防洪优化调度模型，并采用广义既约梯度法进行了求解。国内方面，梅亚东和冯尚友[13]针对水能系统参数设计中的水库群死库容选择问题建立了非线性网络流模型，通过求解，得到了系统保证出力与年平均电能不同组合下的多种死库容方案及相应的系统最优运行策略。罗强等[14]建立了基于串联水库的非线性网络流模型，并将逐次线性化和逆境法相结合优化求解，以尽可能满足水库的防洪、城市及工业供水、灌溉和发电功能。虽然非线性规划相比线性规划方法更灵活，但通常情况下其求解难度也远远大于线性规划，而且没有统一的优化方法，因此需根据问题的特性和复杂程度选择合适的方法。

3. 动态规划法

动态规划法（Dynamic Programming）通过将一个复杂的大问题分解为多个独立的阶段，并通过建立各阶段直接的状态转移关系，大幅减少优化变量的个数，从而提高求解效率，得到理论最优解。该方法对于线性和非线性问题均具有很好的求解能力，甚至对于一些无法用解析表达式描述的优化问题也能采用离散的方式得出数值解，因此该方法在水库群调度领域引起了广泛重视。谭维炎等[15]采用动态规划法对初期运行水电站的最优年运行规划问题进行了求解。随机动态规划（stochastic dynamic programming）作为随机规划与动态规划的耦合方法，已于 20 世纪 80 年代被 Stedinger 等[16]用于求解考虑来水不确定性的水库优化调度模型。

动态规划法虽然具有诸多优点，且很适合求解单个水库的优化调度问题，但随着水库决策变量个数的增加会出现"维数灾"问题。为此人们提出了一些改进算法，如离散微分动态规划法（Discrete Differential Dynamic Programming，DDDP）、逐次逼近动态规划法（Dynamic Programming Successive Approximation，DPSA）和逐步优化算法（Progress Optimality Algorithm，POA）等[17]。

4. 现代智能算法

智能优化算法是 20 世纪 80 年代逐渐兴起的通过模拟或揭示某些自然现象或过程发展而来的一类迭代算法，搜索策略是结构化和概率型的随机搜索策略。该类算法不要求目标函数和约束的连续性与凸性，甚至不要求解析表达式，对数据的不确定性也有很强的适应能力，加上采用群体搜索和概率搜索，可以按一定的概率收敛至全局最优解。由于这些独特的优点和机制，智能优化算法适用范围非常广泛，特别适用大规模的并行计算，在水库（群）系统优化调度中应用也越来越普遍。

智能算法在理论上还不如经典优化算法完善，虽然有较大的概率搜索到全局最优解，但受搜索随机性的影响无法确保每次都收敛至最优解，此外对约束条件的处理不是很方便，采用智能算法处理高维、多目标、多约束的复杂问题仍然是一个未被很好解决的课题，因此还需要从理论和内部寻优机制上对其进行更为深入的研究。常用的智能优化算法包括遗传算法、粒子群算法、免疫算法、禁忌搜索算法、差分进化算法、人工蜜蜂群算法、蚁群算法、混沌算法等[18-20]。

8.2 多目标优化理论和算法

随着水库的规模化、流域化以及功能的综合化，在水库调度决策过程中，必须综合考虑防洪、发电、航运、供水、灌溉、生态以及环境等多种目标。传统优化算法一般根据不同调度目标的重要性为其分配权重，从而多目标水库调度优化转化为单目标优化问题求解。部分现代研究学者认为，传统的单目标优化与决策的方法不能适应现代水库调度的要求，需要根据水库调度系统的特点协调多个目标间的制约关系，以得到满足水库综合利用需求的多目标优化调度结果[21]。

多目标优化与单目标优化不同，一般不存在使所有目标都达到最优的解，而能得到在所给的可供选择的方案集中，找不到使每一指标都能改进的解。这种解并不唯一，形成的集合称为非劣解集，这种不唯一性以及考虑多目标带来的寻优空间维度的增加给多目标优化问题的求解带来了困难。目前处理多目标问题主要有以下两种方式：第一种方式是根据各个目标的重要程度为其分配相应的权重，通过加权平均将原有的多目标优化问题转化为单目标优化问题进行求解；第二种方式则是直接通过优化得出所有对应的非劣解集。第一种方式能够大大降低优化维度，但各个目标之间的权重会因为属性和量纲的不同而很难拟定，具有较大的主观性。此外，这种优化方式每次只能得到一种优化结果，在获取多目标优化的非劣解集方面，效率很低，很难用于复杂水库调度系统的优化中。相比之下，多目标进化算法可以并行地处理一组可能的解，不需要分别运算多次便能在一次算法过程中找到 Pareto 最优集中的多个解，因此适合求解多目标优化问题。

复杂串并联水库群的优化求解问题属于具有高维度、非线性、多目标等特性的复杂优化问题，无法采用常规优化算法如动态规划（DP）、单纯形法、解析法等进行求解。目前在水库群优化调度问题有着较为广泛应用的方法有第二代非支配排序遗传算法（NSGA-Ⅱ）、多目标粒子群算法（MPSO）、差分演化算法（DEMO）、Pareto 储存式动态维度搜寻（PA-DDS）等。对于多目标优化性能的评价则主要从收敛性和分布性这两个方面来考量，收敛性指的是求解的最优解与非劣最优解的趋近程度，分布性则是指所求解的空间分布范围大小及其在目标空间分布的均匀程度。

8.2.1 多目标智能算法

8.2.1.1 遗传算法（Genetic Algorithm，GA）

遗传算法是基于依据生物进化理论中的自然选择方法，以"适者生存"为原则，采用计算机模拟自然选择和自然遗传过程中发生的繁殖、交叉和基因突变现象，以得到较优个体（解）的一种计算模型，最早由 J. Holland 教授于 1975 年提出。该算法是一种高度并行、随机、自适应搜索最优解的方法，通过将传统的优化问题转化为多次迭代的过程，并采用计算机模拟对现有解集进行"进化"，以逐步逼近最优解。

遗传算法由于采用计算机模拟及群体搜索的方式进行寻优，因此可以突破函数形式和传统优化方法连续性假定的限制，从而能够被用来处理十分复杂的非线性优化问题。随着计算机性能的提升，遗传算法以其灵活的优化框架和强大的迭代搜寻能力被广泛应用于各个领域，成为现代智能优化的关键技术。在水库调度方面，刘攀等[22]针对遗传算法在水库中长期优化调度过程应用的约束条件、效用函数及参数迭代方式等方面进行了综述。遗传算法及其改进算法已经被用于优化水库群调度[23-24]过程以及水库调度规则[25-26]，取得了不错的应用效果。

8.2.1.2　多目标非支配排序遗传算法（NSGA-Ⅱ）

Srinivas 和 Deb[27-28]于 2000 年提出非支配排序遗传算法（Non-dominated Sorting Genetic Algorithm Ⅱ，NSGA-Ⅱ），是目前最流行的多目标进化算法之一，具有运行速度快、解集的收敛性好等优点，已成为检验其他多目标优化算法性能的基准。刘攀等[29]以年均发电量、发电保证率最大为目标建立了清江梯级水库调度图优化模型，并采用 NSGA-Ⅱ求解，模拟调度结果表明：优化的联合调度图能显著提高水库经济效益。肖刚等[30]将多目标进化算法用于求解水库防洪调度问题，设计了一种基于改进 NSGA-Ⅱ的水库多目标防洪调度算法，调度结果表明该算法能削减洪峰，获得质量高、分布广且均匀的 Pareto 最优调度方案。王旭等[31]在 NSGA-Ⅱ的基础上结合可行空间搜索方法建立了基于可行空间搜索遗传算法的调度图优化模型。杨娜等[32]以影响河流生态系统的水文指标为基础，建立了考虑天然水流模式的水库多目标优化调度模型，并采用 NSGA-Ⅱ求解，优化后的调度过程能降低水库调蓄对河流生态系统的影响。

周研来等[33-34]以长江上游 21 座跨流域巨型水库群为研究案例，选用防洪风险和发电损失作为优化目标，利用 NSGA-Ⅱ智能算法对多目标蓄水联合调度进行高效求解，通过确定各水库蓄水次序，提前蓄水时间以及适当抬高关键时间节点蓄水控制水位，最终得到较优的蓄水方案，并与原设计蓄水方案比较。NSGA-Ⅱ智能算法对于有复杂约束的多目标优化问题可产生大量非劣解，其 Pareto 前沿分布范围均匀且广泛，可供决策者灵活调度，如：对于大水宜采用防洪最优解；对于中小洪水可采用发电最优解。相较于设计的单库模拟调度方案，能够显著提高年均发电量 98.7 亿 kW·h（增幅为 9.8%），年均供水量增加 88.1 亿 m³，有效地提高了水库群蓄水调度的综合利用效益。

多目标遗传算法以其快速的运行效果和良好的收敛性目前被广泛应用于多目标优化计算，同时它降低了传统非劣排序遗传算法的复杂性，成为其他多目标优化算法性能的基准。NSGA-Ⅱ通过引入精英保留策略防止最佳个体的丢失，提高了算法的运算速度和鲁棒性。该算法近年来已被我国学者应用于水库调度的研究中，并取得了良好的效果。其流程见图 8.1，具体步骤如下：

（1）给定各变量的取值范围，随机生成若干组（如 m 组）可行解，记作 $X_1^{(0)}$，$X_2^{(0)}$，…，$X_m^{(0)}$。每一组可行解包含复杂梯级水库群中各水库的出库流量过程。

（2）计算上述生成的随机可行解的适应度。取目标函数为适应度，即调度期内流域综合效益，计算得到各组可行解对应的适应度，记作 $F_2^{(0)}$、$F_1^{(0)}$、…、$F_m^{(0)}$。每个适应度为各目标函数值所组成的一个向量。

（3）多目标遗传算法个体选择步骤，分为以下三个子步骤。

第一步：寻找种群中的非支配解集，其排序记为 1，并从种群中将其去除；继续寻找新种群中的非支配解集，其排序记为 2，并从种群中将其去除；依次进行可将初始种群所

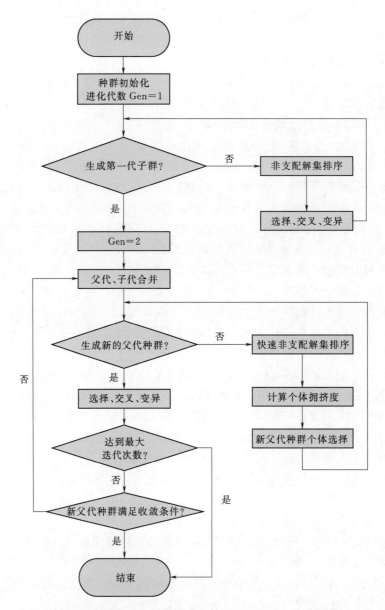

图 8.1 多目标非支配排序遗传算法（NSGA-Ⅱ）流程图

有个体进行分层，并得到各个体的非支配排序号。

第二步：个体拥挤距离算子设计。对于同一层的个体，令其初始化距离为 $L[i]_d = 0$，并按照第 j 个目标函数值升序排列，对于第一个和最后一个个体，令其拥挤距离为一个较大的数 W，其他个体按照式（8.1）求拥挤距离：

$$L[i]_d = L[i]_d + (f[i+1]_m - f[i-1]_m)/(f_m^{\max} - f_m^{\min}) \tag{8.1}$$

式中：$f[i]_m$ 为第 i 个个体的第 m 个目标函数值；$f_m^{\max}$ 与 $f_m^{\min}$ 分别为第 m 个目标函数值的最大值和最小值。

第三步：精英策略选择算子设计。为防止本代 Pareto 前沿中的最优解丢失，保留本代的优良个体使其直接进入子代，即按照非支配排序号依次将整层个体加入新种群，直至第 i 层加入会导致个体数超过种群规模，则取第 i 层按照拥挤距离降序排列的前 s 个，使得个体个数恰好满足种群规模。

（4）以一定概率将（3）中得到的 k 组可行解两两配对，进行交叉，生成新的 k 组解。

（5）在可行域内新生成 $m-k$ 组可行解，记为 $X_{k+1}^{(1)}$，$X_{k+2}^{(1)}$，…，$X_m^{(1)}$，与（4）中 k 组解组成新的群体：$X_1^{(1)}$，$X_2^{(1)}$，…，$X_m^{(1)}$。

（6）对于（5）中新的 k 组解，以 $p=0.05$ 的概率令其发生变异，得到 $X_1^{(1)}$，$X_2^{(1)}$，…，$X_k^{(1)}$。

（7）重新计算新群体的适应度，并与前一代群体适应度进行比较，若满足收敛准则：$|F^{(i+1)}-F^{(i)}|<\varepsilon$，则停止计算，否则继续（3）～（7）步，直到满足收敛准则或迭代次数达到进化代数 n 次。

8.2.1.3　多目标 PA‑DDS 优化算法

动态维度搜索（Dynamically Dimensioned Search，DDS）算法[35]是由 Tolson 和 Shoemaker 于 2007 年提出的一种随机搜索启发式算法，相比混合竞争进化（Shuffled Complex Evolution，SCE）算法，DDS 算法能更快、更高效地收敛于全局最优解。Tolson 等[36]在原有 DDS 基础上提出混合离散动态维度搜索（Hybrid Discrete Dynamically Dimensioned Search，HD‑DDS）算法，并用于配水管网的优化配置中，与较为成熟的遗传算法、粒子群算法和蚁群算法等优化算法进行对比时发现，该算法优化效果更好。Asadzadeh 和 Tolson 等[37]在 DDS 算法中加入了 Pareto 前沿的保留机制，提出了能够处理多目标问题的 Pareto 存档动态维度搜索（Pareto‑Archived Dynamically Dimensioned Search，PA‑DDS）算法，应用实例表明该算法相比非支配遗传算法（Non‑dominated Sorting Genetic Algorithm Ⅱ，NSGA‑Ⅱ）计算效率更高。Ostfeld 等[38]建立了配水管网多目标优化模型，并采用 PA‑DDS 算法分阶段求解，在已有可行解的基础上得到了更好的非劣解集。Asadzadeh 和 Tolson[39]改进了 PA‑DDS 算法中的非劣解集更新矩阵，提出了基于超体积的 PA‑DDS 算法，并用于处理水文模型率定中的多目标优化问题，结果表明该算法相比 NSGA‑Ⅱ 有更好的搜索性能。Asadzadeh 等[40]将新的选择标准引入 PA‑DDS 算法解决多目标凸规划问题，经测试能得到高精度的 Pareto 前沿。

PA‑DDS 算法[37]是 DDS 算法在多目标优化问题上的延伸，该算法引入 Pareto 存档进化（Pareto‑Archived Evolution，PAE）策略[41]作为多目标寻优机制，并将 DDS 算法应用于优化过程中。其中，DDS 算法起始于全局搜索，即在全搜索域上产生初始解，但随着迭代的进行，算法逐渐局限在一个局部空间内。搜索空间由全局向局部的转化过程通过以一定概率动态地减少解的变化维度实现。只有在选定的维度上，才会在原解的某一邻域内通过扰动产生新的解，这种扰动符合均值为 0、方差为 1 的正态分布。算法中唯一的参数是用于确定该正态分布的标准差的扰动参数 r，即确定原解上用于产生新解的邻域的大小，r 的默认值为 0.2。

DDS 算法计算流程如下：

（1）确定算法参数，包括扰动参数 r 值、最大迭代次数 m、D 维解向量每一个维度

上的上下限 $X_{\min}$ 和 $X_{\max}$，以及初始解向量 $X_0 = [X_1, \cdots, X_D]$。

（2）计算当前解对应的目标函数值 $F(X_0)$，设定当前解为最优解，即 $X_{\text{best}} = X_0$，$F_{\text{best}} = F(X_0)$。

（3）在 D 维空间内随机选取 J 个维度用以建立产生新解的邻域，计算中每一个决策变量对应的发生变化的概率 $P(i) = 1 - \ln(i)/\ln(m)$，对于 $d = 1, \cdots, D$ 维决策变量，将 d 以 $P(i)$ 的概率加入空间 $\{N\}$，如果 $\{N\}$ 为空，选取任一维度 d 作为 $\{N\}$。

（4）对于 $\{N\}$ 中的决策变量，在维度 $j = 1, \cdots, J$ 上对当前最优解 X_{best} 加入扰动，该扰动符合标准正态分布 $N(0, 1)$，扰动程度可通过求解该维度的上下限确定，即

$$x_{j, \text{new}} = x_{j, \text{best}} + \sigma_j N(0, 1) \quad \sigma_j = r(x_{j, \max} - x_{j, \min}) \tag{8.2}$$

通过上式计算 X_{new} 对应的目标函数值 $F(X_{\text{new}})$。当 $F(X_{\text{new}}) < F_{\text{best}}$ ［假设目标函数最小化，即（X_{new}）优于 F_{best} 时］时，更新当前最优解，令 $F_{\text{best}} = F(X_{\text{new}})$，$X_{\text{best}} = X_{\text{new}}$，否则当前最优解不变。

当前迭代等于 m 时结束，对应的 X_{new} 和 $F(X_{\text{new}})$ 分别为最优参数和最优函数值，否则回到步骤（2）。

多目标 PA‐DDS 算法流程如图 8.2 所示，具体寻优步骤如下：①采用 DSS 算法初始化种群，并生成 Pareto 前端；②计算当前所有优化结果的拥挤半径，并根据拥挤半径寻找出 Pareto 前端；③对当前解的集合进行一定邻域上的随机扰动，采用 DDS 算法产生出新的解集；④判断③中产生的新解集是否是非劣解，如果是则代替原来的解；⑤重复步骤②～④，直到满足结束条件。

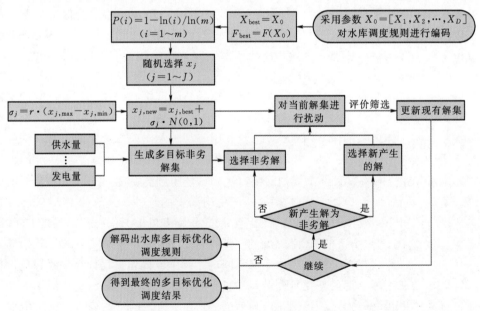

图 8.2　多目标 PA‐DDS 算法流程图

杨光等[42-43]以兼有防洪、供水、发电和航运等功能的丹江口水库及汉江上游安康、丹江口（安丹）梯级水库为例，将 PA‐DDS 算法应用于水库调度规则优化，并与 NSGA‐Ⅱ算法进行对比，通过分析算法的超体积随迭代次数的变化以及得到的非劣解在整个优化

区间的分布，讨论了各自的优化性能。从各调度期的多年平均发电量、供水量和经济效益，分析了不同优化目标的调度规则及对梯级水库综合利用的影响。最后得出 PA-DDS 算法总体上优于 NSGA-Ⅱ算法的结论。何绍坤等[44]建立了基于防洪、发电和蓄水的多目标调度模型，采用 Pareto 存档动态维度搜索算法（PA-DDS）优化求解，得到一系列非劣优化蓄水方案。结果表明：在不降低原设计防洪标准前提下，乌东德、白鹤滩、溪洛渡、向家坝和三峡等水库的优化起蓄水时间可分别提前至 8 月 1 日、8 月 1 日、9 月 1 日、9 月 1 日和 9 月 10 日，与原设计方案相比，优化方案蓄水期年均发电量可增加 36.82 亿 kW·h，增幅为 3.12%；水库蓄满率达 95.09%，提高 3.38%。对于蓄水期为平、枯水月，各水库蓄水时间可进一步提前至 8 月 1 日、8 月 1 日、8 月 25 日、8 月 25 日和 9 月 1 日，蓄水期年均发电量可增加 45.75 亿 kW·h，增幅为 4.10%；蓄满率由 88.52% 提高至 93.89%，经济效益显著。

8.2.2　并行动态规划算法

然而当梯级水库研究规模进一步扩大，涉及更为复杂水力联系、更高维度的跨流域蓄水调度问题时，传统的优化算法或因"维数灾"等问题丧失了良好的解决能力，或因算法早熟性过早收敛[34-45]。例如，Li 等[46]提出了两阶段混合随机优化算法，结合水文预报信息对三峡水库进行有效地优化蓄水调度，但应计算量随着水库个数呈指数增加，而无法推广在梯级水库中运用；Pereira 和 Pinto 提出的随机对偶动态规划[47]虽能很好地解决复杂水库对象中的"维数灾"问题，但往往适用于水火联合调度发电，并假定发电量仅与发电流量呈线性关系（发电水头恒定不变），否则便失去了其通用性。为提高水库调度模型的求解效率，以满足未来复杂水库系统的决策需要，选择一种高效的、适合处理高维度水库调度问题的优化算法十分重要[48]。

近年来，随着计算机技术的飞跃发展，并行动态规划（Parallel Dynamic Programming，PDP）作为优化多阶段决策过程的常规方法，较智能算法而言可有效提高优化解的收敛速度，在包括水库优化调度等问题的水资源规划和管理领域有广泛应用。PDP 算法继承了动态规划算法的思想，将一个多阶段决策问题分解为若干子问题，而后一次两个阶段地、顺序地求解这些子问题。PDP 的离散形式，能够有效应对目标函数和约束条件的非线性、非凸性和不连续性，通过枚举所有状态组合能够保证问题解的全局最优性；同时，将算法的时间复杂度降到最低，即增加同一时刻算法的计算任务，并由多个处理器或多台计算机来同时完成该计算任务，以通过增加空间复杂度的方式来减少算法运行的总时间，从而达到提高计算性能的目的。

以 M 座水库为例，将每个水库的库容划分为 F 等份，将每个水库的库容视为状态变量，相应的出库流量视为决策变量，目标函数与状态转移方程如式（8.3）所示：

$$\begin{cases} F_t^*(\boldsymbol{Z}_t) = \max_{\boldsymbol{O}_t \in \boldsymbol{S}_j^o}\left[f_t(\boldsymbol{Z}_{t-1}, \boldsymbol{O}_t) + F_{t-1}^*(\boldsymbol{Z}_{t-1})\right], \boldsymbol{Z}_{t-1} \in \boldsymbol{S}_j^Z \\ f_t(\boldsymbol{Z}_{t-1}, \boldsymbol{O}_t) = \sum_{i=1}^{M} N_{i,t}(\boldsymbol{Z}_{t-1}, \boldsymbol{O}_t) \cdot \Delta t \end{cases} \tag{8.3}$$

式中：$F_t^*(\boldsymbol{Z}_t)$ 为从初始时刻至 t 时刻最大累计函数，初始 $F_0^*(\cdot) = 0$；$\boldsymbol{S}_j^Z$ 和 $\boldsymbol{S}_j^o$ 分别为

离散状态变量集和决策变量集；Z_t 为 t 时刻梯级水库状态向量，$\boldsymbol{Z}_t = [Z_{1,t}, Z_{2,t}, \cdots, Z_{M,t}]$；$\boldsymbol{O}_t$ 为 t 时刻梯级水库状态向量，$\boldsymbol{O}_t = [O_{1,t}, O_{2,t}, \cdots, O_{M,t}]$。

图 8.3 形象地展示了 M 座水库并行动态规划示意图。对于该梯级蓄水水库而言，每个水库起蓄、止蓄时间的状态变量是固定的，其值分别由各水库防洪汛限水位以及正常蓄水位决定。蓄水期其余时段，各水库库容状态变量在可行域范围内离散分布，并组成了一系列的状态组合。其计算只和状态点本身的位置和上一时段的状态组合有关，而与当前时段的其他状态组合无关，并对于当前时段其他状态点的寻优计算也没有影响，即梯级水库从初始时段某一库容组合到终止时段某一库容组合之间的计算是相互独立的。并行动态规划算法则是很好地利用了状态变量间相互计算的这一独立性，通过先进的计算机多核配置技术，将大量计算任务尽可能均匀分配给预先设置好的多个计算机处理器。由图 8.3 可以看出，相同计算量情况下，并行模式下动态规划算法的计算效率远远高于传统的串行动态规划算法。

8.2.3　重点抽样-并行动态规划法

与动态规划（DP）相似，并行动态规划亦是在所有可能离散状态空间寻找最优解，当研究水库规模进一步再扩大时，并行动态规划算法亦会陷入"维数灾"。仍以 M 座水库，每个水库任意时刻 F 个离散状态点，调度期共 T 时段为例，现从其空间复杂度与时间复杂度两方面具体分析：①就内存而言，每一状态向量至少要存储两元素：一是当前状态向量最优值；二是对应的上一时段状态变量的序列号。因此，元素存储空间与全调度期状态向量组合成正比例相关，共需储存 $F^M \times (T-1) + 2$ 个元素。故空间复杂度为 $O(F^M T)$。②就计算量而言，并行动态规划将每一时刻总任务量分解为相互独立的 P 个子任务，交由 P 个不同的计算机处理器同时进行处理。因初始阶段（$t=1$）、终止时段（$t=T$），前后两时段状态变量组合数为 1 或 F^M，此时每个处理器计算量为 F^M / P。而对于其余时段，各处理器计算量为 F^{2M} / P。若忽略处理器之间的传讯时间，时间复杂度为 $O(F^{2M} T / P)$。

以上分析可知，并行动态规划的计算量随着水库个数增加呈指数增长，随着水库离散状态个数呈幂指数增长，当梯级水库扩大到一定规模时，并行动态规划算法亦会陷入"维数灾"。也正是由于该种原因，使得日蓄水调度的优化水库个数往往不超过 3 个[49-50]。为了有效解决"维数灾"问题，本书从"统计抽样"的转变思维出发，将系统中每个水库视为全因素，每个水库离散状态个数视为该因素的水平个数，每一次状态组合作为一次可能实验，优化目标大小作为每次实验结果的优劣，然后引入"重要抽样"（Importance Samplimg, IS）的概念，通过减少状态空间的实验次数，节省优化运行时间，使得梯级水库群日蓄水优化调度应用于实践工程成为可能。

作为一种具有普遍适用性的抽样方法，重点抽样可以很好地平衡实验结果与实验效率[51]。其基本概念为：假定现要估计一群个数为 $N(N \gg 10000)$ 的样本 $\{\sigma_j, j=1, 2, \cdots, N\}$ 的目标值之和，即 $F(N) = \sum_{j=1}^{N} f(\sigma_j)$，其中 f 为已知函数。为此，采用简单蒙特卡洛方法进行样本选择，选择个数 $n(n \ll N)$，如果每个样本值 σ_j 同等重要，则每个样本的

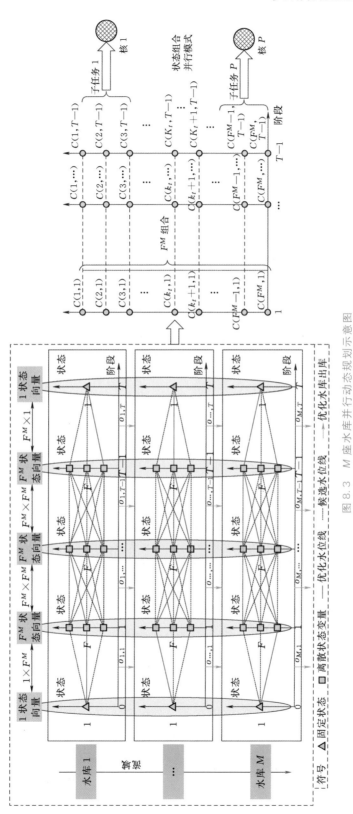

图 8.3 M 座水库并行动态规划示意图

重要性 $p(\sigma_j)$ 可以用 $1/N$ 表示，此时可以利用 $\sum\limits_{j=1}^{N} f(\sigma_j)/n \cdot N$（也就是 $\sum\limits_{j=1}^{N} f(\sigma_j)/(n \cdot p(\sigma_j))$）进行样本估计 $F(N)$；然而，每个样本的 σ_j 的重要性 $p(\sigma_j)$ 往往不等，此时就需要重点抽样方法利用非均匀概率对样本进行代表性选取，最直观的原则就是，样本越重要，被抽取的概率越大。当 n 取值适当时，误差方差可以有效减小，即

$$\sum_{j=1}^{N} f(\sigma_j)/(n \cdot p(\sigma_j)) \to \sum_{\sigma_j} \frac{f(\sigma_j)}{p(\sigma_j)} p(\sigma_j) = F(N) \tag{8.4}$$

关于该方法的详细介绍，读者可以参考文献 [52]，本书不做赘述。

重点抽样-并行动态规划法（Importance Sampling - Parallel Dynamic Programming，IS-PDP）[53] 通过引入曼哈顿距离（本案例中，同一水库同一时刻相邻状态变量表示一个单位的曼哈顿距离），利用重点抽样原理极大地减少了每次迭代的候选解，从而克服"维数灾"。与其余经典的动态规划演变方法类似，如逐次寻优算法（Progressive Optimality Algorithm，POA）和动态规划逐次逼近算法（Dynamic Programming Successive Algorithm，DPSA），IS-PDP 算法设定一条初始状态固定的初始解，一般来说，依据经验判断或者其他方法所获得的初始解集应尽可能地满足系统所包含的水力联系等复杂约束[54]。在蓄水调度研究案例中，初始解可设置从上游水库至下游水库逐步优化得到。原则上来说，越靠近初始解的状态向量，越容易满足系统复杂的水力、电力约束。换而言之，曼哈顿距离越小的状态变量，其重要性越强，则越应该被抽取；为进一步确定状态变量的重要性，选取距离初始状态解的不同曼哈顿距离的个数来定量 $p(\sigma_j)$ 值，通过重点抽样方法构造可行域的状态空间，利用逐次逼近策略不断逼近最优解，直至达到收敛条件。

其计算框架如下所示：

（1）确定基本计算参数，如水库个数 M、状态离散个数 F、计算处理器个数 K，以及收敛精度 ε。

（2）对梯级水库从上游至下游，使用 DP 动态规划算法进行逐步优化 [图 8.4（a）]，得到初始可行解 $\mathbf{Z}^0 = (Z_{i,t}^0)_{M \times T}$。并定义每个水库的搜索步长，$\mathbf{l}^0 = (l_{i,t}^0)_{M \times T}$。

（3）基于水库个数 M 和离散个数 F，运用重要抽样（IS）方法构造个数较少，但具有代表性的所有可能状态组合，并使每水库状态满足可行域范围，即

$$Z_{i,t} = \max\{\min(Z_{i,t}^0 \pm \alpha \times l_{i,t}^0, Z_{i,t}^{\max}), Z_{i,t}^{\min}\} \tag{8.5}$$

（4）利用 PDP 算法计算动态迭代方程 [图 8.4（b）]，以得到更优解 $\mathbf{Z}^1 = (Z_{i,t}^1)_{M \times T}$。

（5）若 $\mathbf{Z}^1 = \mathbf{Z}^0$，转至第（6）步；否则，设置 $\mathbf{Z}^0 = \mathbf{Z}^1$，跳至第（3）步。

（6）若步长精度 $\| \mathbf{h}^0 \| \leqslant \varepsilon$，则转至第（7）步；否则，设置 $\mathbf{h}^0 = a \cdot \mathbf{h}^0$ 并返回第（3）步。其中，a 为步长因子，用于控制搜索步长，本案例设置 $a = 0.5$。

（7）结束迭代并将此时的轨迹 $\mathbf{Z}^1$ 作为最终的优化解。

为了直观表示 IS-PDP 算法与 PDP 算法的区别，图 8.5 以两水库五水平为例，PDP 算法每阶段共有 25 次状态组合，但是 IS-PDP 却仅需 6 个状态组合。由图 8.5 可知，IS-PDP 从初始解开始，一般来说，初始可行解需要尽可能地满足所有约束条件。状态变量越接近于初始轨迹，其满足一系列复杂约束的可能性也就越大。换言之，距初始解的曼哈顿距离越短，其被抽样的重要性越大。对于两水库五水平而言，其初始曼哈顿距离有 0~4

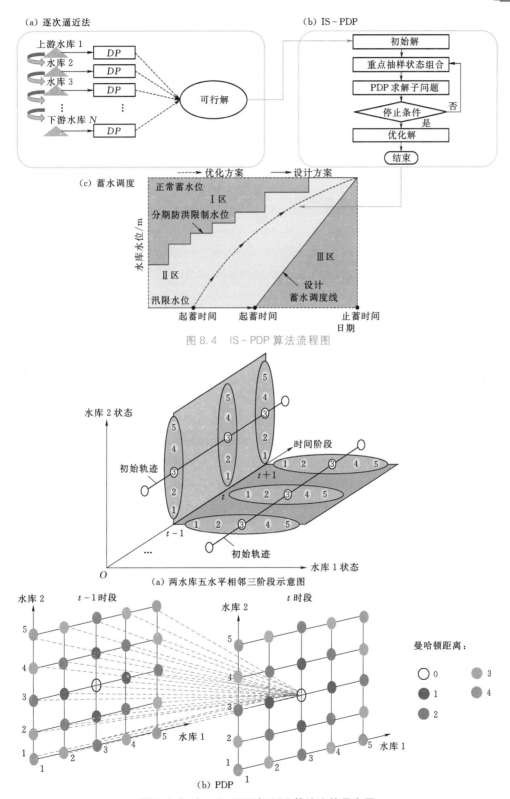

(a) 逐次逼近法

上游水库 1 → DP
水库 2 → DP
水库 3 → DP
⋮
下游水库 N → DP
→ 可行解

(b) IS-PDP

初始解
↓
重点抽样状态组合
↓
PDP 求解子问题
↓
停止条件 —否→
是↓
优化解
↓
结束

(c) 蓄水调度

水库水位/m

正常蓄水位
I区
分期防洪限制水位
II区
III区
设计蓄水调度线
汛限水位

起蓄时间   起蓄时间   止蓄时间
日期

--→ 优化方案   → 设计方案

图 8.4 IS-PDP 算法流程图

水库 2 状态

初始轨迹

时间阶段

$t+1$
t
$t-1$

初始轨迹

···

O   水库 1 状态

(a) 两水库五水平相邻三阶段示意图

水库 2 $t-1$ 时段 t 时段
水库 2

5   5
4   4
3   3
2   2
1   1
1 2 3 4 5 水库 1   1 2 3 4 5 水库 1

曼哈顿距离：
○ 0   ● 3
● 1   ● 4
● 2

(b) PDP

图 8.5 (一) IS-PDP 与 PDP 算法比较示意图

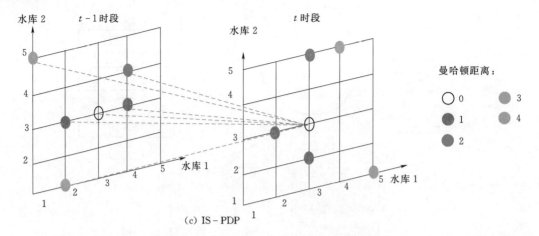

图 8.5（二） IS-PDP 与 PDP 算法比较示意图

一共五种不同值，相应的个数分别为 1、4、8、8 和 4（总和为 25）；由相应重要性抽样理论，其值可分别抽取 1、2、1、1 和 1（总和为 6）[55]。显而易见，IS-PDP 方法在实际工程应用中可有效降低计算时间并得到较为满意的目标解[56-57]。研究问题尺度越大，其优异性能更加明显。

8.3 优化算法比较研究

8.3.1 PA-DDS 和 NSGA-Ⅱ算法优化性能比较分析

8.3.1.1 目标函数和约束条件

现以丹江口水库为例，在尽量满足防洪航运要求和河道生态用水的前提下，以水库产生尽可能多的供水效益和发电效益为准则进行调度，即调度的目标为供水效益最大和发电量最大：

$$W^*(T) = \max \sum_{t=1}^{T} [Q_t^S \cdot M_t] \tag{8.6}$$

$$E^*(T) = \max \sum_{t=1}^{T} (P_t \cdot M_t) = \max \sum_{t=1}^{T} (K \cdot Q_t^P \cdot H_t \cdot M_t) \tag{8.7}$$

$$\begin{cases} H_t = (Z_t^s + Z_{t+1}^s)/2 - Z_t^x - \Delta H_t \\ Z_t^x = f_{ZQ}(Q_t), \Delta H_t = f_{\Delta H}(Q_t^P) \end{cases}$$

式中：$W^*(T)$ 为计划期 T 内供水量，m^3；$E^*(T)$ 为计划期 T 内发电量，$\text{kW} \cdot \text{h}$；Q_t^S 为第 t 时段的平均供水流量，m^3/s；P_t 为第 t 时段的平均出力，kW；K 为电站综合出力系数；Q_t^P 为第 t 时段发电流量，m^3/s；H_t 为第 t 时段平均发电净水头，m；M_t 为第 t 时段小时数；T 为调度时段的长度；Z_t^s 为第 t 时段水库坝上水位，m；Z_t^x 为第 t 时段水库坝下水位，m；Q_t 为第 t 时段的水库下泄流量，m^3/s；ΔH_t 为第 t 时段水电站水头损失，m；$f_{ZQ}(*)$ 为下游水位流量关系函数；$f_{\Delta H}(*)$ 为水电站水头损失函数。

（1）水量平衡约束：

$$V_{t+1} = V_t + (I_t - Q_t^S - Q_t^P - S_t)\Delta t \quad \forall t \in T \tag{8.8}$$

式中：V_t 和 V_{t+1} 分别为第 t 时段初和时段末的水库蓄水量，m^3；I_t 为第 t 时段入库流量，m^3/s；S_t 为第 t 时段弃水流量，m^3/s；Δt 为计算时段长度，s。

（2）水库蓄水量约束：

$$V_{t,\min} \leqslant V_t \leqslant V_{t,\max} \quad \forall t \in T \tag{8.9}$$

式中：$V_{t,\min}$ 和 $V_{t,\max}$ 分别为第 t 时段应保证的水库最小和最大蓄水量，m^3；V_t 为第 t 时段的水库蓄水量，m^3。

（3）水库下泄流量约束：

$$Q_{t,\min} \leqslant Q_t \leqslant Q_{t,\max} \quad \forall t \in T \tag{8.10}$$

式中：$Q_{t,\min}$ 和 $Q_{t,\max}$ 分别为第 t 时段最小和最大允许下泄流量，m^3/s，一般由下游生态、航运要求和水库下游的防洪任务确定。

（4）电站出力约束：

$$P_{t,\min} \leqslant P_t \leqslant P_{t,\max} \quad \forall t \in T \tag{8.11}$$

式中：$P_{t,\min}$ 和 $P_{t,\max}$ 分别为第 t 时段水电站的最小和最大出力限制，kW。

在处理水库调度中的下泄流量约束时采用罚函数法，即根据调度规则确定水库下泄流量并判断其大小，当下泄流量超过允许范围，则将该调度规则下的发电量变为非可行解，罚函数的表达如下：

$$P_t = \begin{cases} K \cdot Q_t^P \cdot H_t, & Q_t \in [Q_{t,\min}, Q_{t,\max}] \\ M \cdot \min(|Q_{t,\min} - Q_t|, |Q_{t,\max} - Q_t|), & Q_t \notin [Q_{t,\min}, Q_{t,\max}] \end{cases} \tag{8.12}$$

式中：$M(<0)$ 为罚函数的参数。

对于安丹梯级水库，同样以供水效益和发电效益最大为准则进行调度。考虑到上游的安康水库在发电的同时不参与供水，故供水目标函数不变，但发电目标变为安康和丹江口两个水库的发电总量。

$$Es^*(T) = \mathrm{Max} \sum_{t=1}^{T} [(P_t^A + P_t^D) \cdot M_t] \tag{8.13}$$

式中：$Es^*(T)$ 为计划期 T 内梯级总发电量，$\mathrm{kW} \cdot \mathrm{h}$；$P_t^A$ 和 P_t^D 分别为安康和丹江口水库第 t 时段的平均出力，kW。

同时，对于安丹梯级水库调度而言，还需考虑上下游水库间的水力联系，因此有如下约束：

$$I_t^D = Q_t^A + I_t^{A-D} \tag{8.14}$$

式中：I_t^D 和 Q_t^A 分别为 t 时段丹江口水库入库流量和安康水库下泄流量，m^3/s；I_t^{A-D} 为安康-丹江口之间在 t 时段的区间流量，m^3/s。

8.3.1.2 水库概况以及调度规则

安康水库位于汉江干流上游陕西省安康市境内，为不完全年调节水库，总库容为 32 亿 m^3，位于安康市城西 18km 处，上游距石泉水电站 170km，下游距湖北丹江口水库 260km。流域内水量丰富，多年平均年径流量为 192 亿 m^3，控制流域集水面积为 35700km²。安康水库死水位为 305m，对应库容 9.08 亿 m^3，正常蓄水位为 330m，兴利库容和防洪库容分别为 14.72 亿 m^3 和 3.6 亿 m^3，水库极限死水位为 300m，防洪限制水位为

325m，设计洪水位和校核洪水位分别为 333m 和 337.33m。在不考虑预报信息的情况下，水库水位 300～305m 之间留有约 2 亿 m^3 的备用库容以预防电力系统事故的发生。

丹江口水利枢纽位于湖北省丹江口市，控制流域面积为 95200km^2，丹江口水库为多年调节水库，坝顶高程为 176.6m；正常蓄水位为 170m，相应库容达到 290.5 亿 m^3；死水位为 150m，相应库容为 126.9 亿 m^3。水库极限消落水位为 145m，调节库容为 163.6亿～190.5 亿 m^3，电站装机容量为 900MW。为满足汉江中下游的防洪要求，丹江口水库采用汛期分期控制其水位，即夏、秋两个汛期的防洪限制水位分别为 160.0m 和 163.5m，预留防洪库容 110 亿～81.2 亿 m^3。作为我国南水北调中线工程的水源水库，丹江口水利枢纽的主要功能依次为防洪、供水、发电、航运等。表 8.1 列出了丹江口和安康水利枢纽工程的主要特征指标。

表 8.1　　　　　　　　　丹江口和安康水利枢纽工程的主要特征指标

项　　目	单位	丹江口水库	安康水库
坝顶高程	m	176.60	338.00
校核洪水位	m	173.60	337.33
设计洪水位	m	172.20	333.10
正常蓄水位	m	170.00	330.00
死水位	m	150.00	300.00
极限消落水位	m	145.00	
调节库容	亿 m^3	163.6～190.5	14.72
防洪限制水位	m	160～163.5	325.00
防洪库容	亿 m^3	110～81.2	3.60
调节性能	—	多年调节	不完全年调节
装机容量	MW	900	850

丹江口水库供水调度图如图 8.6 所示。从图中可以看出：当水库水位落在加大供水区（水库水位达到或超过防洪限制水位的区域）和保证供水区（防洪调度控制线以下，降低供水线 1 以上）时，陶岔渠首分别按最大过水能力 420m^3/s 和设计流量 350m^3/s 进行供水；而当水库水位处于降低供水区 I（降低供水线 1 与降低供水线 2 之间）、降低供水区 II（降低供水线 2 与限制供水线之间）和限制供水区（限制供水线以下）时，陶岔渠首引水流量分别按 300m^3/s、260m^3/s 和 135m^3/s 考虑，以保证丹江口水库在特枯年份的供水不遭受较大的破坏。需要说明的是，考虑汉江干流黄家港控制断面的生态基流和航运用水，下游的用水流量应不小于 490m^3/s。

丹江口水库设计调度图虽然能够保证水库正常运行，但仅仅决定了水库的供水，并未对发电决策进行控制。为了满足水库多目标决策需求，现拟定优化调度函数计算各时段水库的总出流，扣除供水流量后得到下泄流量（可用于发电）。考虑到单个水库的调度运行一般以水库的基本状态和入库流量信息为参考，此外由于流域内的降雨及径流具有明显的季节性和周期性，也常常将时段信息 t 作为一个重要的决策参考指标。由此，将水库当前库容、入库流量及对应时段（月或旬）作为决策因子构建水库调度规则。

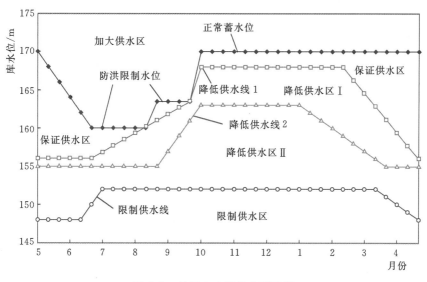

图 8.6　丹江口水库供水调度图

径向函数 $\varphi(x)=\phi(\parallel x \parallel_2)$ 由一元函数生成，函数值仅和空间距离有关，将其作平移运算，便得到一系列径向基函数。将多个径向基函数进行叠加，可以得到灵活多变的响应面，针对这一特性，Giuliani 等[58]将 Gaussian 径向基函数应用于水库调度规则的拟合，得到了不错的效果，因此本章采用 Gaussian 径向基函数构建水库调度规则，相关表达式如下：

$$Q_t^{\text{out}}=\sum_{u=1}^{U}\omega_u\varphi_u(X_t),\quad t=1,2,\cdots,T\quad 0\leqslant\omega_u\leqslant 1 \tag{8.15}$$

$$\varphi_u(X_t)=\exp\left[-\sum_{j=1}^{M}\frac{((X_t)_j-c_{j,u})^2}{b_u^2}\right]\quad c_{j,u}\in[-1,1],b_u\in(0,1) \tag{8.16}$$

式中：U 为径向基函数的数量；ω_u 为第 u 个径向基函数对应的权重；M 为输入决策因子 X_t 的个数；$c_{j,u}$ 和 b_u 为第 u 个径向基函数对应的参数。需要指出的是，每一个径向基函数 $\varphi_u(X_t)$ 均对应一种水库调度模式，这些模式根据权重 ω_u 进行综合，得到不同情形下水库调度的决策。

可以看出，当仅采用 3 个决策因子描述径向基时，每一个径向基函数对应 5 个参数，即 $c_{1,u}$、$c_{2,u}$、$c_{3,u}$、b_u 和 ω_u。当用 U 个径向基函数描述调度规则时，每个水库对应的参数为 $5U$ 个。本章以 1980—2010 年安康水库入库和安康-丹江口水库区间旬流量资料作为输入，将 U 个径向基函数描述的水库调度规则参数（丹江口单个水库调度参数为 $5U$ 个，安康-丹江口梯级调度参数为 $10U$ 个）作为优化变量（种群），以供水和发电最大为目标对其进行优化。整个优化过程采用 PA-DDS 算法进行计算，为验证算法的有效性，将其表现与传统的 NSGA-Ⅱ多目标优化算法进行对比，分析测试了它们处理水库多目标调度问题的优化性能。

8.3.1.3　PA-DDS 和 NSGA-Ⅱ算法优化性能比较分析

采用 1～6 个 Gaussian 径向基函数（5～30 个参数）对丹江口水库调度规则进行描述；

采用 4～10 个 Gaussian 径向基函数（20～50 个参数）对安康-丹江口梯级水库中每个水库的调度规则进行描述（两个水库共包含 40～100 个参数）。分别采用 PA-DDS 算法和 NSGA-Ⅱ算法对调度规则参数进行优化，并从收敛速度、非劣解分布及优化结果不确定性方面对比分析这两种算法在水库调度规则多目标优化方面的性能。参数设置方面，PA-DDS 算法扰动参数 r 值设置为 0.5，迭代次数为 6000 次；NSGA-Ⅱ算法种群个数为 30，进化的代数为 200，杂交和变异概率分别取为 0.9 和 0.1。

1. 算法收敛性分析

超体积（Hyper-volume）是衡量多目标优化方法求解质量的一种综合指标，尤其在理想 Pareto 前沿未知的情况下，超体积也能较为客观地评价算法获得 Pareto 前沿的收敛性、宽广性和均匀性[45]，其定义如下：

$$Hv = \text{volume}\left(\bigcup_{i=1}^{N_{PF}} v_i\right) \tag{8.17}$$

式中：N_{PF} 为最后得到的 Pareto 前沿上所有非劣解的个数；v_i 为 Pareto 前沿上第 i 个非劣解与参考点围成的体积。

超体积指标示意图如图 8.7 所示，对于两目标优化问题，图中 7 个非劣解与参考点

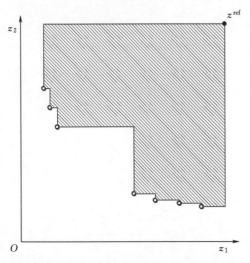

图 8.7　超体积指标示意图

z^{ref} 在目标空间上围成的面积的并集，即图中阴影部分的面积为超体积指标。对于以目标函数最小化为优化任务的两目标优化问题，超体积的值越大，说明 Pareto 前沿的收敛性、宽广性和均匀性越好。采用 PA-DDS 算法和 NSGA-Ⅱ算法对丹江口水库及安康-丹江口梯级水库调度规则进行多目标优化，经过 6000 次迭代后得到如图 8.8 所示的超体积指标收敛曲线，图中的数据为 20 次独立实验的平均值。

可以看出，无论对于丹江口水库还是安丹梯级水库优化调度，PA-DDS 算法在优化开始时的超体积小于 NSGA-Ⅱ算法，原因在于 PA-DDS 算法在初始化种群时仅仅产生一个种群，而 NSGA-Ⅱ算法在整个优化过程中的种群个数均为 30，所以根据式（8.17）可得前者的超体积小于后者。但迭代开始后，PA-DDS 算法对应的超体积值迅速大于 NSGA-Ⅱ算法，并一直保持领先优势，最终的迭代结果对应的超体积也大于 NSGA-Ⅱ算法。由于超体积既能衡量非劣解与理论 Pareto 前沿的相似程度，也反映了非劣解分布的广度，所以从图中所有水库多目标规则的优化过程可以看出，PA-DDS 算法得到的非劣解集在分布广度和与理论 Pareto 前沿的相似度方面优于 NSGA-Ⅱ算法。

在丹江口水库多目标优化中，当优化变量的个数小于等于 15 时，即采用的径向基函数个数少于或等于 3 个时，PA-DDS 算法能够在 1000 次左右的迭代后使优化结果对应的超体积趋于稳定，而 NSGA-Ⅱ算法则需要 3000 次或更多次数的迭代；当优化变量的个数大于 15 时，PA-DDS 算法最多需要 2000 次左右的迭代后使优化结果对应的超体积趋

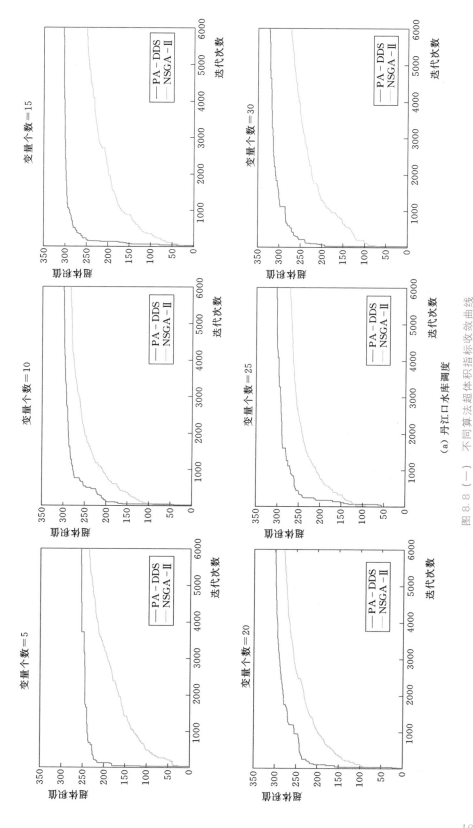

（a）丹江口水库调度

图 8.8（一） 不同算法超体积指标收敛曲线

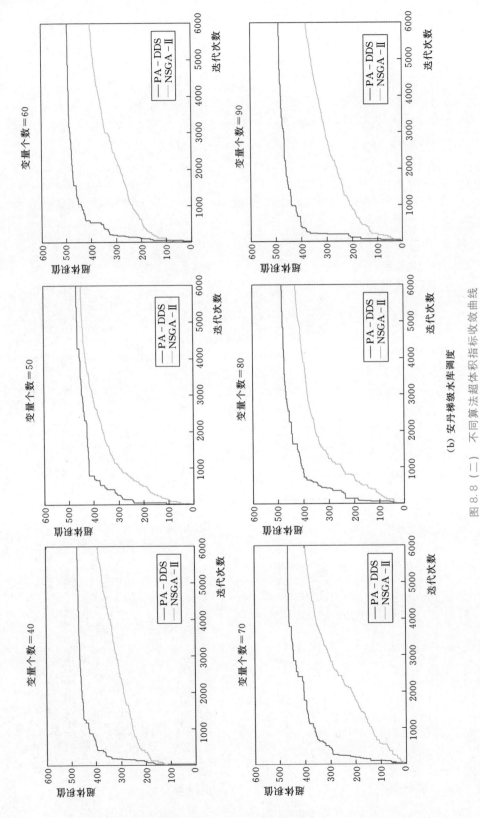

(b) 安丹梯级水库调度

图 8.8 (二)　不同算法超体积指标收敛曲线

于稳定，NSGA-Ⅱ算法依然需要 3000 次或更多次数的迭代，说明 PA-DDS 算法的收敛速度明显更快。当径向基函数的个数从 1 增加到 2 时，两种算法对应的超体积值均有明显的提升，说明采用单个径向基函数（5 个参数）未能充分描述丹江口水库调度规则。随着变量个数的增加，PA-DDS 算法对应的超体积基本呈现增加的趋势，而NSGA-Ⅱ算法对应的超体积则出现了增加和减小（变量个数从 10 增加到 15 时超体积减小明显），说明 PA-DDS 算法对拥有不同形态（参数）的水库调度规则进行优化时具有更好的稳定性。

在安丹梯级水库多目标优化中，不同变量个数对应的超体积随迭代次数收敛的过程不一样，但最后收敛后的超体积值变化不大，说明采用 40 个参数（共对应 8 个径向基）已经能够较好地描述安丹梯级水库调度规则。随着变量个数的增多，水库调度规则变得更为灵活的同时也可能会增加一部分冗余信息。从 NSGA-Ⅱ算法的优化结果可以看出，当水库调度规则参数由 80 增加到 90 时，多目标优化调度结果对应的超体积值出现了减小，说明增加的参数不确定性对 NSGA-Ⅱ算法的优化造成了一定程度的干扰，相比之下，PA-DDS 算法对应的计算结果变化并不明显，说明 PA-DDS 算法对水库调度规则进行优化时能够更好地适应参数个数的变化。综上所述，PA-DDS 算法相比传统的 NSGA-Ⅱ算法，在水库调度规则多目标优化中收敛速度更快，优化效果随变量影响较小，无论对于单个水库还是梯级水库的调度，最终都能得到更接近理论 Pareto 前沿的非劣解集。

2. 不同算法非劣解分布

为进一步分析 PA-DDS 算法和 NSGA-Ⅱ算法在水库多目标优化调度中的表现，将两种算法 20 次独立优化丹江口单个水库和安丹梯级水库调度规则得到的 Pareto 前沿绘制于图 8.9 中。相比 NSGA-Ⅱ算法每一步优化均保持相同数量的非劣解，PA-DDS 算法在优化时不会剔除非劣解，且每一次迭代时得到的非劣解的个数是不确定的，所以最后优化得到的非劣解集的个数也不确定。

从丹江口水库调度的优化结果可以看出，PA-DDS 算法对应的 Pareto 前沿整体上均位于 NSGA-Ⅱ算法所得优化结果的右上方，且分布更为集中，说明在同等条件下，PA-DDS 算法优化得到的调度规则不仅能够产生更大的供水或发电量，还能有效降低优化结果的不确定性。此外，随着水库调度规则中变量个数的增加，两种算法所得到的最优（最靠右上部分的）Pareto 前沿之间的差异逐渐减小，具体表现为：当变量个数为 5 时，PA-DDS 算法所得多目标优化结果对应的外（右上部分）边界在发电量最大的区域显著优于NSGA-Ⅱ算法，但当变量个数多于 15 时，两种算法的外边界（尤其是边界的两端）逐渐接近。虽然两种算法在不同参数情形下所得 Pareto 前沿的外边界有差异，但并不明显，总体上两种算法在单个水库调度规则优化中的潜力相当，但 PA-DDS 算法所得到的结果更稳定可靠。

对于安丹梯级水库调度规则多目标优化，PA-DDS 算法和 NSGA-Ⅱ算法对应的 Pareto 前沿差异相比丹江口水库的情形更为明显，具体表现为 PA-DDS 算法优化得到的Pareto 前沿的分布不仅更加集中，其外边界也更靠右上方。当变量个数仅为 40 时（每个水库的调度），两种算法得到的 Pareto 前沿分布均较为集中。但当变量个数继续增加时，NSGA-Ⅱ算法对应的 Pareto 前沿出现了较大程度的发散，较为明显的为：当变量个数为

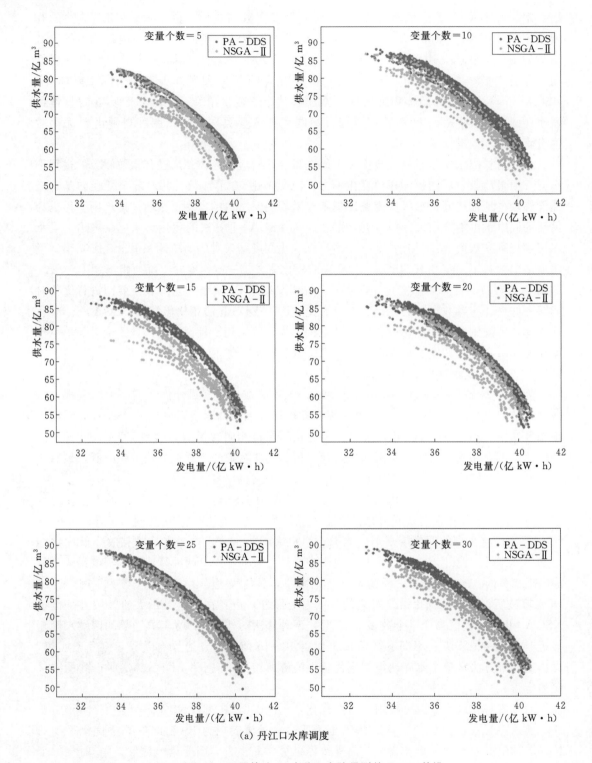

(a) 丹江口水库调度

图 8.9（一） 不同算法 20 次独立实验得到的 Pareto 前沿

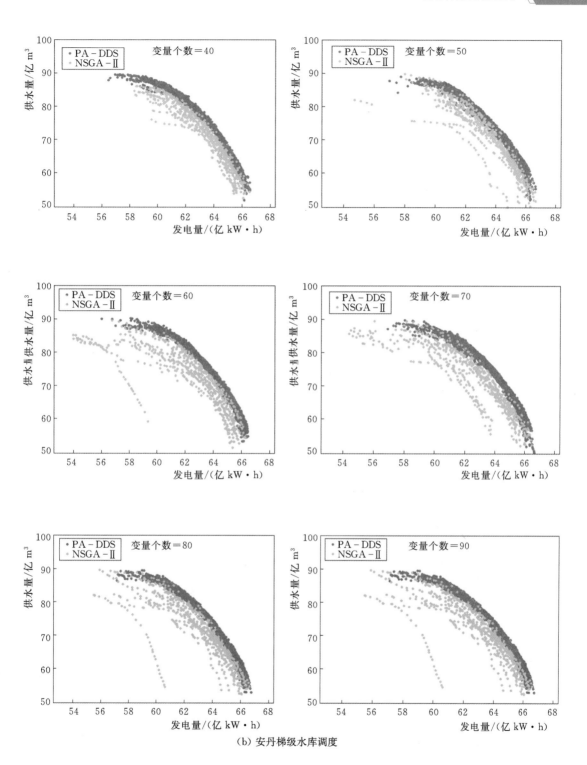

（b）安丹梯级水库调度

图 8.9（二） 不同算法 20 次独立实验得到的 Pareto 前沿

60、80 和 90 的情况下，出现了一组解集最大发电量小于 61 亿 kW·h。相比之下，PA－DDS 算法多次独立优化得到的 Pareto 前沿对应的最大发电量均能大于 66 亿 kW·h。总体上，PA－DDS 算法对应 Pareto 前沿的外边界显著优于 NSGA－Ⅱ算法，且得到的解集并不随优化变量的个数而出现显著的发散，说明该算法相比传统 NSGA－Ⅱ算法更适合处理梯级水库多目标优化调度问题。

　　3. 优化结果不确定性

　　为进一步分析 PA－DDS 算法和 NSGA－Ⅱ算法在水库调度规则多目标优化求解方面的不确定性，采用这两种算法对丹江口水库及安丹梯级水库调度规则分别进行优化，对最终优化得到的 20 组独立的解集进行统计，计算它们的超体积值对应的平均值和 10%～90% 分位区间，并绘制于图 8.10 中。图中的横坐标代表每一种调度规则对应的参数个数，当参数个数小于 40 时，代表丹江口水库调度规则的优化；而当参数个数大于等于 40 时，代表安康-丹江口梯级水库多目标调度规则的优化。

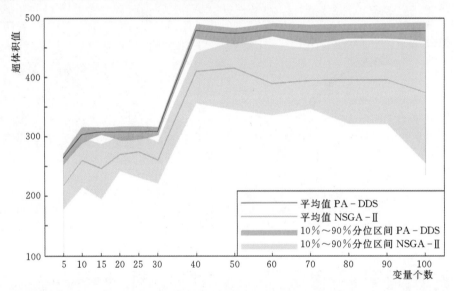

图 8.10　不同算法各变量下超体积分布图

　　从图 8.10 中可以看出，PA－DDS 算法对应的超体积平均值甚至大部分 10% 分位值均高于 NSGA－Ⅱ算法对应的超体积 90% 分位值，显著体现了 PA－DDS 算法在水库调度规则多目标优化方面的优势，这一点与 Pareto 前沿分布的分析结果一致。对于丹江口水库调度规则的优化，随着变量个数的增加，超体积平均值呈现增加的趋势，其中当变量个数从 5 增加到 10 时，超体积的增加最为明显，而当变量大于 10 后则变化不大，因此在制定调度规则时可以将对应参数控制在 10 个左右。对于安丹梯级水库调度规则的优化，变量个数从 40 增加到 100 的过程中并没有使超体积有明显的增加，对于 NSGA－Ⅱ算法反而呈现出下降的趋势，因此制定调度规则时可以将参数控制在 40 个左右。从超体积 10%～90% 分位区间随参数个数的变化可知，梯级水库调度规则的多目标优化对应的区间范围明显更大，且随着变量个数的增加呈现扩大的趋势，这一点在 NSGA－Ⅱ算法对应的结果中表现得更为明显。总体上，PA－DDS 算法在处理梯级水库调度规则多目标优化问题时相比传统 NSGA‐Ⅱ算法更有可能得到较好的 Pareto 前沿，并可以从超体积的变化趋势推测：随着参数个数的继续增加，PA‐DDS 算法在水库调度规则的多目标优化中的优势会更为明显。

考虑到超体积值是对多目标优化结果的综合描述，为进一步分析不同优化算法对各个优化目标的影响，统计 Pareto 前沿中发电量和供水量最大对应的解。需要说明的是：Pareto 前沿中发电量和供水量最大对应的端点分别代表以发电和供水为目标下的单目标优化调度结果，反映了多目标优化算法所得 Pareto 前沿的广度，一般而言，某一优化目标下的最优值越优，其所在 Pareto 前沿分布越广，说明对应算法在该目标下的优化性能越好。

从图 8.11 中可以看出，PA‐DDS 和 NSGA‐Ⅱ算法优化丹江口单个水库调度规则得到的最大发电量相差不大，且分布集中，各变量下的优化结果均保持在 40 亿 kW·h。在安丹梯级水库调度规则的优化中，两种算法得到最大发电量的分布出现了较大差异，主要表现在 NSGA‐Ⅱ算法得到的结果随着变量个数的增多出现了一定程度的发散，当变量个数为 100 时，其最大发电量对应的 10%～90%分位区间范围扩大到了 5 亿 kW·h 左右，而 PA‐DDS 算法能得到稳定的最大发电量。从最大供水量的分布结果可以看出，两种算法的优化结果均存在明显的不确定性（NSGA‐Ⅱ算法对应的不确定性更大，其最大供水量对应的 10%～90%分位区间范围接近 10 亿 m³）。原因在于控制供水的边界（调度图）相比发电更复杂，使得本研究中水库调度规则多目标优化的不确定性主要源于供水目标。

4. 不同优化目标的调度规则

为分析优化目标对调度规则的影响，以 PA‐DDS 算法优化得到的安丹梯级水库调度规则（每个水库径向基个数为 4，共包含 40 个参数）为例，在所得 Pareto 前沿中选取典型（发电量、供水量和经济效益最大）的解，计算得到对应的水库调度轨迹，并将不同目标下安丹梯级水库多年平均调度过程绘制于图 8.12 中［图 8.12（b）部分线条含义详见图 8.6］。需要说明的是，这里的水库调度经济效益按照中华人民共和国国家发展和改革委员会 2014 年下达的《关于南水北调中线一期主体工程运行初期供水价格政策的通知》（发改价格〔2014〕2959 号）中的南水北调中线水源工程综合水价（0.13 元/m³）和联合资信评估有限公司同年发布的《汉江水利水电（集团）有限责任公司相关债项 2014 年跟踪评级报告》中的丹江口电厂计划内用电上网电价［0.21 元/(kW·h)］进行核算。

从图中的梯级水库出力过程可以看出，以发电量最大为目标的调度规则主要通过增加梯级水库丰水期（5 月上旬至 9 月下旬）的出力来提高发电量，在水库决策上表现为：尽可能提高丰水期上游安康水库的水位，并降低丹江口水库水位以减少相应供水。相比之下，供水量最大对应的调度规则通过降低安康水位，将丹江口水库的水位尽可能保持在增大或保证供水区。从梯级供水过程可以看出，以发电量最大为目标的调度规则虽然增加了梯级水库丰水期发电量，但大幅减少了供水流量，由于丹江口水库水位一直偏低，使得水库在枯水期无法满足供水需求。当以经济效益最大作为调度目标时，安康和丹江口水库调度轨迹分别与发电量和供水量最大对应的轨迹较为相似，均保持了较高的水位，但从效益过程可以看出，经济效益最大与供水量最大对应的决策过程更为相近。

为进一步分析不同优化目标下的水库调度规则在发电和供水方面的表现，采用这些规则对安丹梯级水库进行模拟调度，统计不同目标调度规则对应的多年平均调度结果（表

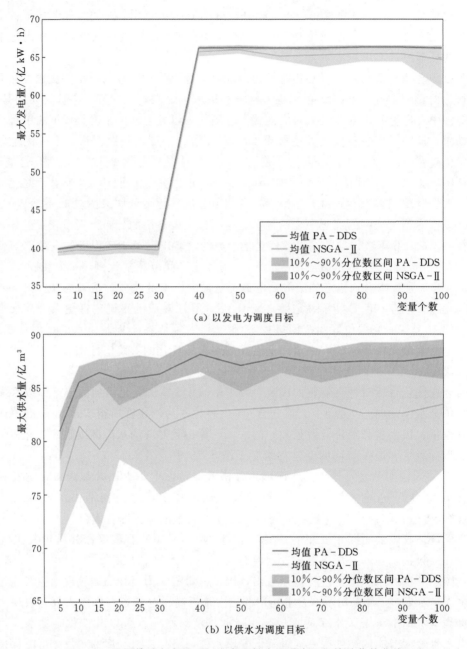

（a）以发电为调度目标

（b）以供水为调度目标

图 8.11　不同算法各变量下以发电和供水为调度目标效益收敛曲线

8.2），表中的方案 R_P、R_W 和 R_E 分别代表发电量、供水量和经济效益最大对应的调度规则。可以看出，不同调度规则对应的发电量和供水量之间的差异分别主要体现在汛期和非汛期，发电量和供水量最大对应调度规则的多年平均发电量分别为 66.59 亿 kW·h 和56.93 亿 kW·h，供水量分别为 54.74 亿 m³ 和 89.73 亿 m³，经济效益分别为 21.10 亿元和 23.62 亿元。需要指出的是，水库的供水和发电目标之间存在着矛盾，如果以发电量最大为目标进行调度会严重影响水库供水，因此需要在多目标解集中优选一个能够体现水库

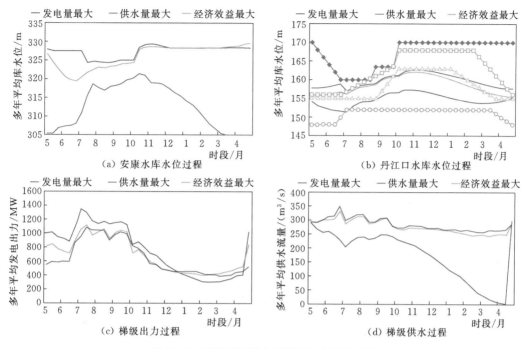

图 8.12　不同目标下安丹梯级水库调度过程

综合效益的调度规则。相比其余两种调度规则，经济效益最大对应的调度规则能够综合它们的特点，同时保持了较大的供水量（87.24 亿 m^3）和发电量（60.45 亿 kW·h），达到了全年经济效益的最大化，相比以发电量和供水量最大对应的调度规则，能够平均每年增加经济效益 2.93 亿元和 0.41 亿元，更好地体现了安丹梯级水库的综合效益。

表 8.2　　　　　　　　不同目标调度规则对应的多年平均效益统计表

方　案	年均发电量/(亿 kW·h)			年均供水量/亿 m^3			全年经济效益/亿元
	汛期	非汛期	全年	汛期	非汛期	全年	
发电量最大 R_P	32.84	33.76	66.59	24.65	30.09	54.74	21.10
$R_E - R_P$	−4.78	−1.36	−6.15	6.75	25.75	32.49	2.93
供水量最大 R_W	27.59	29.34	56.93	32.10	57.64	89.73	23.62
$R_E - R_W$	0.47	3.05	3.52	−0.70	−1.80	−2.50	0.41
经济效益最大 R_E	28.05	32.39	60.45	31.40	55.84	87.24	24.03

8.3.2　IS - PDP 算法性能分析

8.3.2.1　目标函数和约束条件

现以金沙江水库群日蓄水调度为例（其特征参数参照第 9 章），在满足各种调度约束情况下，保证水库末蓄水时段尽可能蓄满的同时，使得水库蓄水期发电量尽可能最大，计算式为

$$\max E = \sum_{i=1}^{M} \sum_{t=1}^{T} N_{i,t} \cdot \Delta t , N_{i,t} = K_i \cdot Q_{i,t} \cdot H_{i,t} \tag{8.18}$$

约束条件除了式（8.8）～式（8.11）的水量平衡约束，水库蓄水量约束，下泄流量约束，电站出力约束外，还应满足以下约束条件。

（1）水位变幅约束：

$$|Z_{i,t+1} - Z_{i,t}| \leqslant \Delta Z_i \tag{8.19}$$

（2）流量约束：

$$O_{i,t}^{\min} \leqslant O_{i,t} \leqslant O_{i,t}^{\max} , O_{i,t} = Q_{i,t} + QS_{i,t} \tag{8.20}$$

（3）边界调节约束：

$$Z_{i,t} = \begin{cases} Z_i^{\text{begin}} , t=1 \\ Z_i^{\text{end}} , \ t=T \end{cases} \tag{8.21}$$

式中：E 为梯级水库总发电量；M 为水库个数；T 为蓄水期总调度时段个数；Δt 为调度时间间隔；$N_{i,t}$ 为第 i 水库 t 时刻出力；$H_{i,t}$ 为第 i 水库 t 时刻发电水头；K_i 为第 i 水库发电效率系数；ΔZ_i 为允许最大水位变幅；$O_{i,t}$ 为第 i 水库 t 时刻出库流量；$Q_{i,t}$ 为第 i 水库 t 时刻发电流量；$QS_{i,t}$ 为第 i 水库 t 时刻弃水量；$Z_{i,t}$ 为第 i 水库 t 时刻水库上游水位；Z_i^{begin} 和 Z_i^{end} 分别为第 i 水库起始水位（一般为汛限水位）和末时刻水位（一般为正常蓄水位）。

对于带有约束条件的单目标优化问题，引入罚函数的思想，将各水库库容作为状态变量，出库流量作为决策变量，对于容易满足的水量平衡约束作为状态转移方程，起止蓄水边界约束作为初始、终止状态；对于难以满足可行解范围的约束条件引入罚函数因子，构成罚函数，则新的优化函数为

$$\max \text{Lag}(E, \lambda_1, \lambda_2, \lambda_3) = E - \sum_{i=1}^{M} \sum_{t=1}^{T} [P_1(N_{i,t}, \lambda_1) + P_2(O_{i,t}, \lambda_2) + P_3(Z_{i,t}, \lambda_3)]$$

$$\tag{8.22}$$

$$P_1(N_{i,t}, \lambda_1) = \lambda_1 \cdot \max\{[N_{i,t}/P_i^{\min} - 1] \cdot [N_{i,t}/P_i^{\max} - 1], 0\} \tag{8.23}$$

$$P_2(O_{i,t}, \lambda_2) = \lambda_2 \cdot \max\{[O_{i,t}/O_{i,t}^{\min} - 1] \cdot [O_{i,t}/O_{i,t}^{\max} - 1], 0\} \tag{8.24}$$

$$P_3(Z_{i,t}, \lambda_3) = \lambda_3 \cdot \max\{(|Z_{i,t+1} - Z_{i,t}|/\Delta Z_i - 1), 0\} \tag{8.25}$$

式中：$\text{Lag}(E, \lambda_1, \lambda_2, \lambda_3)$ 为拉格朗日增益函数；λ_1、λ_2、λ_3 作为罚函数因子，其对应的罚函数为 $[P_1(\ ), P_2(\ ), P_3(\ )]$，用于惩罚违反约束的非可行解；$P_i^{\min}$ 和 $P_i^{\max}$ 分别为第 i 水库最小和最大出力，由保证出力和装机容量出力决定；$O_i^{\min}$ 和 $O_i^{\max}$ 分别为第 i 水库最小下泄流量和允许最大下泄流量，通常以满足下游防洪、供水、生态、航运等需求。

8.3.2.2　IS-PDP 算法分析

在 IS-PDP 算法应用于梯级水库日蓄水调度研究中，本书通过提前蓄水时间和抬高关键时间节点蓄水位两种策略来提高兴利蓄水效益。与此同时，由分期坝前最高水位和原设计方案构成优化搜索空间。通过与并行动态规划算法（Parallel Dynamic Programming, PDP）[59]、POA 算法[60]和 GA 算法[25]对比，分析 IS-PDP 算法性能。

1. IS-PDP 算法与 PDP 算法比较

以梨园-阿海（2库）、梨园-阿海-金安桥（3库）蓄水系统为例，研究时段为蓄水期

8月1日至10月31日，年时间长度为1951—2014年（共64年）资料进行分析，设置每时段库容离散状态个数为30，并行计算处理器个数为16。因此，在PDP优化算法中，2库和3库的每个时段状态组合数分别为30^2个和30^3个；而因为IS-PDP算法应用了重点抽样方法，使得2库的每个阶段状态数减少至9个，3库的每个阶段减少至27个。

表8.3展示了两种不同算法的计算时间与年均发电量。由表可知，PDP算法尽管可以搜索到全局最优解，但在3库中所花费时间过于持久，往往不予调度决策者采纳。当优化水库个数持续扩张时，"维数灾"使得PDP算法失去了一般的适用性。而与此相反，IS-PDP算法展示了其在不同规模蓄水调度中的高效性。由其优化所获得的年均发电量接近于PDP算法所得到的全局最优解，但是其大大减少了计算时间，这正是因为重点抽样方法减少了候选解个数所造成的。IS-PDP算法的可行性，使得当研究蓄水调度系统规模较大时（水库个数超过3个），其可成为PDP算法替代品的一种选择。

表8.3　　　　　　　　　　IS-PDP算法与PDP算法蓄水优化结果

系统	发电量/(亿 kW·h)		时间/s	
	IS-PDP	PDP	IS-PDP	PDP
2库	73.81	73.82	92	305
3库	117.38	117.41	419	126621

此外，为探究不同离散状态数目对IS-PDP算法优化结果的影响，本书仍以梨园-阿海-金安桥3库系统为例，设置不同情景中水库状态离散个数分别为2、5、9、27和100，图8.13详细地展示了其发电结果和计算时间。

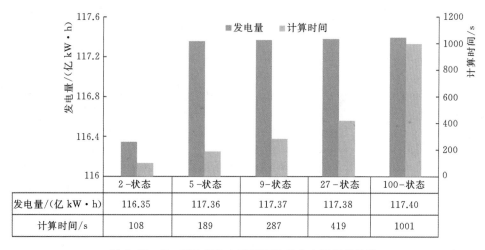

	2-状态	5-状态	9-状态	27-状态	100-状态
发电量/(亿 kW·h)	116.35	117.36	117.37	117.38	117.40
计算时间/s	108	189	287	419	1001

图8.13　IS-PDP算法中不同离散状态个数运行结果

由图8.13可知，当设置IS-PDP算法离散个数较少时，因为其搜索空间较小，导致收敛结果离PDP算法最优值偏差较大。而当每阶段离散状态变量个数增加时，其搜索能力明显增强，优化发电量愈来愈接近PDP算法最优值。而与此同时，离散状态个数从2增加到100，其计算时间也从108s增加到1001s。这是因为较大个数的离散状态导致了较大的寻优空间，使得算法增加了搜索更优解的可能性，但也增加了搜索时间。在实际工程中，离散状态的选取不仅要满足寻找到较优解的需要，亦要能确保收敛速度不宜过慢，这就需要在两者之间进行相应的平衡与协调。

2. IS-PDP 算法与两种代表性算法比较

为进一步验证 IS-PDP 算法的优化性能，本书选取两种常见的代表性算法 POA（传统数学优化算法）和 GA（智能算法）进行多库蓄水单目标优化分析，目标函数仍为式（8.22）以发电量为主的拉格朗日函数，研究对象为金沙江中游、金沙江下游以及三峡水库所在的 11 座水库（空间分布如图 8.14 所示）。其中，IS-PDP 算法设置计算机处理器为 16，每阶段状态变量个数为 27；GA 算法设置参数见表 8.4。

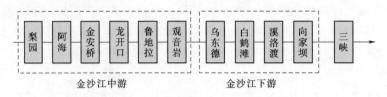

图 8.14　长江上游流域 11 座水库分布示意图

表 8.4　　　　　　　　　　　　GA 算 法 参 数 设 置

算法	种群大小	代数	杂交概率	变异概率	状态个数
GA	100	1000	0.7	0.3	64768

表 8.5 展示了三种不同算法的优化能力。其中，POA 算法可优化数目最多不超过 6 个的日蓄水调度，与 IS-PDP 算法相比，POA 算法不仅耗费时间长，优化结果还较不理想，当水库规模达到 11 库时，POA 算法已失去了有效性。GA 算法相比之下，可以在有限时间内，优化完成 11 库的日蓄水优化调度任务，但其优化结果并不理想。GA 算法不仅高度依赖初始解精度，而且在有限的 1000 次迭代过程中，其最终结果与初始解差别不大，这是因为 GA 算法在处理高维度，具有复杂水力联系等约束的调度问题时（变量个数为 64768 个 = 11 水库 × 64 年），因其"早熟收敛性"极容易陷入局部最优解，此外，GA 算法花费时间超过了 7h，亦不能满足实际工程中高效性的需要。关于 IS-PDP 算法 11 库蓄水优化调度结果将在下一章详尽介绍。

表 8.5　　　　　　　　　　　　不 同 算 法 优 化 结 果

系　统	算　法	发电量/(亿 kW·h)	计算时间/s
6 库	POA	233.54	7401
	IS-PDP	233.90	1542
11 库	GA	1305.17	27888
	IS-PDP	1315.10	9721

8.4　本章小结

本章综述了水库调度优化算法的研究进展和存在的问题，重点介绍多目标 NSGA-Ⅱ

算法、PA - DDS 算法和 IS - PDP 算法，并对这些算法进行比较研究，主要结论如下：

（1）在丹江口水库和安康-丹江口梯级水库调度规则的优化过程中，PA - DDS 算法相比传统的 NSGA - Ⅱ算法收敛速度更快，优化效果随变量个数影响较小，最后得到的非劣解集在解的分布广度及其与理论 Pareto 前沿的相似度方面表现更优。NSGA - Ⅱ、PA - DDS 两种算法在单个水库调度规则优化中的潜力相当，均能有效地协调供水和发电的矛盾，但 PA - DDS 算法在梯级水库调度规则多目标优化中对应 Pareto 前沿的外边界显著优于 NSGA - Ⅱ算法，对于某一类水库多目标优化问题，其结果更加稳定可靠。

（2）安康-丹江口梯级水库的供水和发电目标之间矛盾显著，以发电量最大为目标进行调度会严重影响水库供水，而经济效益最大对应的调度规则能够综合各个调度目标，同时保持了较大的供水量和发电量，达到了全年经济效益的最大化，相比以发电量和供水量最大对应的调度规则，能够平均每年增加经济效益 2.93 亿元和 0.41 亿元，更好地体现了安康-丹江口梯级水库的综合效益。

（3）对于更高维度的水库优化调度问题，本书引入了并行计算的概念，通过设置多核的处理技术，极大地优化了运行时间；与此同时，重点抽样的数学统计方法可以有效地减少状态空间候选解个数，减少冗余计算，进一步提高运行效率。在以金沙江中游水库日蓄水调度的案例中，其优化效果与 PDP 算法最优解相比，结果相差不大，但优化能力极强，可满足实际生产调度需要。

参 考 文 献

［1］ BOWDEN N W. Multiple - purpose reservoir operation ［J］. Civil Engineer，1941.

［2］ LITTLE J D. The use of storage water in a hydroelectric system ［J］. Journal of the Operations Research Society of America，1955，3（2）：187 - 197.

［3］ 于翠松. 水库群防洪联合调度研究综述及展望 ［J］. 水文，2002，22（5）：27 - 30.

［4］ NEEDHAM J T，WATKINS Jr D W，LUND J R，et al. Linear programming for flood control in the Iowa and Des Moines rivers ［J］. Journal of Water Resources Planning and Management，2000，126（3）：118 - 127.

［5］ HALL W A，BURAS N. The dynamic programming approach to water-resources development ［J］. Journal of Geophysical Research，1961，66（2）：517 - 520.

［6］ 刘攀，郭生练，张文选，等. 梯级水库群联合优化调度函数研究 ［J］. 水科学进展，2007，18（6）：816 - 822.

［7］ WINDSOR J S. Optimization model for the operation of flood control systems ［J］. Water Resources Research，1973，9（5）：1219 - 1226.

［8］ 王厥谋. 丹江口水库防洪优化调度模型简介 ［J］. 水利水电技术，1985，8：54 - 58.

［9］ 许自达. 介绍一种简捷的防洪水库群洪水优化调度方法 ［J］. 人民黄河，1990（1）：26 - 30.

［10］ 王栋，曹升乐. 水库群系统防洪联合调度的线性规划模型及仿射变换法 ［J］. 水利管理技术，1998，18（3）：1 - 5.

［11］ 王学敏，周建中，欧阳硕，等. 三峡梯级生态友好型多目标发电优化调度模型及其求解算法 ［J］. 水利学报，2013，44（2）：154 - 163.

［12］ UNVER O I，MAYS L W. Model for real-time optimal flood control operation of a reservoir system ［J］. Water Resources Management，1990，4（1）：21 - 46.

［13］ 梅亚东，冯尚友. 水电站水库系统死库容优选的非线性网络流模型 ［J］. 水电能源科学，1989，

7 (2)：168-175.

[14]　罗强，宋朝红，雷声隆. 水库群系统非线性网络流规划法 [J]. 武汉大学学报（工学版），2001，34 (3)：22-26.

[15]　谭维炎，黄守信，刘健民. 初期运行水电站的最优年运行计划——动态规划方法的应用 [J]. 水利水电技术，1963，2：3.

[16]　STEDINGER J R，SULE B F，LOUCKS D P. Stochastic dynamic programming models for reservoir operation optimization [J]. Water Resources Research，1984，20 (11)：1499-1505.

[17]　郭生练，陈炯宏，刘攀，等. 水库群联合优化调度研究进展与展望 [J]. 水科学进展，2010，21 (4)：496-503.

[18]　刘攀，郭生练，庞博，等. 三峡水库运行初期蓄水调度函数的神经网络模型研究及改进 [J]. 水力发电学报，2006，25 (2)：83-89.

[19]　LIU P，CAI X，GUO S L. Deriving multiple near-optimal solutions to deterministic reservoir operation problems [J]. Water Resources Research，2011，47 (8)：W08506.

[20]　黄草，王忠静，李书飞，等. 长江上游水库群多目标优化调度模型及应用研究 Ⅰ：模型原理及求解 [J]. 水利学报，2014，45 (9)：1009-1018.

[21]　钟登华，熊开智，成立芹. 遗传算法的改进及其在水库优化调度中的应用研究 [J]. 中国工程科学，2003，5 (9)：22-26.

[22]　刘攀，郭生练，李玮，等. 遗传算法在水库调度中的应用综述 [J]. 水利水电科技进展，2006，(4)：78-83.

[23]　畅建霞，黄强，王义民. 基于改进遗传算法的水电站水库优化调度 [J]. 水力发电学报，2001，20 (3)：85-90.

[24]　游进军，纪昌明，付湘. 基于遗传算法的多目标问题求解方法 [J]. 水利学报，2003，7 (7)：64-69.

[25]　刘心愿，郭生练，刘攀，等. 基于总出力调度图与出力分配模型的梯级水电站优化调度规则研究 [J]. 水力发电学报，2009，28 (3)：26-31，51.

[26]　周研来，郭生练，李雨，等. 多目标调度图对气候变化的自适应研究 [J]. 华中科技大学学报：自然科学版，2014 (2)：6-10.

[27]　DEB K，AGRAWAL S，PRATAP A，et al. A fast elitist non-dominated sorting genetic algorithm for multi-objective optimization：NSGA-Ⅱ [C]. International Conference on Parallel Problem Solving From Nature，2000：849-858.

[28]　DEB K，PRATAP A，AGARWAL S，et al. A fast and elitist multiobjective genetic algorithm：NSGA-Ⅱ [J]. IEEE Transactions on Evolutionary Computation，2002，6 (2)：182-197.

[29]　刘攀，郭生练，郭富强，等. 清江梯级水库群联合优化调度图研究 [J]. 华中科技大学学报（自然科学版），2008，36 (7)：63-66.

[30]　肖刚，解建仓，罗军刚. 基于改进 NSGA-Ⅱ 的水库多目标防洪调度算法研究 [J]. 水力发电学报，2012，31 (5)：77-83.

[31]　王旭，雷晓辉，蒋云钟，等. 基于可行空间搜索遗传算法的水库调度图优化 [J]. 水利学报，2013，44 (1)：26-34.

[32]　杨娜，梅亚东，于乐江. 考虑天然水流模式的多目标水库优化调度模型及应用 [J]. 河海大学学报：自然科学版，2013，(1)：85-89.

[33]　ZHOU Y，GUO S L，CHANG F J，et al. Methodology that improves water utilization and hydropower generation without increasing flood risk in mega cascade reservoirs [J]. Energy，2018，143：785-796.

[34]　ZHOU Y，GUO S L，CHANG F J，et al. Boosting hydropower output of mega cascade reservoirs

using an evolutionary algorithm with successive approximation [J]. Applied Energy, 2018, 228: 1726 – 1739.

[35] TOLSON B A, SHOEMAKER C A. Dynamically dimensioned search algorithm for computationally efficient watershed model calibration [J]. Water Resources Research, 2007, 43 (1): 208 – 214.

[36] TOLSON B A, ASADZADEH M, MAIER H R, et al. Hybrid discrete dynamically dimensioned search (HD – DDS) algorithm for water distribution system design optimization [J]. Water Resources Research, 2009, 45 (12): W12416.

[37] ASADZADEH M, TOLSON B A. A new multi-objective algorithm, Pareto archived DDS [C]. Proceedings of the 11th Annual Conference Companion on Genetic and Evolutionary Computation Conference: Late Breaking Papers, 2009: 1963 – 1966.

[38] OSTFELD A, SALOMONS E, ORMSBEE L, et al. Battle of the water calibration networks [J]. Journal of Water Resources Planning and Management, 2011, 138 (5): 523 – 532.

[39] ASADZADEH M, TOLSON B A. Pareto archived dynamically dimensioned search with hypervolume-based selection for multi-objective optimization [J]. Engineering Optimization, 2013, 45 (12): 1489 – 1509.

[40] ASADZADEH M, TOLSON B A, BURN D H. A new selection metric for multiobjective hydrologic model calibration [J]. Water Resources Research, 2014, 50 (9): 7082 – 7099.

[41] KNOWLES J D, CORNE D W. Approximating the nondomiminated front using the Pareto archived evolution strategy [J]. Evolution Computation, 2000, 8 (2): 149 – 172.

[42] 杨光, 郭生练, 刘攀, 等. PA – DDS算法在水库多目标优化调度中的应用 [J]. 水利学报, 2016, 47 (6): 789 – 797.

[43] 杨光, 郭生练, 陈柯兵, 等. 基于决策因子选择的梯级水库多目标优化调度规则研究 [J]. 水利学报, 2017, 48 (8): 914 – 923.

[44] 何绍坤, 郭生练, 刘攀, 等. 金沙江梯级与三峡水库群联合蓄水优化调度 [J]. 水力发电学报, 2019, 38 (8): 27 – 36.

[45] CASTELLETTI A, GALELLI S, RESTELLI M, et al. Tree – based reinforcement learning for optimal water reservoir operation [J]. Water Resources Research, 2010.

[46] LI H, LIU P, GUO S L, et al. Hybrid two – stage stochastic methods using scenario – based forecasts for reservoir refill operations [J]. Journal of Water Resources Planning and Management, 2018, 144 (12).

[47] PEREIRA M V F, PINTO L M V G. Multistage stochastic optimization applied to energy planning [J]. Mathmatical Program, 1991, 52 (2), 359 – 375.

[48] 程春田, 申建建, 武新宇, 等. 大规模复杂水电优化调度系统的实用化求解策略及方法 [J]. 水利学报, 2012, 43 (7): 785 – 795.

[49] 徐斌, 钟平安, 陈宇婷, 等. 金沙江下游梯级与三峡-葛洲坝多目标联合调度研究 [J]. 中国科学: 技术科学, 2017 (8): 43 – 51.

[50] 万新宇, 王光谦. 基于并行动态规划的水库发电优化 [J]. 水力发电学报, 2011, 30 (6): 166 – 170.

[51] MELCHERS R E. Importance sampling in structural systems [J]. Structural Safety, 1989, 6 (1): 3 – 10.

[52] BEICHL I, SULLIVAN F. The importance of importance sampling [J]. Compute Science Engineering, 1999, 1 (2): 71 – 73.

[53] HE S, GUO S L, CHEN K, et al. Optimal impoundment operation for cascade reservoirs coupling parallel dynamic programming with importance sampling and successive approximation [J]. Ad-

vances in Water Resources，2019，133：103375.

［54］ ZHANG Y K，JIANG Z Q，JI C M，et al. Contrastive analysis of three parallel modes in multi-dimensional dynamic programming and its application in cascade reservoirs operation ［J］. Journal of Hydrology，2015，529：22－34.

［55］ SZIRMAY-KALOS L，SZÉCSI L. Deterministic importance sampling with error diffusion ［C］. Computer Graphics Forum. Oxford，UK：Blackwell Publishing Ltd，2009，28（4）：1055－1064.

［56］ GLYNN P W，IGLEHART D L. Importance sampling for stochastic simulations ［J］. Management Science，1989，35（11）：1367－1392.

［57］ STORDAL A S，ELSHEIKH A H. Iterative ensemble smoothers in the annealed importance sampling framework ［J］. Advances in Water Resources，2015，86：231－239.

［58］ GIULIANI M，MASON E，CASTELLETTI A，et al. Universal approximators for direct policy search in multi－purpose water reservoir management：A comparative analysis ［J］. IFAC Proceedings Volumes，2014，47（3）：6234－6239.

［59］ LI X，WEI J，LI T，et al. A parallel dynamic programming algorithm for multi-reservoir system optimization ［J］. Advances in Water Resources，2014，67：1－15.

［60］ FENG Z，NIU W，CHENG C. Optimizing electrical power production of hydropower system by uniform progressive optimality algorithm based on two-stage search mechanism and uniform design ［J］. Journal of Cleaner Production，2018，190：432－442.

第9章

长江上游水库群提前蓄水联合优化调度

随着长江上游大型梯级水库陆续建成，以三峡工程为主干的干支流控制性水库群已经形成规模，并在流域水资源综合利用和管理中发挥着关键性作用[1]。长江上游水库群的兴利库容占流域年均径流量的比例大幅提高，汛末蓄水对河道天然水流的影响程度显著增强，上游水库蓄水和下游需水的矛盾日益凸显。按照原设计蓄水方案，这些水库蓄水时间大致相同，多集中在汛后 1～2 个月内，存在竞争蓄水情况；若后续来水不足，水库蓄至正常水位难度加大，直接影响水库兴利目标的实现。同时，蓄水时段蓄水量占径流量比例增大，使得长江中下游等地区存在明显的减水过程，可能造成供水不足和洞庭湖和鄱阳湖的生态环境等问题。因此，如何科学地制定长江上游水库群蓄水方案，实现洪水资源的高效利用，具有重要的理论价值和现实意义。

近年来，针对单一水库汛末提前蓄水优化调度问题，国内外众多学者从不同研究角度出发，取得了一系列研究成果。刘心愿等[2]全面考虑三峡水库上下游防洪、发电、航运和蓄满率等综合要求，建立了多目标蓄水调度模型，利用智能优化算法最终求解得到三峡水库优化蓄水调度图。王俊等[3]从长江上游与中下游洪水遭遇规律、水库分期设计洪水等理论出发，论证了三峡水库提前蓄水的社会经济效益及其对中下游水文情势的影响。李雨等[4]从风险率与风险损失率两方面建立三峡水库提前蓄水防洪风险分析模型，探讨不同提前蓄水方案对下游地区防洪安全的影响，并将其与综合效益相结合，对多组分台阶蓄水方案进行优选，推荐三峡水库从 9 月 1 日及以后起蓄。陈柯兵等[5]利用支持向量机预报三峡水库 9 月径流信息，通过聚类方法对 9 月来水进行分类，针对不同来水情况下三峡水库综合利用效益最大化问题，提出了基于改进调度图的汛末蓄水调度方案。

欧阳硕等[6]提出将流域蓄水原则与 K 值判别式法相结合的策略判定流域各水库的蓄水时机和次序，通过调洪演算不同频率历史典型洪水，计算相应频率的蓄水控制线，进而绘制蓄水调度图，却未提出能权衡防洪、发电、航运等多目标的蓄水决策方案。周研来等[7]以溪洛渡-向家坝-三峡为例，实现蓄水时机与蓄水进程的协同优化，推求了可协调防洪与兴利之间矛盾的联合蓄水调度方案。但因梯级水库群调度"维数灾"等问题[8]，联合蓄水方案一般均在已获批蓄水方案基础上对水位做适当抬升和均匀离散，并非最优。截至 2020 年，长江中上游水库群因其研究对象的复杂性和调度目标的多样性，还没有一套完整的汛末蓄水调度理论用于指导长江中上游干流控制性水库联合蓄水调度运行。

本章以金沙江中游 6 座，雅砻江 3 座，金沙江下游 4 座，岷江 4 座，嘉陵江 4 座，乌江 7 座和干流沿线的三峡、葛洲坝等 30 座调蓄能力强的巨型水库群为研究对象（其分布图如图 9.1 所示），探讨如何在有限的可蓄水量条件下，根据各库入库流量，结合考虑防洪、发电、蓄水和航运等诸多因素，制定科学合理的联合调度方案。表 9.1 列出了长江中上游流域 30 座水库基本参数和特征值。选择不同空间尺度的水库作为研究对象，通过建立基于防洪、发电和蓄水的多目标调度模型，对水库蓄水时机与蓄水进程协同优化，探究比较不同算法（PA-DDS、IS-PDP、NSGA-Ⅱ算法）优化得出的调度方案防洪风险与综合效益性能。

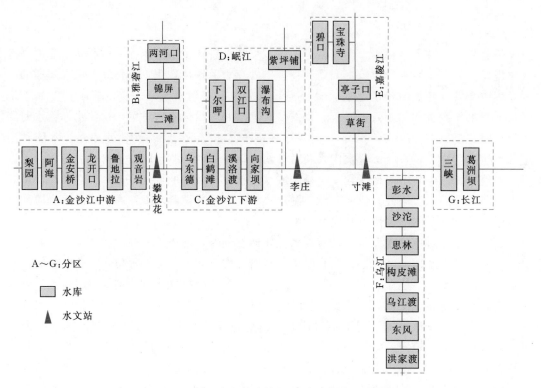

图 9.1 长江中上游流域 30 座水库概化示意图

表 9.1 长江中上游流域 30 座水库基本参数和特征值

分区	水库	汛限水位/m	正常蓄水位/m	总库容/亿 m³	防洪库容/亿 m³	装机容量/GW
A（金沙江中游）	（A1）梨园	1605	1618	8.1	1.7	2.40
	（A2）阿海	1493.3	1504	8.9	2.2	2.00
	（A3）金安桥	1410	1418	9.1	1.6	2.40
	（A4）龙开口	1289	1298	5.6	1.3	1.80
	（A5）鲁地拉	1212	1223	17.2	5.6	2.16
	（A6）观音岩	1128.8	1134	22.5	2.5	3.00
B（雅砻江）	（B1）两河口	2845	2865	101.5	20.0	3.00
	（B2）锦屏	1859	1880	79.9	16.0	3.60
	（B3）二滩	1190	1200	58.0	9.0	3.30

分区	水库	汛限水位/m	正常蓄水位/m	总库容/亿 m³	防洪库容/亿 m³	装机容量/GW
C（金沙江下游）	（C1）乌东德	952	975	39.4	24.4	10.20
	（C2）白鹤滩	785	825	206.0	75.0	16.00
	（C3）溪洛渡	560	600	126.7	46.5	13.86
	（C4）向家坝	370	380	51.6	9.0	7.75
D（岷江）	（D1）紫坪铺	850	877	11.1	1.7	0.76
	（D2）下尔呷	3105	3120	28.0	8.7	0.54
	（D3）双江口	2480	2500	29.0	6.6	2.00
	（D4）瀑布沟	841	850	53.3	7.3	3.60
E（嘉陵江）	（E1）碧口	695	704	2.2	1.0	0.30
	（E2）宝珠寺	583	588	25.5	2.8	0.70
	（E3）亭子口	447	458	40.7	14.4	1.10
	（E4）草街	200	203	22.2	2.0	0.50
F（乌江）	（F1）洪家渡	1138	1140	49.5	1.5	0.60
	（F2）东风	968	970	10.2	0.4	0.57
	（F3）乌江渡	756	760	23.0	1.8	1.25
	（F4）构皮滩	628.1	630	64.5	2.0	3.00
	（F5）思林	435	440	15.9	1.8	1.05
	（F6）沙沱	357	365	9.2	2.1	1.12
	（F7）彭水	287	293	14.7	2.3	1.75
G（长江）	（G1）三峡	145	175	450.7	221.5	22.50
	（G2）葛洲坝	—	66	15.8		2.72

9.1 金沙江下游梯级和三峡 5 座水库联合蓄水调度

对于水库群数目较少的梯级水库蓄水调度，常用多目标智能算法进行优化调度[9]。以金沙江下游四库（乌东德、白鹤滩、溪洛渡、向家坝）和三峡水库为例，联合蓄水方案优选流程详见图 9.2，其研究内容主要包括两个部分：①风险分析，基于蓄水期不同时间节点的防洪限制水位推求调度方案存在的防洪风险；②兴利效益，基于实测径流资料分析联合蓄水方案的发电和蓄水等综合效益。最终通过一系列评价指标优选出非劣解集，用于指导水库群蓄水调度。

金沙江下游四座梯级水库设计开发任务均是以发电为主，同时改善上下游通航条件，兼顾防洪、灌溉和拦沙等功能。其中，向家坝水库位于金沙江干流最下游，对溪洛渡水库具有反调节作用；三峡水库作为长江流域控制性水利枢纽，具有防洪、发电、供水、改善航道等多项综合任务[10]。为实现金沙江下游四库与三峡梯级水库联合蓄水调度，水库群

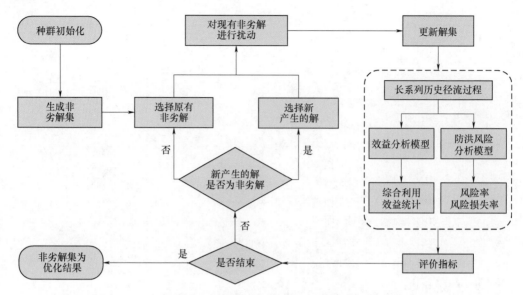

图 9.2　梯级水库蓄水模型求解流程图

蓄水需遵循基本原则，即：①同一流域，单库服从梯级，梯级服从流域；②无防洪库容或防洪库容小的水库先蓄，防洪库容大的水库后蓄，错开蓄水时间，减少流域发生洪灾的风险；③同一条河，上游水库先蓄，下游水库后蓄，支流水库先蓄，干流水库后蓄。同时为确保梯级水库群蓄水期尽可能在总水头较高情况下运行，得到较高的联合保证出力，引入反映单位电能所造成能量损失的 K 值判别式法，将以上蓄水原则与 K 值判别式结合对流域水库群进行蓄水分级，判定各库蓄水时机和次序[11]。各水库特征参数及 K 值见表 9.2。

表 9.2　　　　　　　　　梯级水库群特征参数及 K 值判别结果

水库	校核洪水位/m	设计洪水位/m	正常蓄水位/m	汛限水位/m	调节库容/亿 m³	装机容量/MW	保证出力/MW	等级	K 值区间/($\times 10^{-5}$)
乌东德	986.17	979.38	975	952	30.2	10200	3150	1	306～7
白鹤滩	832.34	827.71	825	785	104	16000	5500	1	240～18
溪洛渡	609.67	604.23	600	560	64.6	13860	3850	2	581～181
向家坝	381.86	380	380	370	9.03	6400	2009	3	993～684
三峡	180.4	175	175	145	165	22400	4990	3	486～131

依据上述蓄水分级结果，结合金沙江下游梯级与三峡水库流域的水文气象特征和汛期分期结果，采用提前蓄水时间和抬高关键时间节点控制水位两种策略同步优化，各蓄水方案起止时间见表9.3。乌东德水库作为金沙江下游河段四座水库的龙头水库，其防洪库容较小，可考虑在8月开始蓄水，9月中旬蓄满；白鹤滩水库为配合三峡水库以满足长江中下游防洪需要，可在8月初起蓄，至9月底蓄满；位于金沙江最下游的溪洛渡水库、向家坝水库由于共同承担川江和长江双重防洪任务，水库同步起蓄时间不得早于8月20日，并至9月底蓄满；而承担长江中下游荆江河段防洪任务的三峡水库按水库近年实际蓄水计划，可允许自9月10日开始蓄水，枯水年份可进一步提前蓄水时间至9月1日，控制9

月末水位不超过 165m，以应对可能出现的洪水，至 10 月底蓄至正常蓄水位。

表 9.3　　　　　　　　　　　梯级水库群各蓄水方案的起蓄时间

水库	原设计方案		拟订方案①		拟订方案②	
	起蓄时间	蓄满时间	起蓄时间	蓄满时间	起蓄时间	蓄满时间
乌东德	8 月 1 日	9 月 10 日	8 月 1 日	9 月 10 日	8 月 1 日	9 月 10 日
白鹤滩	8 月 1 日	9 月 30 日	8 月 1 日	9 月 30 日	8 月 1 日	9 月 30 日
溪洛渡	9 月 1 日	9 月 30 日	8 月 25 日	9 月 30 日	9 月 1 日	9 月 30 日
向家坝	9 月 1 日	9 月 30 日	8 月 25 日	9 月 30 日	9 月 1 日	9 月 30 日
三峡	9 月 10 日	10 月 31 日	9 月 1 日	10 月 31 日	9 月 10 日	10 月 31 日

依据现有实测资料，对 1952 典型年 1000 年一遇分期设计洪水进行调洪演算，并依据国家防汛抗旱总指挥部《关于 2018 年度长江上游水库群联合调度方案的批复》[12]，界定了各水库蓄水期不同时间节点的防洪限制水位（表 9.4）。

表 9.4　　　　　　　各水库蓄水期不同时间节点的防洪限制水位　　　　　　　单位：m

水库	8 月 20 日	9 月 10 日	9 月 30 日	10 月 31 日
乌东德	965	975	975	975
白鹤滩	800	810	825	825
溪洛渡	560	575	600	600
向家坝	370	375	380	380
三　峡	145	152	165	170

9.1.1　多目标优化结果

随着各水库蓄水时间的推迟，入库流量的逐渐减少，调洪得到的分期防洪限制水位逐渐增高，其形状呈阶梯状分布。利用各水库 1950—2015 年（共 66 年）8 月 1 日至 11 月 30 日的日均入库流量资料，进行逐年调度模拟，采用 PA-DDS 算法对各水库的蓄水调度控制线进行优化计算，以得到在防洪风险可控条件下，发电量与蓄满率较优的可行方案。

图 9.3 展示拟订方案①风险率最小（R_f 为 3.03%）与拟订方案②风险率最小（R_f 为 0.00%）的解集，并与原设计方案（Standard Operating Policy，SOP）目标值进行比较。据图 9.3 可知，提前蓄水方案均可提高梯级水库蓄水期发电量和蓄满率，拟订方案①的优化解集相对拟订方案②更为分散，蓄水时间越提前，综合经济效益越大，防洪风险也随之增加。较原设计方案梯级水库蓄水期发电量 1206.79 亿 kW·h，拟订方案①风险率最小、发电量最大的 Pareto 解（方案 A）可提高 24.30 亿 kW·h 发电量，增幅为 2.01%；蓄满率由原设计方案的 94.95% 提高至 95.72%；对应的风险率为 3.03%，风险损失率达 23.64%。拟订方案②风险率最小、发电量最大的 Pareto 解（方案 B）满足在不降低原有防洪标准的情况下，即 R_f、R_s 均为 0.00% 时，每年仍可提高 9.15 亿 kW·h 发电量，增幅为 0.76%；蓄满率提高至 95.09%。

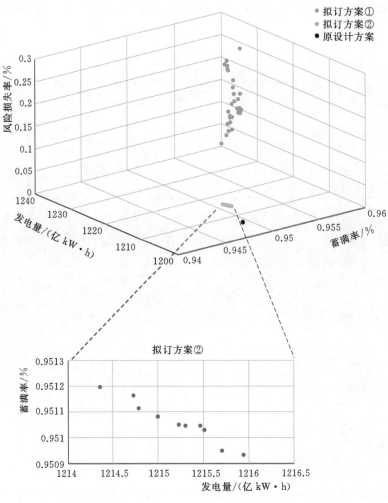

图 9.3　不同蓄水方案目标值比较

9.1.2　不同来水年蓄水方案分析

针对不同来水情况，基于集对分析法将蓄水期径流分为丰、平、枯三类，提供多种优化蓄水方案供流域管理者灵活决策。对于蓄水期为丰水年，为保证防洪安全，可采取拟订方案②中防洪风险为 0 时的优化结果（方案 B）；对于蓄水期为平、枯水年，流域防洪任务相对较轻，蓄水时间可进一步提前。

表 9.5 统计了两种不同典型优化方案（A、B）以及原设计方案的各水库的综合效益指标：原设计方案平、枯水年时，梯级水库群多年平均蓄水期发电量达 1145.43 亿 kW·h，其中，三峡水库作为长江骨干型工程，发电量约占 27.34%，白鹤滩水库作为中国第二大水电站，其巨大发电水头致使发电效益显著，发电量约占 23.91%；根据金沙江下游四库和三峡水库的兴利库容占比，确定蓄水率所占权重分别为 0.08、0.28、0.17、0.03 和 0.44，得到梯级水库蓄满率约为 92.89%。结果表明：对于平、枯水年份，梯级水库集

中、争相蓄水，原设计方案蓄满率较低。

表 9.5　　　　　　　　各水库平、枯水年蓄水方案的综合效益指标

水库	优化方案 A		优化方案 B		原设计方案	
	发电量/(亿 kW·h)	蓄满率/%	发电量/(亿 kW·h)	蓄满率/%	发电量/(亿 kW·h)	蓄满率/%
乌东德	188.83	95.98	187.43	95.76	187.44	95.98
白鹤滩	275.34	92.91	274.93	92.86	273.90	92.59
溪洛渡	251.34	92.88	248.07	91.16	247.64	91.11
向家坝	125.14	86.93	124	84.51	123.30	84.21
三峡	322.37	94.89	315.64	93.83	313.15	93.70
梯级	1163.02	93.89	1150.07	93.03	1145.43	92.89

在平、枯水年份，各水库若提前蓄水时间，适当抬高关键时间节点蓄水位，可使库群发电效益和蓄满率大幅提高，其中方案 A 效果最为显著。平、枯水年份，其风险率与风险损失率分别为 1.52％和 23.64％，防洪压力不大，但效益提升显著，水库发电量增加 17.59 亿 kW·h，增幅为 1.54％；蓄满率达 93.89％，其中下游三峡水库提升效益直接影响到梯级水库综合效益评价结果。对于三峡水库而言，设计方案汛末蓄水时机过晚、起蓄水位偏低，导致平、枯蓄水年份蓄满率偏低，方案 A 控制水位在 9 月逐步提高，可有效加大发电水头，使得发电量增加。由此可知，对于平、枯蓄水期，采取方案 A 优化蓄水方案更为科学合理。

9.1.3　典型年蓄水调度实例分析

为进一步对比优化方案与原设计方案综合效益的差异性，以三峡水库为例，选取优化方案 B，分别以 9 月发生较大洪水的丰水年（1952 年）作为典型年，对优化蓄水调度控制线进行分析，典型年蓄水调度过程详见图 9.4。

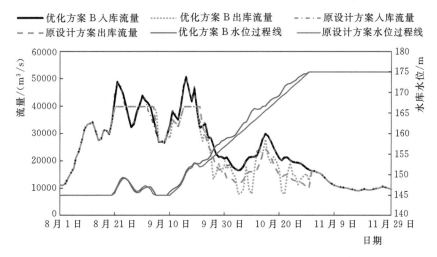

图 9.4　三峡水库 1952 年不同蓄水方案蓄水调度过程比较

由图 9.4 可知，1952 年优化蓄水方案 B 与原设计方案蓄水 10 月底均能蓄至 175m，但优化方案蓄水期水位一直高于设计方案，发电量为 434.33 亿 kW·h，相对原设计蓄水方案多发了 4.87 亿 kW·h；弃水量为 269.57 亿 m³，相对减少了 5.78 亿 m³；同时考虑到蓄水期水库及中下游防洪安全，控制蓄水水位 9 月底不超过 165m，实现汛末实测大洪水的调洪最高水位不超过蓄水水位上限，至 10 月 31 日蓄满。

此外，优化的蓄水调度控制线使得水库水位过程线近似于 S 形，这种现象可以从防洪、来水规律和水位-库容关系来解释：正常年份水库 8 月、9 月上中旬虽然入库流量较大，利于蓄水，且水库水位较低时，增加单位水位所需蓄水量不大，但考虑到防洪要求，同时蓄水时间长，单位时段蓄水压力小，故水库蓄水调度控制线增长较平缓；而长江中上游 9 月下旬以及 10 月上旬发生洪水的可能性非常低，防洪压力相对较小，为抓住洪水尾巴应加大蓄水力度，此时水库的蓄水调度控制线较快抬高。

9.2 金沙江与三峡 11 座水库群蓄水联合优化调度

对于更大规模的梯级水库群蓄水调度问题，传统的智能算法因无法有效地解决其"维数灾"问题而失去了通用性，故将库群多目标问题转化为以蓄水期发电量最大，其余优化目标转换为约束条件的单目标问题。并基于并行动态规划思想，从现有先进的计算机技术（硬件）和改进算法两方面提高优化速率。现以金沙江 10 座以及三峡水库在内的 11 座跨流域巨型水库群为研究案例，通过确定各水库蓄水次序，提前蓄水时间以及适当抬高关键时间节点蓄水控制水位，最终得到较优的蓄水方案，并与原设计蓄水方案比较[13]。

研究数据采用 1951—2014 年（共 64 年）8 月 1 日至 10 月 31 日（共 92 天）日均入库资料，水库群特征参数见表 9.1，优化方案与设计方案起、止蓄时间见表 9.6。

表 9.6　　　　　　　金沙江与三峡 11 座水库不同方案蓄水时间

区域	水库	起 蓄 时 间		蓄水截止时间
		SOP	IS-PDP	
A	（A1）梨园	8 月 1 日	＊8 月 1 日	9 月 30 日
	（A2）阿海	8 月 1 日	＊8 月 1 日	9 月 30 日
	（A3）金安桥	8 月 1 日	＊8 月 1 日	9 月 30 日
	（A4）龙开口	8 月 1 日	＊8 月 1 日	9 月 30 日
	（A5）鲁地拉	8 月 1 日	＊8 月 1 日	9 月 30 日
	（A6）观音岩	10 月 1 日	＃9 月 10 日	10 月 31 日
C	（C1）乌东德	8 月 1 日	＃8 月 1 日	9 月 10 日
	（C2）白鹤滩	8 月 1 日	＃8 月 1 日	9 月 30 日
	（C3）溪洛渡	9 月 1 日	＃8 月 25 日	9 月 30 日
	（C4）向家坝	9 月 1 日	＃8 月 25 日	9 月 30 日
G	（G1）三峡	9 月 10 日	＃8 月 25 日	10 月 31 日

注 SOP 表示原设计方案；＊代表蓄水策略为适当抬高关键时间节点控制水位；＃代表蓄水策略为提前蓄水时间和适当抬高关键时间节点控制水位。区域 A 为金沙江中游 6 座水库，区域 C 为金沙江下游 4 座水库和三峡水库。

9.2.1 蓄水调度模型

设计方案没有考虑时段来水不确定特点，其假定蓄水调度从蓄水初期的汛限水位线性等水位蓄至蓄水末期的正常蓄水位。由于水库的水面面积随着水位的增高会逐渐加大，等水位蓄水方法在水库水位较高时比在水位较低时需要更多的来水。而实际情况是来水在蓄水后期一般小于蓄水前期，并且随时间推移逐渐减小，所以按等水位进行控制是不符合实际来水情况的。因此，考虑蓄水期防洪风险可控情况下优化发电量的蓄水方案，其采用的提前蓄水时间以及适当抬高关键控制节点水位的蓄水策略更具有科学性、合理性以及可操作性。发电目标函数见式（8.18），同样满足 8.3 小节的水量平衡约束、水位约束以及电站出力约束等条件。

9.2.2 金沙江与三峡 11 座水库联合蓄水调度结果分析

对于金沙江与三峡 11 座水库系统而言，当各水库状态离散个数为 30 时，由于现有技术无法遍历 30^{11} 种所有状态变量，因此，IS - PDP 方法可根据曼哈顿距离，每次有效抽取 100 个状态变量值，逐次逼近优化得到优化解。

并行计算可有效缩短计算时间，提高计算效率。通常来讲，参与计算的处理器越多，其效率越高；为此，引入衡量并行计算的三项指标：一次迭代的计算时间（T_p）、加速比（S_p）和并行效率（E_p）。其中，S_p 等于串行计算时间与并行计算时间的比值；E_p 等于加速比与参与计算处理器个数的比值。

由表 9.7 的统计指标可知，串行计算一次迭代时间约为 978.43s，处理核数越多，每个核分配的任务相对越少，相应的时间花费也就越少。当计算核数达到了 16 时，一次迭代需要 115.65s。可以看出，加速比 S_p 呈增长趋势，其代表了计算核数越多，运行效率越高，可更加及时地调度决策。而取值范围为 0~1 变化的 E_p 随着核数增加反而减少，这是因为当参与计算核数较少时（个数小于等于 50），不同处理器之间的计算负荷不同，计算效率快的处理器需要等待效率慢的处理器的响应。

表 9.7　　　　　　　　　　　不同处理器每次迭代并行计算时间

处理器个数	运行时间（T_p）/s	加速比（S_p）	并行效率（E_p）
串行	976.56	—	—
4	314.28	3.11	0.78
8	180.29	5.42	0.68
12	132.76	7.36	0.62
16	117.65	8.30	0.52

以 2002 年典型年为例，图 9.5 描绘了 IS - PDP 方法的迭代过程。由图可知，不同收敛过程中，其迭代次数、收敛曲线、最终优化目标值较为相似。图 9.5 与表 9.7 共同说明了计算核数不同，仅仅会对计算效率有所影响，而不会改变最终的迭代次数以及优化结果。收敛过程有两次明显的跳跃增长过程：一次发生在迭代初，算法在初始解领域快速寻找得到一个较优解，之后算法随着迭代次数增加缓慢增加；另一次出现在迭代中间步骤，

此时搜索步长发生改变。最终，算法趋于一个较优解。最终的优化目标较为相近，说明每次抽样试验尽管状态变量组合不同，算法却最终收敛。

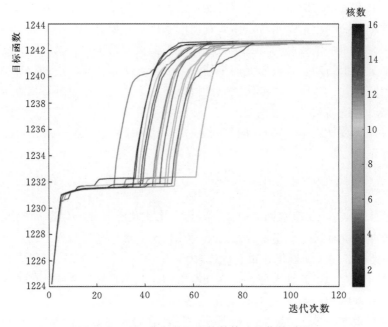

图 9.5　2002 典型年不同核数算法的收敛过程

水力发电作为一种可再生能源，在我国已代替部分化石能源，投入国家电网使用。对于设计方案而言，各水库独立发电。A 区和 B 区年均发电量分别为 230.6 亿 kW·h 和 1032.2 亿 kW·h，总发电量为 1262.8 亿 kW·h。而优化方法中，梯级水库联合调度，总发电量可达 1315.1 亿 kW·h，相对提高了 4.14%，其中 A 区、B 区年均发电量为 233.2 亿 kW·h 和 1081.9 亿 kW·h（图 9.6）。

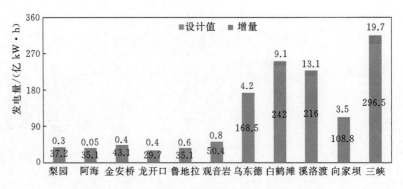

图 9.6　设计方案与优化方案年均发电量对比图

考虑到梯级水库复杂的水–能源结构，评价指标并非仅依赖于单一的评价指标，除了总发电外，还特意引入了年均供水量以及年均蓄满率两项综合指标。其中，年均供水量代表蓄水期末水库总库容超出死库容的部分；年均蓄满率代表年均供水量所占可蓄水量的比值。

图 9.7 展示了原设计方案、初始解和优化解的评价指标结果。与原设计方案和初始解相比，优化方案可大幅度提高年均供水量，增加值分别为 27.30 亿 m³/年和 24.20 亿 m³/年；蓄满率也可分别提高 6.09% 和 5.40%。注意到，与原设计蓄水方案相比，优化方案在 A 区域年均供水量无明显增长，但蓄满率略有增加；年均供水量与蓄满率在 C 区域相较而言有了更明显的增加趋势。水库防洪库容越大，提升蓄水率以及供水量的可能性越大。C 区白鹤滩水库、三峡水库与其他水库蓄满率相似（90%～99%），但其可供水量却远远超于其他水库，这是由于两水库总库容分别为 206.0 亿 m³ 与 450.7 亿 m³。根据长江流域特点，建议蓄水原则遵从：在同一条河上，上游水库先蓄水，下游水库后蓄水；在干支流之间，支流水库先蓄水，干流水库后蓄水。

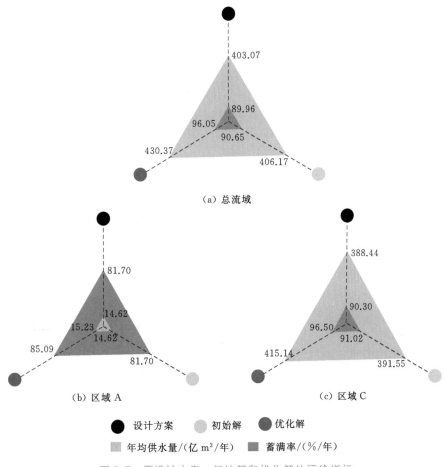

图 9.7　原设计方案、初始解和优化解的评价指标

对于长江上游规模巨大的 30 座水库群（空间地理分布见图 9.8），提前蓄水联合调度的技术难题无外乎仍是：①如何科学制定水库群各水库的蓄水时机、蓄水次序以及关键时

间节点的蓄水控制水位;②如何解决大规模梯级水库联合蓄水多目标优化调度的"维数灾"问题。对于具有综合性能(防洪、发电和供水等)的巨型水库系统,传统意义上的多目标智能算法如9.2小节所述,已失去了其有效性;IS-PDP算法虽然利用并行计算思想能提高水库优化运行效率,有效解决"维数灾"问题,但其仅对单目标优化问题具有改进作用。如何有效解决长江上游30座水库群蓄水联合多目标优化调度问题,仍是现代水资源管理亟须思考以及探讨的问题[14]。

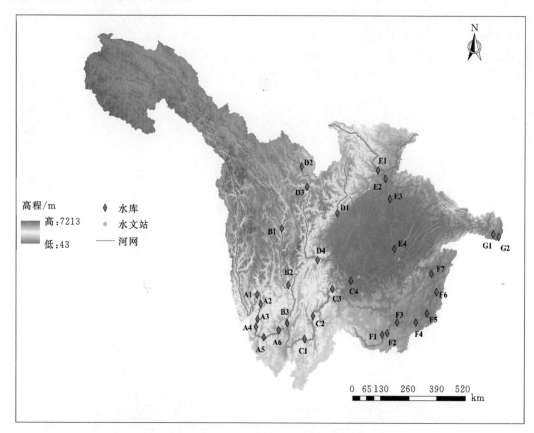

图9.8 长江上游流域和30座水库空间地理分布图

事实上,巨型水库群联合调度的理论研究国内外已有众多学者涉及,他们提出一种"替代模型"的思想,用于保留原水库系统的主要特征参数,同时忽略其内在联系,通过简化决策变量,从而提高优化运行效率。其主要难点在于保证蓄水模型不失真的前提下,如何选择替代模型[15]。一方面,替代模型应该实时捕捉水库系统库容状态变量,因为蓄水调度的首要目标即是在保证水库防洪安全的情况下,尽可能地蓄满水库以应对非汛期供水问题;另一方面,替代模型应尽可能减少水库群决策和状态变量解决"维数灾"问题。当注意到梯级水库通常可根据其水库不同特征参数以及地理分布划分为不同分区时[16],换而言之,可根据不同分区将具有相似库容特征的水库聚合成一个虚拟水库,本书提出一种新的"分区-聚合-分解"方法来构造蓄水水库替代模型,即相同分区水库利用水量聚合以捕捉库容信息,再利用一定的分解方法将决策分配到每个水库当中。该方法的显著特点在于可以通过聚合方法将大系统简化成几个虚拟水库，符合大尺度、复杂水库群蓄水简化要求。

然而，现有的分解方法虽然可以很快确定分解形式，但无法实现对分区水库群的高效利用。常见分解方法均无法较好地平衡计算效率以及优化结果之间的关系，阻碍了其在实际调度工程中的进一步应用。为进一步提高分解策略的优化解质量，本书引入 9.2 小节所采用的并行计算思想，利用新兴的并行逐次优化算法技术（Parallel Progressive Optimality Algorithm，PPOA）提高运行效率。

为了验证所提方法框架在蓄水调度中操作的可行性，本书以水库群最优蓄水时机选择为切入点，解析复杂串并联水库群的空间分区解耦原理，研究基于分区控制的水库群蓄水时机、次序和策略，建立多目标联合调度模型及其高效求解方法，制定长江上游控制性水库群汛末联合蓄水调度方案和评价指标体系[17]。主要研究内容包括以下四个模块：①分区策略，依据水库特性以及其地理位置空间分布将其划分为几个不同分区；②大系统聚合－分解法（Aggregation Decomposition，AD），可将同一分区所有水库聚合成一个虚拟水库，由此得到每一分区每一时刻的虚拟库容，再依据一定的分解模型将分区库容分散到该分区的所有单个水库中；③参数－模拟－优化（Parameterization Simulation Optimization，PSO），可通过对蓄水调度控制线进行预定义，基于不同优化目标考虑不同情景的优化过程；④并行逐次逼近寻优算法，该方法引进并行机制，可进一步帮助协调同一分区不同水库之间的水资源分配问题，研究流程详见图 9.9。

由图 9.9 可知，库水位运行约束域下限为原设计蓄水调度方案，而各分区上限水位为分区水库坝前最高水位所对应库容之和，其在各蓄水阶段对应的阈值见表 9.8。

表 9.8　　　　　　　　各分区不同时段水库坝前最高水位对应库容之和　　　　　单位：亿 m³

分区	8 月 10 日	8 月 20 日	8 月 31 日	9 月 10 日	9 月 20 日	9 月 30 日	10 月 10 日	10 月 20 日	10 月 31 日
A	54.0	57.3	61.6	62.9	64.1	65.1	65.1	65.1	65.1
B	200.5	217.4	226.5	236.7	236.7	236.7	236.7	236.7	236.7
C	292.1	335.0	359.5	388.5	411.3	414.0	414.0	414.0	414.0
D	94.9	97.9	103.3	106.9	109.1	115.4	116.3	116.6	116.6
E	48.2	49.7	55.2	63.4	64.0	64.2	65.3	65.6	65.6
F	153.7	157.1	160.4	162.6	162.6	162.6	162.6	162.6	162.6
G	188.3	204.6	222.2	254.7	307.5	333.1	400.2	400.2	400.2

本书参考《关于 2018 年度长江上游水库群联合调度方案的批复》[12] 和相关研究成果，拟订各水库提前蓄水时机，确立节点控制水位。表 9.9 列出了各分区水库开始蓄水时间、汛限水位等特征值。研究数据资料采用长江勘测规划设计研究院提供的各水库还原后的 1956—2012 年（共 56 年）入库径流资料，每年研究时段为 8 月 1 日至 12 月 31 日蓄水期，计算时段为日。

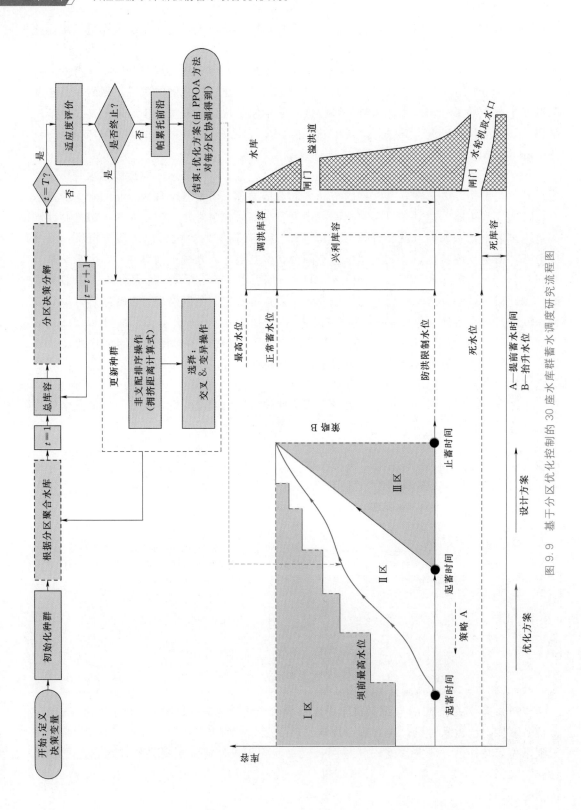

图 9.9 基于分区优化控制的 30 座水库群蓄水调度研究流程图

表 9.9　　　　　　　　　各分区水库开始蓄水时间和水位与联合蓄水优化结果

分区	水库名称	原设计方案	拟订方案	汛限水位/m	蓄满率/%	防洪风险 FCR	发电量（增量）/(kW·h)	增加率/%
A（金沙江中游）	（A1）梨园	8月1日	8月1日	1605	93.88	0	50.1（1.1）	2.2
	（A2）阿海	8月1日	8月1日	1493.3	92.07	0	42.2（0.7）	1.7
	（A3）金安桥	8月1日	8月1日	1410	90.57	0	56.1（1.1）	2.0
	（A4）龙开口	8月1日	8月1日	1289	96.70	0	39.0（0.9）	2.3
	（A5）鲁地拉	8月1日	8月1日	1212	96.20	0	42.9（1.2）	2.9
	（A6）观音岩	10月1日	9月20日	1128.8	95.97	0	64.3（1.3）	2.0
B（雅砻江）	（B1）两河口	8月1日	8月1日	2845	86.14	0.01	34.0（0.5）	1.5
	（B2）锦屏	8月1日	8月1日	1859	99.34	0.01	65.9（0.9）	1.3
	（B3）二滩	8月1日	8月1日	1190	99.50	0	71.6（1.0）	1.4
C（金沙江下游）	（C1）乌东德	8月1日	8月1日	952	87.15	0.02	196.4（7.0）	3.7
	（C2）白鹤滩	8月1日	8月1日	785	91.37	0.03	288.0（10.3）	3.7
	（C3）溪洛渡	9月1日	8月20日	560	92.98	0.01	283.2（12.6）	4.6
	（C4）向家坝	9月1日	8月20日	370	88.67	0	142.9（5.5）	4.0
D（岷江）	（D1）紫坪铺	10月1日	9月20日	850	96.57	0	14.0（0.4）	2.9
	（D2）下尔呷	8月1日	8月1日	3105	93.00	0	9.3（0.01）	0.1
	（D3）双江口	8月1日	8月1日	2480	99.54	0	33.9（0.3）	0.9
	（D4）瀑布沟	10月1日	9月20日	841	99.78	0	64.7（0.01）	0.01
E（嘉陵江）	（E1）碧口	10月1日	9月20日	695	85.01	0	6.8（0.1）	1.5
	（E2）宝珠寺	10月1日	9月20日	583	93.75	0	7.9（0.01）	0.1
	（E3）亭子口	9月1日	8月20日	447	80.07	0	14.5（0.3）	2.1
	（E4）草街	9月1日	8月20日	200	94.45	0.01	11.7（0.2）	1.7
F（乌江）	（F1）洪家渡	9月1日	8月20日	1138	97.83	0	6.1（0.1）	1.7
	（F2）东风	9月1日	8月20日	968	97.45	0	11.9（0.2）	1.7
	（F3）乌江渡	9月1日	8月20日	756	99.04	0	13.6（0.2）	1.5
	（F4）构皮滩	9月1日	8月20日	628.1	97.34	0	35.6（0.5）	1.4
	（F5）思林	9月1日	8月20日	435	85.29	0	14.4（0.3）	2.1
	（F6）沙沱	9月1日	8月20日	357	79.77	0	14.8（0.5）	3.5
	（F7）彭水	9月1日	8月20日	287	95.89	0	22.5（0.4）	1.8
G（长江）	（G1）三峡	9月10日	8月20日	145	95.56	0.08	396.2（26.2）	7.0
	（G2）葛洲坝	—	—	—	—	—	55.2（2.7）	5.1

9.3.1　多目标优化调度模型

蓄水调度目标函数和约束条件详见第 7.2 节，这里简化为以防洪风险率及蓄满率为梯级水库蓄水联合优化调度的目标函数，计算表达式如下。

（1）蓄满率（Impoundment Efficiency，IE）最大：

$$\max IE = \frac{1}{Y} \sum_{y=1}^{Y} \frac{\sum_{i=1}^{I} \sum_{n=1}^{M_i} [VE_{i,n}(y) - SD_{i,n}]}{\sum_{i=1}^{I} \sum_{n=1}^{M_i} (SU_{i,n} - SD_{i,n})} \tag{9.1}$$

$$IE_{i,n} = \frac{1}{Y} \sum_{y=1}^{Y} \frac{VE_{i,n}(y) - SD_{i,n}}{SU_{i,n} - SD_{i,n}} \tag{9.2}$$

式中：IE 为梯级水库蓄满率；$IE_{i,n}$ 为第 i 分区第 n 水库年均蓄满率；$VE_{i,n}(y)$ 为第 i 分区第 n 水库蓄水末时段库容；$SU_{i,n}$ 和 $SD_{i,n}$ 分别为第 i 分区第 n 水库正常蓄水位和死水位对应库容；I 为总分区数，本案例中设置为 7；M_i 为第 i 分区水库个数；Y 为总年数。

（2）防洪风险（Flood Control Risk，FCR）最小：

$$\min FCR = \min\{\max\{FCR(t)\}\}, (0 < t \leqslant T \cdot Y) \tag{9.3}$$

$$FCR(t) = \max\left\{ \frac{\sum_{i=1}^{I} \sum_{n=1}^{M_i} [V_{i,n}(t) - SS_{i,n}(t)]}{\sum_{i=1}^{I} \sum_{n=1}^{M_i} [SU_{i,n} - SS_{i,n}(t)]}, 0 \right\} \tag{9.4}$$

$$FCR_{i,n}(t) = \max\left\{ \frac{V_{i,n}(t) - SS_{i,n}(t)}{\sum_{i=1}^{I} \sum_{n=1}^{M_i} [SU_{i,n} - SS_{i,n}(t)]}, 0 \right\} \tag{9.5}$$

式中：$FCR(t)$ 为第 t 时刻防洪风险；$FCR_{i,n}(t)$ 为第 i 分区第 n 水库第 t 时刻防洪风险；$V_{i,n}(t)$ 与 $SS_{i,n}(t)$ 分别为第 i 分区第 n 水库第 t 时刻水库库容与坝前最高水位对应库容；T 为一年中研究总时段数。

9.3.2 聚合-分解模型（AD）

在梯级水库优化问题中，决策变量随着水库个数的增加呈线性增长；与此同时，目标函数计算次数呈指数增长。水库群的高维度由此会引发"维数灾"。为较好地解决"维数灾"问题，本书引入分区优化策略来减少决策变量个数。其基本思路是将 30 座水库划分在不同的 7 个分区，利用聚合分解法将同一分区水库聚合，并确定当前时刻的聚合水库状态，再由分解机制将聚合水库状态分散至各独立水库[18]。

9.3.2.1 聚合模型

同一分区水库以水量为单位聚合成一个虚拟聚合水库，不需要考虑不同支流上水库之间的特性不同。聚合模型表达式为

$$V_i^*(t) = \sum_{n=1}^{M_i} V_{i,n}(t) \tag{9.6}$$

$$I_i^*(t) = \sum_{n=1}^{M_i} I_{i,n}(t) - Eva_i(t) \tag{9.7}$$

式中：$V_i^*(t)$ 和 $I_i^*(t)$ 分别为第 i 分区虚拟水库第 t 时刻库容与径流；$I_{i,n}(t)$ 为外界流入第 i 分区第 n 水库第 t 时刻的径流量；$Eva_i(t)$ 为第 i 分区虚拟水库第 t 时刻水量损失。

如同大多数水库调度学者选取库容为优化状态变量一样，本书同样选取聚合水库的库

容为状态变量，其原因在于无论水库拓扑结构是图9.10的哪种类别，聚合水库库容均可由式（9.6）拟合得到，值得注意的是，图9.10中（a）和（b）两种拓扑结构出现在了30座巨型水库案例中。

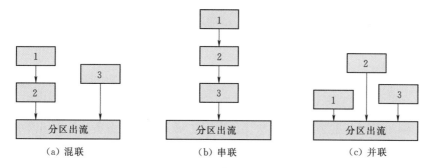

图9.10　水库拓扑结构

9.3.2.2　分解模型

分解旨在将虚拟聚合水库总输出分解到各个单一水库。本章将虚拟聚合水库总输出按照各水库可蓄比例进行分解，表达式如下：

$$V_{i,n}(t) = SL_{i,n}(t) + \left[V_i^*(t) - \sum_{m=1}^{M_i} SL_{i,m}(t)\right] \times \frac{SS_{i,n}(t) - SL_{i,n}(t)}{\sum_{m=1}^{M_i}\left[SS_{i,m}(t) - SL_{i,m}(t)\right]} \quad (9.8)$$

式中：$SL_{i,n}(t)$ 为第 i 分区第 n 水库第 t 时刻理论库容下限。

9.3.3　并行逐次逼近寻优算法（PPOA）

现有大规模水库群防洪、供水调度的理论应用研究聚合分解时，往往拟采用式（9.8）的经验公式，该方法计算简单、高效，但往往未实现各个分区水资源高效利用。本研究以库群梯级蓄水调度为例，采用并行逐次逼近寻优算法（PPOA），进一步优化聚合分解所得到的蓄水策略，目的是更好地协调好同一分区中的各个水库，使得水资源利用更加充分。

因蓄水调度中，流域管理者首要目标是满足在防洪风险可控的条件下，对水库进行蓄放水操作，保证水库群蓄满率最优。而对于长江流域30座水库研究对象而言，流经水库的水通常可以进一步用来发电。换言之，同一分区中蓄水水库群还应保证蓄满率与防洪风险不失真的条件下，尽可能满足发电量最大的目标。第 i 分区其优化目标发电量 E_i 表达式如下：

$$\max E_i = \frac{1}{Y} \sum_{n=1}^{M_i} \sum_{t=1}^{T \cdot Y} N_{i,n}(t) \cdot \Delta t, N_{i,n}(t) = A_{i,n} Q_{i,n}(t) H_{i,n}(t) \quad (9.9)$$

式中：$A_{i,n}$ 为第 i 分区第 n 水库发电效率系数；$Q_{i,n}(t)$ 和 $H_{i,n}(t)$ 分别为第 i 分区第 n 水库第 t 时刻发电流量和发电水头。其余各项符号在上述小节均有提及，在此不过多赘述。

至于优化约束条件，除了水量平衡方程、水库出力、水库水位等诸多因素需要满足，每一分区还应满足式（9.10）～式（9.12）：

$$IE_i = \frac{1}{Y} \sum_{y=1}^{Y} \frac{\sum_{n=1}^{M_i} \left[VE_{i,n}(y) - SD_{i,n} \right]}{\sum_{n=1}^{M_i} (SU_{i,n} - SD_{i,n})} \geqslant IE_i^* \qquad (9.10)$$

$$FCR_i \leqslant FCR_i^* \qquad (9.11)$$

$$FCR_i = \max \left\{ \frac{\sum_{n=1}^{M_i} \left[V_{i,n}(t) - SS_{i,n}(t) \right]}{\sum_{n=1}^{M_i} \left[SU_{i,n} - SS_{i,n}(t) \right]}, 0 \right\}, (0 < t \leqslant T \cdot Y) \qquad (9.12)$$

式中：IE_i^* 和 FCR_i^* 分别为 PSO 方法优化得到的第 i 分区蓄满率与防洪风险的初始值。

PPOA 算法采用计算机多核配置，同一时刻将不同的独立任务分配给不同的计算机处理器，在保证逐步寻优算法搜寻可靠解的同时，大大提高工作效率，从而有效解决"维数灾"问题。以三水库三水平为例（图 9.11），对于每一时刻，其状态候选计算量为 $3^3 = 27$。因每一时刻状态的目标值计算仅与上一时刻状态以及当前状态有关，而与当前时刻其余候选状态无关，故实质上 27 个状态之间的计算相互独立，这为 PPOA 的并行计算实施提供了可能。该算法的优势随着研究对象的尺度增大而更加明显。

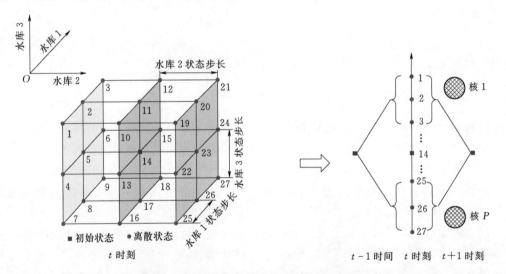

图 9.11　三水库三水平 PPOA 算法示意图

9.3.4　长江上游 30 库优化蓄水结果分析

采用 NSGA-Ⅱ优化算法，设置种群个数为 64，迭代次数为 100，交叉和变异概率分别取 0.9 和 0.1。图 9.12 直观地给出了 30 座水库群由 NSGA-Ⅱ智能算法得到的拟订方案的非劣解集，并与原设计方案进行对比。研究发现，NSGA-Ⅱ算法可产生大量非劣解集，其 Pareto 前沿具有分布广泛且均匀等特点。拟订方案既合理地提前了起蓄时间，又适当地提高了关键时间节点蓄水水位，其大幅度地提高了梯级水库蓄水保证率的同时，亦能保证防洪风险在可控范围，如拟订方案防洪最优解（$IE = 93.18\%$，$FCR = 0$）；其

Pareto 分布范围广而分散，更满足调度决策者需求。

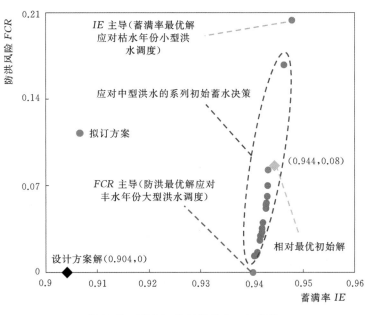

图 9.12 NSGA -Ⅱ得到的 Pareto 前沿

拟订方案中每一个 Pareto 前沿代表了一个较优的初始蓄水方案。在增加可控防洪风险的前提下，梯级水库蓄水优化方案可大幅提高蓄满率。在拟订方案中，NSGA -Ⅱ可分别给出两个不同目标最优时刻的初始蓄水方案：当防洪风险控制为 0 时，优化方案Ⅰ（即防洪最优解）优于设计方案解，即在不增加防洪风险的条件下，蓄满率由原设计方案的90.40％增加到 94.01％，可适用于流域出现大洪水的蓄水调度；当防洪风险为 0.20 时，优化方案Ⅲ（即蓄水最优解）蓄满率可提高至 94.76％，可适用于流域出现小洪水或枯水年的蓄水调度。除此之外，NSGA -Ⅱ算法还能较好地协调这两个冲突的优化目标，虽然蓄满率 IE 的提升势必增加了防洪风险 FCR，但其可产生一系列蓄水解集，适用于流域出现中等洪水的蓄水调度。

基于 Pareto 前沿的蓄满率（IE）与防洪风险（FCR）值，利用常用的投影寻踪法对所有解集进行排序。注意到防洪风险在蓄水时期出现时段越靠后的蓄水方案更受调度决策者青睐，这是因为蓄水时期越靠后，流域发生大洪水事件的概率就越小。因此，本书选取了 IE 为 94.42％、FCR 为 0.08 的优化解，作为相对最优初始方案Ⅱ。同时，由于方案Ⅰ和Ⅲ因其提供了各目标最大的情景，故也纳入进一步优化的对比范围。

利用 PPOA 方法对优化解集Ⅰ、Ⅱ和Ⅲ进一步进行各分区内梯级水库协调，得到相应最终的蓄水方案Ⅰ′、Ⅱ′和Ⅲ′。蓄水方案Ⅰ′、Ⅱ′和Ⅲ′最终的蓄满率和防洪风险分别为94.01％和 0、94.42％和 0.08、94.76％和 0.18。可以看出各个分区的 IE 与 FCR 在均未失真的情况下，防洪风险可进一步减少。

为详细分析蓄水规则Ⅰ′、Ⅱ′和Ⅲ′以及原设计方案对 30 座水库每个水库蓄满率（IE）以及防洪风险（FCR）的影响，表 9.9 和图 9.13 展示了其结果值。由图 9.13可知每个水库的蓄满率（IE）以及防洪风险情况（FCR）。如：通过蓄水方案Ⅲ′进行优化调度，瀑布沟水库（D4）蓄满率为 30 座水库中最大，其值可达到 99.78％；三峡水库（G1）防洪风险为 30 座水库最大，其值可达到 0.11。对于 D4 水库而言，说明 D 区有足够来水来填充 D4 水库并不大的蓄水库容；但是对于 D 区上游的 D2 水库而言，即使其防洪风险增加，因其蓄水库容相对较大，故还是难以蓄满。对于 G1 水库而言，因三峡水库位于 7 个分区的最下一级，长江中上游流域来水均汇入三峡水库，来水较大，三峡水库若通过提前蓄水时间和抬高关键时间节点水位来优化蓄水效益，则没有足够的防洪库容来应对较大洪水。同时从图 9.13 中看出，哪些分区水库通过优化调度，在不增加或者增加较少防洪风险的情况下，能获得较为可观的蓄水效益。以优化方案 Ⅰ′ 为例，C 分区的四座水库在防洪风险不变的条件下（仍均为 0.00），蓄满率 IE 值增长幅度为 1.82％～7.10％。这说明：①若采用较为合理的优化蓄水策略（提前蓄水时机和抬升水位），对于蓄水效益只有百利而无一害；②蓄水库容越大的水库，采用优化蓄水策略的优化效果更为明显。三峡水库（G1）的 IE 增长效率可进一步证明这一观点。其拥有世上最大的蓄水库容，一旦采用优化方案 Ⅲ′，蓄满率由原设计的 87.01％增加到 96.24％（即增加了 20.4 亿 m^3 可供水量）。相比之下，A 区（除了 A6 观音岩水库）和 B 区各水库蓄满率增加幅度可忽略不计，一方面因为其水库蓄水库容较小；另一方面，这些水库仅仅采用抬升水位策略，蓄水时间未进一步提前。

此外，图 9.13 中还包含了很多重要的信息。例如：A 区、B 区和 F 区这些水库对防洪风险并不敏感，在优化方案优化调度下，其防洪风险（FCR）始终为 0。这说明这些分区水库有充足库容应对相对较为轻松的防洪任务。而一旦采用优化方案 Ⅲ′，其余的四个分区（C 区、D 区、E 区和 G 区）会遭受不同程度的防洪风险，尤其是位于 G 区的 G1 三峡水库。三峡水库（G1）在蓄水过程中扮演着举足轻重的角色，其蓄水操作直接在一定程度上影响了 30 座水库的蓄水性能。但是一旦调度决策者一味地追逐蓄水效益，另一项与之冲突的防洪风险目标也会随着出现，来限制这一行为。

为进一步分析 PPOA 协同优化各分区水库发电量效益，以原设计蓄水方案为基准方案，本书详细地比较了三种优化方案对于各分区水库的发电效益增量。其中，图 9.14 给出原设计方案下 7 个分区的发电量比例。

由图 9.14 可以看出，30 座水库发电量主要由 A 区、C 区和 G 区构成，共占 78.10％。A 区水库所处地势海拔高，发电水头较高，可有效地将水势能转换为发电量，其发电量占比为 14.13％；C 区四座水库作为我国装机容量较大的水库，其发电量占比达到了 43.27％，其中白鹤滩水库为我国装机容量第二大的水库，其发电效益巨大；G 区的三峡水库接受长江上游大面积流域来水，具有丰富的水资源，其装机容量达到我国第一的水平，加上 G2 葛洲坝径流式水电站，其发电量也达到了 20.70％的比例。而其余分区水库，或因为装机容量较小，或因水库发电流量较小，导致发电量亦较低，如 F 区 7 座水库，虽然水库数量较多，但因发电流量较小，其发电量所占比不足 6％。因此，在分区协同优化发电量效益过程中，着重考虑 A 区、C 区以及 G 区发电所增效益，这与本书在本研究案例中设置 A 区、C 区和 G 区的 PPOA 优化算法允许最大迭代次数大于其余分区迭代参数的操作相吻合。

图 9.15 展示了长江上游 7 个分区在几种不同蓄水方案中发电量的分布情况。相对于

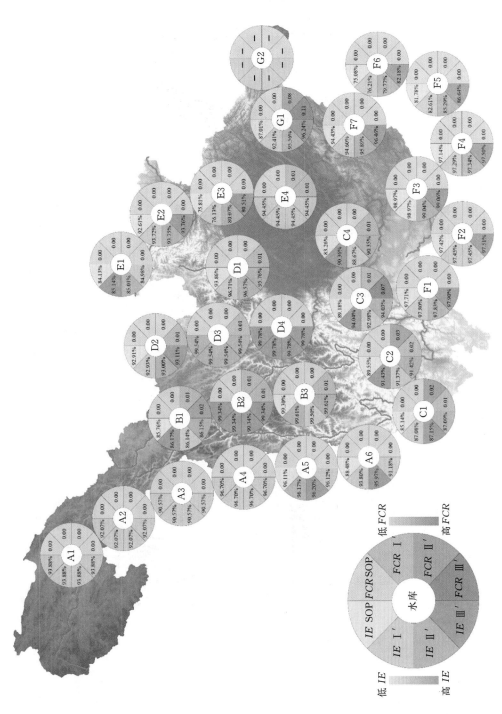

图 9.13　拟订方案各蓄水规则中 30 座水库蓄满率（IE）和防洪风险（FCR）分布图

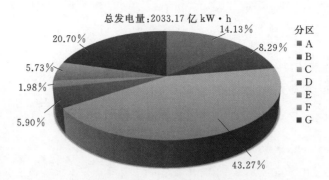

图 9.14 原设计蓄水方案各分区发电量比例图

原设计蓄水方案，优化蓄水策略Ⅰ′、Ⅱ′和Ⅲ′可分别提高发电量 3.17%、3.76% 和 3.89%。增加幅度前三的分区依次是 G 区、C 区和 A 区。其中，G 区发电量增加幅度为 5.25%～7.41%，由此可见 G 区所蕴含的巨大发电潜力。其较大幅度增长的原因在于其汇聚了上游的丰富水资源，三峡水库（G1）作为全世界装机容量最大的水库，可显著提高发电效益；此外，葛洲坝水电站（G2）作为下游径流式水电站，与三峡水库组成的库群可将水动能高效地转换为电能，当三峡水库一旦采取既提前蓄水时间，又适时提高关键时间节点水位时，提升效果愈加明显。C 区也可增加 4.00%～4.07% 发电量，其具有较高提升幅度的原因在于，该区分布的四座水库（乌东德、白鹤滩、溪洛渡和向家坝）位于长江干流，其组成的梯级水库的总装机容量高达 47.81GW（表 9.1），其中，白鹤滩水库是我国装机容量第二大的水库。然而，其余 5 个分区的发电增长率不明显，即使 A 区有 6 座水库，F 区有 7 座水库，一旦它们将有限水资源进行蓄水操作，以备枯水期使用，其在蓄水期转换电能的效率系数就相对较低。

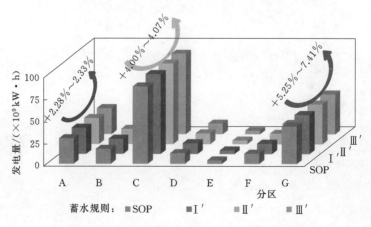

图 9.15 不同蓄水方案各分区发电量示意图

此外，图 9.16 给出了每一分区不同年份相对原设计方案的发电量增量。其揭露的蓄水调度规则对发电增量的影响更为明显。由图 9.16 可以看出，优化蓄水调度规则Ⅱ′和Ⅲ′相较于调度规则Ⅰ′更为适合所有场景年份，其中，规则Ⅱ′和Ⅲ′相较规则Ⅰ′能挖掘出更多 C 区和 G 区发电效益，但是规则 Ⅱ′的防洪风险明显小于规则 Ⅲ′。

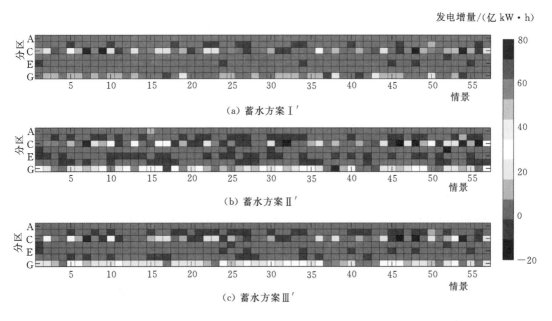

图 9.16　相对原设计方案，各优化方案各分区逐年优化发电量（单位：亿 kW·h）

　　蓄水规则 Ⅱ′对于 A 区各年发电增量影响基本稳定，表明蓄水规则 Ⅱ′可应用于 A 区所有（丰、平和枯水）年份；然而，尽管蓄水规则 Ⅱ′可提高分区 B、D、E 和 F 的多年平均发电增益，但在极个别枯水年份，这些分区会出现发电增益减少的情况，这是因为当这些分区来流较小时，水库通过蓄水调度集中蓄水，导致径流减少，由此出现了发电流量减少的负面作用明显于相同时期水库发电水头增加的正面作用。此外，研究发现发电增量主要集中在 C 区及 G 区的丰水年情景，而且同一蓄水规则 Ⅱ′对于 C 区、G 区不同年份发电增益影响较大，这进一步说明对于涉及复杂水力联系情况、多维调度的巨大水库群而言，单一固定的蓄水方案已无法满足所有情况，因此有必要展开多情景蓄水调度研究，同时也对精确水文预报提出了进一步的严格要求。

　　梯级水库提前蓄水操作除了蓄满水量效益与发电效益以外，往往也直接或者间接涉及其他综合兴利效益，如供水、CO_2 减排，以及对下游影响等。长江上游 7 个分区（A～G）出口径流的箱型分布图如图 9.17 所示。

　　由图 9.17 可知，优化蓄水调度规则 Ⅱ′相较于原设计蓄水方案，可以更加改善下游径流分布，从而满足水库下游流量要求。以 G 区为例，当设计方案无法满足某些枯水年份下游出库流量高于 8000m³/s 生态流量时，优化规则 Ⅱ′却可以改善这一情况；而且，优化规则 Ⅱ′亦能满足平水年以及多数丰水年下游流量不超过 39900m³/s 的防洪要求，对于极少数特丰水年份，G 区水库为保证自身防洪安全，会增大出库流量，但仍满足出库流量不高于 54000m³/s 的防洪要求，其出库流量峰值仍低于原设计方案，也进一步佐证了研究的结论。

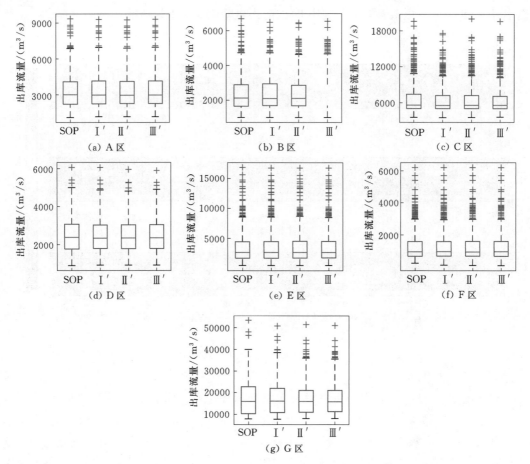

图 9.17　长江上游 7 个分区（A～G）出口径流的箱型分布图

9.4　本章小结

　　本章结合水库运行中面临的实际约束条件，通过设定坝前最高安全水位将防洪与兴利结合起来，建立了蓄水调度模型。对蓄水方案进行优化，实现了汛末防洪安全和水库兴利蓄水之间的平稳过渡，既保证了水库的防洪安全，又兼顾到了综合利用效益的最大化，为研究大型水库的提前蓄水做出了重大参考。

　　长江上游梯级水库群蓄水优化调度研究结果表明：

　　（1）PA－DDS、NSGA－Ⅱ等智能算法对于有复杂约束的多目标优化问题可产生大量非劣解，其 Pareto 前沿分布范围均匀且广泛，可供决策者灵活调度。如：对于大型洪水，宜采用防洪最优解；对于中小型洪水，发电最优解可供参考。

　　（2）重点抽样-并行动态算法（IS－PDP）可有效减小状态空间中候选状态变量的个数，并利用计算机技术高效求解；长江上游水库群蓄水期水资源潜在价值巨大。相较于设计方案的单库模拟调度，在无须改变当前水利工程格局的前提下，经过优化的蓄水调度规则能够显著提高年均发电量 52.30 亿 kW·h（增幅为 4.14%），增加年均供水量 27.30 亿 m³，提高蓄满率 6.09%，有效地提高了水库群蓄水调度的综合利用效益。

（3）对于更为复杂的长江上游 30 库蓄水调度而言，基于分区优化策略的参数-模拟-方法，可有效解决更高维数的"维数灾"问题；同时采用并行计算的思想可对同一分区水库群进行水资源高效利用的进一步协调。当然，更应指出，对于研究尺度广、具有复杂水力联系的巨型水库群而言，单一的水库群蓄水原则无法满足所有情景，因此有必要对多情景来水情况进行更为精细的调度，这也对水文预报工作提出了更为严格的要求。

参 考 文 献

［1］ 陈炯宏，陈桂亚，宁磊，等. 长江上游水库群联合蓄水调度初步研究与思考［J］. 人民长江，2018，49（15）：5-10.

［2］ 刘心愿，郭生练，刘攀，等. 考虑综合利用要求的三峡水库提前蓄水方案［J］. 水科学进展，2009，20（6）：851-856.

［3］ 王俊，郭生练，丁胜祥. 三峡水库汛末提前蓄水关键技术与应用［M］. 武汉：长江出版社，2012.

［4］ 李雨，郭生练，郭海晋，等. 三峡水库提前蓄水的防洪风险与效益分析［J］. 长江科学院院报，2013，30（1）：8-14.

［5］ 陈柯兵，郭生练，何绍坤，等. 基于月径流预报的三峡水库优化蓄水方案［J］. 武汉大学学报（工学版），2018（2）：112-117.

［6］ 欧阳硕，周建中，周超，等. 金沙江下游梯级与三峡梯级枢纽联合蓄放水调度研究［J］. 水利学报，2013，44（4）：435-443.

［7］ 周研来，郭生练，陈进. 溪洛渡-向家坝-三峡梯级水库联合蓄水方案与多目标决策研究［J］. 水利学报，2015，46（10）：1135-1144.

［8］ ZHOU Y L，GUO S L，CHANG F J，et al. Boosting hydropower output of mega cascade reservoirs using an evolutionary algorithm with successive approximation［J］. Applied Energy，2018，228：1726-1739.

［9］ 郭生练，陈炯宏，刘攀，等. 水库群联合优化调度研究进展与展望［J］. 水科学进展，2010，21（4）：85-92.

［10］ 黄草，王忠静，鲁军，等. 长江上游水库群多目标优化调度模型及应用研究Ⅱ：水库群调度规则及蓄放次序［J］. 水利学报，2014，45（10）：1175-1183.

［11］ 何绍坤，郭生练，刘攀，等. 金沙江梯级与三峡水库群联合蓄水优化调度［J］. 水力发电学报，2019，38（8）：27-36.

［12］ 国家防汛抗旱总指挥部. 关于 2018 年度长江上游水库群联合调度方案的批复［R］，2018.

［13］ HE S K，GUO S L，CHEN K B，et al. Optimal impoundment operation for cascade reservoirs coupling parallel dynamic programming with importance sampling and successive approximation［J］. Advances in Water Resources，2019，133：103375.

［14］ 郭生练，何绍坤，陈柯兵，等. 长江上游巨型水库群联合蓄水调度研究［J］. 人民长江，2020，51（1）：6-10.

［15］ ZHANG J，WANG X，LIU P，et al. Assessing the weighted multi-objective adaptive surrogate model optimization to derive large-scale reservoir operating rules with sensitivity analysis［J］. Journal of Hydrology，2017，544：613-627.

［16］ 周建中，张睿，王超，等. 分区优化控制在水库群优化调度中的应用［J］. 华中科技大学学报（自然科学版），2014（8）：79-84.

［17］ ZHANG J，LI Z，WANG X，et al. A novel method for deriving reservoir operating rules based on flood classification-aggregation-decomposition ［J］. Journal of Hydrology，2019，568：722－734.

［18］　VALDES J B，FILIPPO J M D，STRZEPEK K M，et al. Aggregation－disaggregation approach to multireservoir operation ［J］. Journal of Water Resources Planning and Management，1992，118 （4）：423－444.

基于月降雨径流预报判定三峡水库蓄水时机

水库为了能在枯水期充分发挥其兴利效益，必须选择在合适的时间开始蓄水，这样才可能在一定的保证率下蓄水至正常蓄水位。水库的汛末蓄满可以保证水库在供水期内正常发挥长期兴利作用，但可能与一些近期目标相矛盾，例如蓄水时间越提前，水库蓄满率越大，发电量一般也会越多，但同时承担的防洪风险也越大。显然水库蓄水时机的选择与来水情况有关，以三峡水库为例。三峡水库是上游水库群调蓄后长江干流具有调节能力的末级枢纽，对满足长江中下游供水、航运以及生态等需求具有至关重要的作用。随着长江中上游大规模水库群陆续建成与投运，三峡水库蓄水难度日益增加，若遇来水较枯年份，按原规划的汛末蓄水调度方案进行集中蓄水则难以完成水库蓄水任务，影响水库蓄满率和枯水期供水、发电等综合效益。

实际上三峡水库的优化蓄水方案显然与蓄水期的来水情况有关，针对丰、平、枯不同的来水，蓄水方案势必存在差异。为了解决单一优化调度规则对不同来水情况适应性不佳的问题，可采用不同方法将历史来水系列分成若干类型，如系统聚类[1]、归纳演绎[2]、集对分析[3]、频率分析[4]等，针对不同类型来水情况进行分类优化，得到多种优化调度规则。但这些研究实际指导意义不强，未给出可操作性的预报方案，难以用于调度实践。

本章在第 3 章至第 4 章长期降水预报方法研究的基础上，建立三峡水库月径流预报模型，试图通过提前判定长江上游和三峡水库的来水情况，在现有蓄水方案基础上提前水库的蓄水时机，并与现有蓄水方案进行效益对比分析，最终提出基于月降雨径流预报的水库群蓄水时机选择流程。

10.1　三峡水库月径流预报模型

中长期水文预报定义为根据前期和当前的水文、气象等信息，所做出的预见期超过流域最大汇流时间且在三天以上、一年以内的水文预报[5]，可根据河川径流的连续性、周期性和随机性特点，采用成因分析、数理统计和时间序列分析等方法开展研究。近年来，随着新技术的发展，模糊分析、人工神经网络、遗传算法、灰色系统理论、支持向量机和混沌理论等方法也在中长期水文预报中得到应用。为提高模型的预报精度，可采取经验模态分解法（Empirical Mode Decomposition，EMD）[6]与奇异谱分析（Singular Spectrum Analysis，SSA）[7]等方法，对前期水文和气象信息进行前处理。

为实现三峡水库的月径流预报，本章运用奇异谱分析（SSA）方法对三峡水库的月径流资料进行降噪处理，采用人工神经网络（ANN）和支持向量机（SVM）建立确定性径流预报模型。

10.1.1　奇异谱分析

奇异谱分析（SSA）是一种广义功率谱。可将所观测到的一维时间序列转化为轨迹矩阵，并对轨迹矩阵进行分解、重构处理，从而提取出能代表原时间序列不同成分的各种信号，如周期信号、趋势信号、噪声信号等。其原理与方法详见文献 [7]。

建立相空间，给定一个非零的时间序列，采用动力系统分维数估计的处理方法，按时迟滞排列建立相空间，将一维时间序列转化为多维时间序列：

$$\boldsymbol{X} = \begin{bmatrix} x_1 & x_2 & \cdots & x_{i+1} & \cdots & x_{N-L+1} \\ x_2 & x_3 & \cdots & x_{i+2} & \cdots & x_{N-L+2} \\ \cdots & \cdots & \cdots & \cdots & \cdots & \cdots \\ x_L & x_{L+1} & \cdots & x_{i+L} & \cdots & x_N \end{bmatrix} \tag{10.1}$$

式中：$\boldsymbol{X}$ 为相空间中的轨迹矩阵；$L(1 < L < N)$ 为窗口长度。

奇异值变换，计算 XX^T 并求得其 L 个特征值及其相应特征向量。通过分组和重构成分，提取 $p(1 \leqslant p \leqslant L)$ 个具有贡献作用的成分进行重建。该重建序列是被 SSA 降噪处理后的有用序列，蕴含原序列的周期、趋势信号；原始序列与重建序列的差值即为噪声。

由上述描述可知，利用 SSA 进行降噪处理需对两个重要参数，即窗口长度 L 与贡献成分 p 进行取值。本研究中窗口长度 L 取 11，贡献成分选取为子序列与原序列互相关系数为正的部分。

10.1.2　人工神经网络模型

人工神经网络（Artificial Neural Network，ANN）广泛运用于科学、工程等诸多领域，其具有并行性、非线性映射能力、鲁棒性和容错性、自学习和自适应等特点[8]。通常，一个神经网络模型具有三层结构，即输入层、隐含层和输出层，层与层之间通过权重连接。其中，输入层作为数据输入层，隐含层作为数据处理层，输出层给出数据处理后结果。

三层前向神经网络由于结构简单，又能解决较多实际问题，使得这种模型如今仍受到诸多使用。以 BP 网络为例，网络学习可以看作两部分：第一步是前向学习，输入训练样本，通过构架好的网络结构和最近一次迭代得到的权值和阈值，依次从前向后计算输出层各神经元结果；第二步反馈修正，利用输出数据对层间权值和神经元阈值进行修改，从后往前计算它们对总误差的影响梯度，比较预先设定精度，据此判断模型学习是否达到标准。神经网络模型较传统模型的优点在于，无需用显式数学表达复杂的水文物理成因过程。其计算步骤简要介绍如下：

设网络的输入层为 $x = (x_1, x_2, \cdots, x_n)^T$，隐含层有 h 个单元，隐含层的输出为 $y = (y_1, y_2, \cdots, y_h)^T$，输出层有 m 个单元，他们的输出为 $z = (z_1, z_2, \cdots, z_m)^T$，目标输出为 $t = (t_1, t_2, \cdots, t_m)^T$，设隐含层到输出层的传递函数为 f，输出层的传递函数为 g，则隐含层第 j 个神经元的输出为

$$y_j = f\left(\sum_{i=1}^{n} w_{ij}x_i - \theta\right) = f\left(\sum_{i=0}^{n} w_{ij}x_i\right) \tag{10.2}$$

式中：$w_{0j} = -\theta$，$x_0 = 1$。

输出层第 k 个神经元的输出为

$$z_k = g\left(\sum_{j=0}^{h} w_{jk}y_j\right) \tag{10.3}$$

本研究利用 MATLAB 神经网络工具箱，构建三层 BP 神经网络，其中输入层分别为 1、2、3、4、5、6、9、12 个节点，隐含层 7 个节点，输出层 1 个节点，利用动态自适应性学习率的梯度下降算法训练得到 ANN 确定性预报模型。

10.1.3 支持向量机模型

支持向量机（Support Vector Machines，SVM）是基于结构风险最小化原则，将最优分类问题转化为求解凸二次规划问题，得到全局最优解，较好地解决局部极小值的问题，同时在一定程度上克服了"维数灾"和"过学习"等传统困难，因此在文本过滤、数据挖掘、非线性系统控制等领域广泛应用[9-10]。给定一组训练集 $\{(x_i,d_i)_i^N\}$（x_i 作为输入向量，d_i 是期望值），SVM 的回归方程可由下式给出：

$$y = f(x) = w_i \cdot \phi_i(x) + b \tag{10.4}$$

式中：w_i 为超平面的权值向量；b 为偏置项。

根据支持向量机理论，可将线性回归方程转化为优化问题求解，该约束优化问题可用拉格朗日形式求解。方程满足 Mercer 条件，故引入核函数，反映的是高维特征空间的内积，实现了从低维空间不可分到高维空间可分的功能。几种常用的核函数包括线性核函数、多项式核函数、Gauss 径向基核函数、Fourier 核函数等。采用以 σ 为参数的 Gauss 径向基函数（RBF），其表达形式为

$$K(x,x_j) = \exp(-\parallel x - x_j \parallel^2 / 2\sigma^2) \tag{10.5}$$

本研究利用 SVM 工具箱，选用 σ 为参数的 Gauss 径向基函数，分别采用前 1、2、3、4、5、6、9、12 个月的径流数据作为自变量，当前月径流为因变量，利用遗传算法进行参数率定，得到 SVM 确定性预报模型。

10.1.4 三峡水库月径流预报结果分析

利用 ANN 和 SVM 模型预测三峡水库的月径流前，需进行预报因子的选取，即确定 ANN 和 SVM 模型的输入变量。本研究分别选取当前月前 1、2、3、4、5、6、9、12 个月的径流数据作为预报因子，利用 1882—1988 年实测月径流建立 ANN、SVM 确定性预报模型（预报 1—12 月全部月）[11]。采用 1989—2016 年数据进行预报检验，为评判模型的模拟预测能力，采用《水文情报预报规范》推荐的两个指标，即纳什效率系数（NS）、水量平衡系数（WB）进行分析，模拟预报结果见表 10.1。

由表中得出，SVM 模型稍优于 ANN 模型，当采用前 2 个月及以上的径流数据作为预报因子，月径流 ANN、SVM 预报模型率定期和检验期纳什效率系数均接近或超过 0.9，水量平衡系数均接近于 1，预报结果良好。利用前 4 个月的径流数据作为预报因子，

表 10.1　　　　　　　　　　　　三峡水库月径流预报结果

模　型	率定期（1882 年 1 月至 1988 年 12 月）		检验期（1989 年 1 月至 2016 年 12 月）	
	NS	WB	NS	WB
ANN－1	0.665	1.006	0.633	1.025
ANN－2	0.920	1.010	0.885	1.041
ANN－3	0.939	1.001	0.904	1.016
ANN－4	0.947	1.000	0.930	1.014
ANN－5	0.946	1.000	0.929	1.011
ANN－6	0.948	1.000	0.926	1.021
ANN－9	0.948	0.999	0.929	1.003
ANN－12	0.949	1.005	0.927	0.999
SVM－1	0.651	0.970	0.618	0.984
SVM－2	0.925	0.993	0.915	1.008
SVM－3	0.936	0.996	0.928	1.006
SVM－4	0.946	0.997	0.942	1.015
SVM－5	0.949	0.998	0.941	1.018
SVM－6	0.949	0.999	0.941	1.022
SVM－9	0.945	0.998	0.937	1.015
SVM－12	0.946	0.999	0.936	1.016

纳什效率系数即可达到最高，更多预报因子对指标提升不明显，即 4 个月以上数据对预报模型影响较弱，该结果可反映出三峡月径流与前 4 个月存在较强的关系。

10.2　三峡水库 9 月丰、平、枯来水的蓄水方案

10.2.1　三峡水库 9 月径流聚类分析

为实现对 9 月不同来水情况下三峡水库蓄水方案的优化选择，采用 K－means 聚类算法将三峡 1882—2016 年 9 月的历史径流进行分类处理。该算法是聚类分析中使用最为广泛的算法之一，它把 n 个对象根据他们的属性分为 k 个聚类，使所获得的聚类满足：同一聚类中对象的相似度较高；而不同聚类中对象的相似度较小。聚类的种类 k 需事先给出，本研究中 k 值定为 3，将三峡水库 9 月入库径流分为丰、平、枯三类。如图 10.1 所示，月均流量超过 31365m³/s 为丰水月（25 年），小于 22562m³/s 为枯水月（40 年），两者之间为平水月（70 年）。

10.2.2　现有蓄水方案效益分析

按照《三峡优化调度方案》（以下简称规则方案），水库可以自 9 月 15 日开始蓄水，9 月 25 日蓄至 153m（不超过 153m），9 月 30 日不超过 156m，10 月底蓄满。按照近年来三

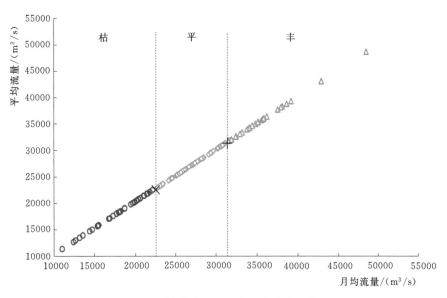

图 10.1　三峡水库 9 月月均入库流量聚类结果

峡水库实际的蓄水实施计划（以下简称优化方案），水库可以自 9 月 10 日开始蓄水，9 月控制水位不超过 165m，10 月底蓄满。本研究分别以上述两种方案作为优化边界调节，将三峡 1882—2016 年长系列径流资料作为输入，以年均发电量最大和年均蓄水位最高为目标，采用 NSGA－Ⅱ 算法得到优化后的蓄水调度控制线，如图 10.2 所示。

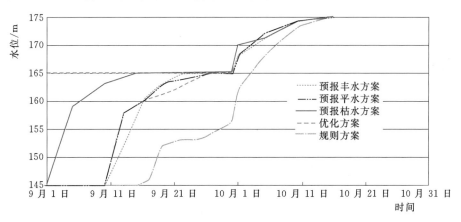

图 10.2　不同优化蓄水调度控制线对比

　　为分析规则方案与优化方案对 9 月不同来水情况下三峡水库蓄水的应用效果，分别将 9 月来水丰、平、枯的年份，利用上述优化的调度控制线进行模拟调度，结果见表 10.2。从表中可以看出，优化方案平均效益高于规则方案。当 9 月为丰、平水时，采用规则方案与优化方案均能取得较好的效益。但当 9 月为枯水时，采用规则方案与优化方案，蓄水效果均不佳，9 月底平均水位分别为 154.94m、162.31m，均未达到方案所规定的 9 月底最高限制水位，从而影响了水库 10 月的蓄水。上述分析说明，当三峡水库 9 月来水为枯，即月平均流量小于 22562m³/s 时，需考虑在现有规则方案与优化方案上进一步提前蓄水。

10.2.3 考虑月径流预报的蓄水时机选择

为说明预报模型对三峡水库蓄水时机选择的适用性，直观表现出 9 月径流与前 4 个月存在的关系，将 SVM - 4 模型 1882—2016 年 9 月预报值与实测值建立散点图，如图 10.3 所示。从图中可以看出，预报值与实测值的关系比较密切，相关系数达到 0.7283。3 个矩形区域（即预报模型）可准确将 9 月来水进行丰、平、枯分类的情况，可以看出 SVM - 4 模型绝大部分预报值均位于区域内或分界线相邻处。故该预报模型可一定程度上应用于三峡水库 9 月的径流预报，即认为 8 月末可较为准确预测 9 月的来水情况，为三峡水库蓄水调度提供科学依据。在实际工作中，还可根据 9 月的定量降雨预报信息，一并估计判断 9 月来水的丰、平、枯情况。显然 9 月来水为枯不利于蓄水，若使用预报模型提前知晓 9 月来水为枯，由于 9 月 10 日起蓄，蓄水效果不佳。考虑进一步提前蓄水时间为 9 月 1 日，将 1882—2016 年中（共计 40 年）9 月为枯水的资料作为蓄水优化模型的输入，得到 9 月为枯水情况下，蓄水时间为 9 月 1 日的优化蓄水调度控制线（预报枯水方案），如图 10.3 所示。该优化调度控制线利用 9 月初的来水，较快提升蓄水位，与优化方案相比，其 9 月 10 日水位大幅提升。同理可得到 9 月 10 日起蓄的预报丰、平水方案。

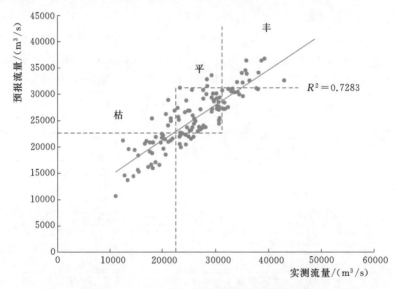

图 10.3 SVM - 4 模型 9 月预报流量与实测流量

将 9 月不同来水情况的年份，采用相应预报方案与优化方案模拟调度，结果见表 10.2。从表中可以看出，当 9 月为丰、平水时，预报方案稍稍好于前述较优的优化方案，提升幅度不大。平均而言，采用预报方案可比优化方案提高发电效益 2.25 亿 kW·h（0.88%），9 月底的水位为 0.55m（0.33%），10 月底的蓄水位为 0.20m（0.11%）。当 9 月为枯水时，预报方案提升效益尤为显著，采用预报枯水方案，比优化方案可大幅提高发电效益 6.83 亿 kW·h（3.43%），9 月底的水位为 1.86m（1.15%），10 月底蓄水位提升幅度不大，为 0.70m（0.40%），但由于水库的水面面积随着水位增高而增大，计算年均蓄满率，可增加 3.44%。上述结果说明，若预报判断 9 月来水为丰、平水年，9 月 10 日起蓄方案的效益良好；若通过降水和径流预报模型预测 9 月来水为枯水月，可将三峡水库蓄水时间提前至 9 月 1 日，采用预报枯水方案调度可大幅提高三峡水库蓄水期发电量及蓄满率。

表 10.2　　　　　　　　　　　　不同蓄水方案调度结果对比

调度方案	1882—2016 年	模拟调度平均效益		
		蓄水期发电/(亿 kW·h)	9 月底水位/m	10 月底蓄水位/m
规则方案	25 年丰	297.61	157.43	175.00
	70 年平	251.98	156.18	174.75
	40 年枯	193.30	154.94	171.78
	平均	243.04	156.04	173.92
优化方案	25 年丰	316.07	165.00	175.00
	70 年平	266.12	165.00	175.00
	40 年枯	198.89	162.31	173.10
	平均	255.45	164.20	174.44
预报方案	25 年丰	316.77	165.00	175.00
	增量（增幅）	0.70 (0.22%)	0	0
	70 年平	266.30	165.00	175.00
	增量（增幅）	0.18 (0.07%)	0	0
	40 年枯	205.72	164.17	173.80
	增量（增幅）	6.83 (3.43%)	1.86 (1.15%)	0.70 (0.40%)
	平均	257.70	164.75	174.64
	增量（增幅）	2.25 (0.88%)	0.55 (0.33%)	0.20 (0.11%)

10.3　基于月降雨径流预报的水库群蓄水时机选择流程

长江流域控制性水利工程规模庞大，影响空间范围广，防洪、供水、发电、航运、水生态与水环境等多目标调度需求相互耦合、相互制约，关联度较高，系统庞大而复杂。为简化长江上游梯级水库群蓄水期调度问题的复杂性，采用分区控制的水库群优化蓄水策略，将支流蓄水时机统筹考虑，简化位于金沙江中游、雅砻江等干支流的水库群，如图 10.4 所示。

以金沙江中游聚合水库、雅砻江聚合水库与溪洛渡水库为例，介绍基于月降雨径流预报的水库群蓄水时机选择的判定流程。对金沙江中游、雅砻江来水情况进行中长期预报，如月降雨径流预报，并结合历史径流资料，在现有蓄水方案的基础上，分析得到二库起蓄时间及计划蓄水方案。考虑预报来水的情况，金沙江中游聚合水库、雅砻江聚合水库利用计划蓄水方案模拟调度，将二库出库流量及预报区间来水作为溪洛渡来水，结合历史径流资料，在现有蓄水方案的基础上，得到溪洛渡水库的蓄水时机及计划蓄水方案。在实际蓄水操作中，结合电网需求，利用短期预报进一步修正计划蓄水方案，以提高水库群的综合利用效益。

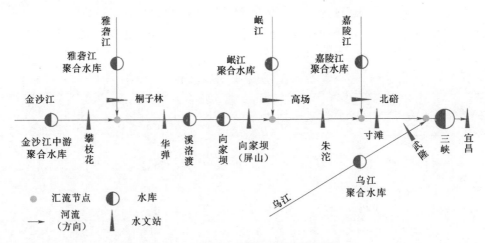

图 10.4 长江上游梯级水库群概化图

10.4 本章小结

本章提出了基于月降雨径流预报的水库群蓄水时机选择流程，以长江上游流域和三峡水库为例进行了详细说明。建立月降雨和径流预报模型，试图通过提前判定水库的来水情况，在现有蓄水方案基础上提前水库的蓄水时机，并与现有蓄水方案进行效益对比分析，结果证明该方法可大幅提高水库发电效益及蓄满率。

针对三峡水库，利用前 4 个月的径流数据作为预报因子，可获得最优的预报模型。SVM-4 模型预测三峡水库月径流效果良好，可较为准确地判断 9 月的月均来水情况，其结果可为三峡水库蓄水调度提供依据。若 9 月来水为丰、平年份，目前调度实践中使用的 9 月 10 日起蓄方案可行；若采用月降雨径流预报模型预测 9 月来水偏枯，则推荐将三峡水库蓄水时间提前至 9 月 1 日，该方案可提高发电效益 3.43%、蓄满率 3.44%。

基于月降雨径流预报的水库群蓄水时机选择模式，可为中长期预报结果运用于水库调度提供参考，为进一步挖掘水库的蓄水潜力提供了思路和方法。

参 考 文 献

[1] 周晓阳，张勇传. 洪水的分类预测及优化调度 [J]. 水科学进展，1997，8 (2)：27-33.
[2] 马寅午，周晓阳，尚金成，等. 防洪系统洪水分类预测优化调度方法 [J]. 水利学报，1997，28 (4)：2-9.
[3] 陈柯兵，郭生练，杨光，等. 基于年径流分类的水库优化调度函数研究 [J]. 水资源研究，2016，5 (6)：573-582.
[4] 刘强，钟平安，徐斌，等. 三峡及金沙江下游梯级水库群蓄水期联合调度策略 [J]. 南水北调与水利科技，2016，14 (5)：62-70.
[5] 王富强，霍凤霖. 中长期水文预报方法研究综述 [J]. 人民黄河，2010，32 (3)：25-28.
[6] 赵雪花，桑宇婷，祝雪萍. 基于 CEEMD-GRNN 组合模型的月径流预测方法 [J]. 人民长江，2019，50 (4)：117-123.

［7］ 汪芸，郭生练，李响. 奇异谱分析在中长期径流预测中的应用研究［J］. 人民长江，2011，42（9）：4-7.

［8］ 毛健，赵红东，姚婧婧. 人工神经网络的发展及应用［J］. 电子设计工程，2011，19（24）：62-65.

［9］ 张学工. 关于统计学习理论与支持向量机［J］. 自动化学报，2000，26（1）：36-46.

［10］ 丁世飞，齐丙娟，谭红艳. 支持向量机理论与算法研究综述［J］. 电子科技大学学报，2011，40（1）：2-10.

［11］ 陈柯兵，郭生练，何绍坤，等. 基于月径流预报的三峡水库优化蓄水方案［J］. 武汉大学学报（工学版），2018，51（2）：112-117.

第 11 章

溪洛渡-向家坝-三峡梯级水库蓄水优化调度

随着长江上游一批大型梯级水库的建成蓄水以及调水工程的完工，三峡水库蓄水期间水库的入库流量势必减少，同时中下游地区工业、农业和生态等的用水需求也在呈不断增加的趋势，供需矛盾日益凸显[1]，因此汛末提前蓄水是提高三峡水库综合利用效益的必然选择。

前述章节研究也证实了三峡水库通过预报信息，判断枯水水情提前蓄水，可以提高水库的蓄满率与发电量。针对梯级水库联合蓄水调度的问题，如何确定提前蓄水的开始时间和蓄水方式的选择，更为复杂，成为水库蓄水策略研究的热点。陈进[2]考虑长江流域水情以及大型水库分布特点，从宏观角度定性分析了长江大型水库蓄水期间应考虑的技术与管理问题，进一步提出了流域水库群蓄水原则和建议。欧阳硕等[3]利用 K 值判别式法与水库群蓄水原则，解决流域干支流梯级水库群汛末竞争性蓄水的问题，在确保不增加防洪风险的前提下，提出了一种流域梯级水库蓄水开始时间与蓄水方式的判断策略，并得到多目标优化后的非劣质解集。彭杨等[4]建立了溪洛渡和向家坝梯级水库的发电、航运和排沙减淤的多目标调度决策模型，并得到了满足上述要求的梯级水库蓄水方案，但不足之处在于缺少对防洪约束条件的深入研究，限制了梯级水库发电效益的进一步提升。周研来等[5]以溪洛渡-向家坝-三峡梯级水库为例，建立了梯级水库蓄水时机与蓄水进程的协同优化模型，协调了水库联合蓄水调度过程中防洪、发电、蓄水和航运等目标之间的矛盾，推求了均衡各目标的梯级水库联合蓄水方案。何绍坤等[6]考虑长江上游的水文气象特征与水库群蓄放水策略，确定了乌东德、白鹤滩、溪洛渡、向家坝和三峡水库的提前蓄水时机，在未降低设计防洪标准的前提下，增加了水库群的蓄满率与发电量，取得了明显的经济效益。

现有的研究成果，均试图建立适应于历史情景下的蓄水调度规则，对于梯级水库而言，来水地区组合情况复杂，应制定更加灵活的提前蓄水方案。本章提出了一种新的梯级水库群提前蓄水方案优化选择思路，借助多站点径流随机模拟方法，模拟溪洛渡-向家坝-三峡梯级水库群蓄水期不同来水情景条件下的径流过程。建立提前蓄水方案优化模型，通过风险和效益的综合评价，分析了水库群优化方案，得到相应的蓄水规律与建议的起蓄时间。

11.1 多站日径流随机模拟

较短的历史径流系列不能充分表示未来可能出现的各种来水状况，径流随机模拟作为一种以实测资料为基础充分考虑来水随机特性的径流生成方法，可应用于水资源评价、制定水库调度曲线、确定各种水利参数和对未来径流量做出预估等方面[7]。利用随机模拟技术生成径流[8]，结合水库优化调度模型，进一步得到水库优化调度规则，已经得到了广泛的研究[9-10]。尤其针对梯级水库，其径流地区组成形式多样，随机性强，利用随机模拟技术可生成大量不利调度的径流情景[7,11]。

针对本书所关注的长江上游核心的溪洛渡-向家坝-三峡梯级水库群，向家坝水库以下或金沙江干流发生丰、枯水情，对应蓄水方案应存在较大区别。为了扩展历史径流信息，且充分反映研究区域径流的时空组合特性，本书对研究区域的华弹、屏山、宜昌三站建立多站日径流随机模拟模型，生成不同来水组合类型下的情景样本。

11.1.1　多站日径流随机模拟模型

多站随机模拟的相关结构较为复杂，其关键及难点为既要考虑站点间的空间相关性，又要体现站点时间序列的自相关特性，需要模拟时间、空间两个相关结构[12]。为确保模拟结果的可靠性，本章采用先进、成熟的多站随机模拟模型（Kirsch Nowak Streamflow Generator），近年来该模型已在国外水库调度相关研究中被广泛使用[13-15]。

该模型分为两步：首先利用 Cholesky 分解方法，进行月径流模拟，详细流程见文献[16]；随后，利用最邻近法进行随机抽样，将模拟的月径流分解为日径流。最邻近法的原理为：从历史观测中找到与模拟的月径流最为接近的 k 个样本。样本的近似度，通过实数空间的欧式距离计算，见下式：

$$d = \Big[\sum_{m=1}^{M} (QS_m - QH_m)^2 \Big]^{1/2} \tag{11.1}$$

式中：QS_m 和 QH_m 分别为 m 站处模拟生成和观测的月径流；d 为欧式距离。

对于模拟生成的第 j 月径流，d 会依据历史同期的第 j 月及 j 月初、月末前后各 7 天的观测值计算。也就是说，以模拟的 1 月为例，不仅仅考虑历史 1 月的数据，在 12 月的最后一周到 2 月的第一周期间，任意的连续 31 天都被认为是 QH_m。

按照近似度，将 k 个样本进行排序，最接近为 $i=1$，最远为 $i=k$。排序后，对样本进行抽样，并依据抽出的样本将模拟的月径流分解为日径流。第 n 个样本抽出的概率，见下式：

$$p_n = \frac{1/n}{\sum_{i=1}^{k} 1/i} \tag{11.2}$$

11.1.2　随机模拟结果

利用华弹、屏山、宜昌三站实测及对蓄水后的溪洛渡、向家坝、三峡水库进行还原的 1950—2015 年共 66 年逐日径流资料。基于上述 Kirsch Nowak Streamflow Generator 模型，最邻近法中样本 k 的取值，按照推荐为 $[\sqrt{66}]=8$，模拟出三站共 10000 年的径流记录。为评价模拟结果的适用性与合理性，对模型的模拟结果进行如下检验。

针对适用性的检验，随机模拟的目标是产生一系列合成水文变量，这些变量在重现历史数据统计关系的同时，扩展历史记录。由三站的历史和模拟水文变量的逐年累积频率曲线（图 11.1）表明，模拟水文变量包括更多的高值和低值，故该模拟结果可以比历史记录带来更多的信息。

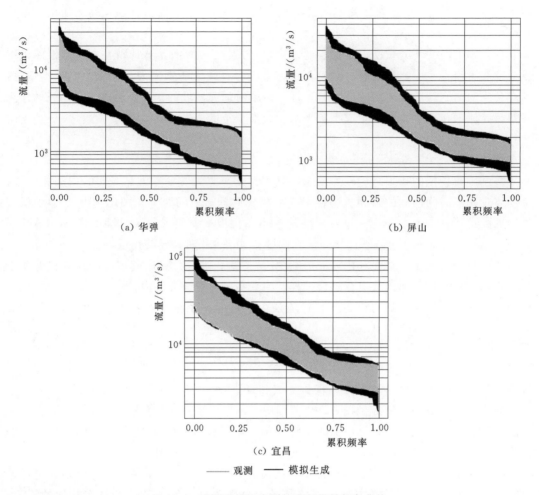

图 11.1　观测和模拟序列的逐年累积频率曲线

多站随机模拟既要体现站内相关性，又要体现站与站之间的相关性。为进一步确保模拟结果的合理性，对相关性进行了检验，结果如图 11.2 和图 11.3 所示。图 11.2 展示了三站的观测和模拟流量的自相关系数，月径流滞时分别为 1～12，日径流滞时为 1～30，还包括每个滞时历史观测自相关系数的 95% 置信区间。模拟序列产生的自相关系数的范围较历史观测得到了扩展，且保持在所有滞时的 95% 置信区间内，这表明模拟序列能够较好地反映站内的相关性特征。图 11.3 展示了三站两两组合的逐月和逐日互相关系数的箱线图，模拟序列极大地扩展了历史记录中观察到的站与站之间相关性的范围，表明了该方法可以生成多站不同组合类型下的径流序列。图 11.1～图 11.3 表明，Kirsch Nowak Streamflow Generator 模型适用于本书使用随机模拟的研究目标，可合理再现研究区域的历史统计数据，同时扩展观测记录，可为蓄水调度问题研究提供大量不同来水组合类型的情景样本。

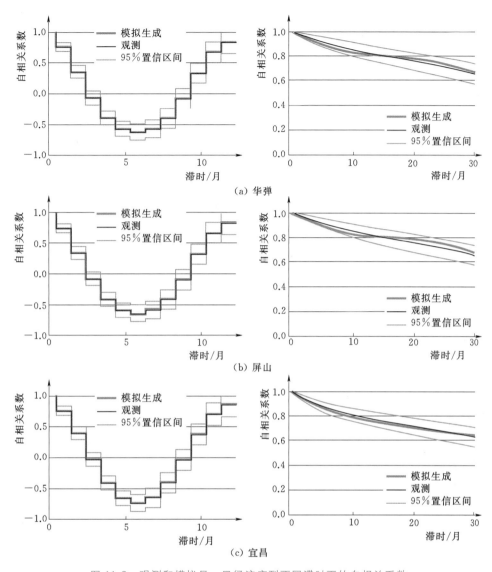

图 11.2 观测和模拟月、日径流序列不同滞时下的自相关系数

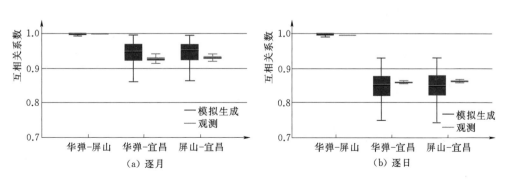

图 11.3 观测和模拟月、日径流序列的互相关系数

11.2　梯级水库群蓄水调度模型

11.2.1　模型目标函数

考虑到梯级水库与单一水库相比，计算蓄满率时需整体考虑，以突出不同水库间库容的差异。梯级水库下，各水库蓄水期的防洪控制水位选取也更为复杂，提前蓄水可以产生更多的发电效益，并提高蓄满率，但会增加水库的防洪风险；反之推迟蓄水时间，对于防洪最为有利，但在一定程度上会减少水库的综合利用效益。故本章设置蓄水模型的目标函数为水库群防洪风险最小，蓄水期多年平均发电量、加权后蓄满率最大，以协同优化防洪、发电和蓄水等多目标，具体目标函数如下。

（1）梯级水库防洪风险最小：

$$\begin{cases} \min R = \min_{x \in X}\big[\max(R_{f,1}, R_{f,2}, \cdots, R_{f,i}, \cdots, R_{f,n})\big] \\ R_f = n/N \end{cases} \tag{11.3}$$

式中：$R_{f,i}$ 为第 i 个水库的风险率，其计算方式为：选用不同蓄水期内历史上 N 年的实测入库流量资料，按拟订的蓄水方案模拟调度，计算各年蓄水调度的最高库水位 Z_f，统计最高库水位超过某频率分期设计洪水对应的防洪限制水位的年数 n，则该频率分期设计洪水相应的风险率为 $R_f = n/N$[17]。

（2）梯级水库蓄水期多年平均发电量 E 最大为

$$\max E = \max_{x \in X}\Big(\sum_{i=1}^{n} E_i\Big) \tag{11.4}$$

式中：n 为梯级水库个数；E_i 为第 i 水库蓄水期多年平均发电量。

（3）蓄满率作为联合蓄水方案的重要评价指标，采用库容百分比表示，即

$$\begin{cases} V_{f,i} = \dfrac{V_{i,\text{high}} - V_{\min,i}}{V_{\max,i} - V_{\min,i}} \times 100\% \\ \max V_f = \max_{x \in X}\Big(\sum_{i=1}^{n} \alpha_i V_{f,i}\Big) \quad \sum_{i=1}^{n} \alpha_i = 1 \end{cases} \tag{11.5}$$

式中：$V_{i,\text{high}}$ 为第 i 水库调蓄最高水位对应的库容；$V_{\max,i}$ 和 $V_{\min,i}$ 分别为第 i 水库的正常蓄水位、死水位对应的库容；α_i 为第 i 水库蓄满率所占的权重，其值由该水库占梯级水库群总兴利库容的比例确定。

11.2.2　模型约束条件

为保证梯级水库正常运行，在蓄水调度计算过程中还应考虑一系列约束条件，以满足梯级水库自身、上游及下游的需求与限制。

（1）水量平衡约束：

$$V_i(t) = V_i(t-1) + [I_i(t) - Q_i(t) - S_i(t)] \cdot \Delta t \tag{11.6}$$

式中：$V_i(t)$、$V_i(t-1)$ 分别为第 i 个水库第 t 时段末、初库容，m^3；$I_i(t)$、$Q_i(t)$、

$S_i(t)$ 分别为蓄水期第 i 水库 t 时刻的入库、出库和损失流量，$\mathrm{m^3/s}$；Δt 为计算时段步长，s。

（2）水位上下限约束及水位变幅约束：

$$Z_{i,\min}(t) \leqslant Z_i(t) \leqslant Z_{i,\max}(t) \tag{11.7}$$

$$|Z_i(t) - Z_{i-1}(t)| \leqslant \Delta Z_i \tag{11.8}$$

式中：$Z_{1,\min}(t)$、$Z_i(t)$、$Z_{i,\max}(t)$ 分别为第 i 水库 t 时刻允许的下限水位、运行水位和上限水位，m；ΔZ_i 为第 i 水库允许水位变幅，m。

（3）水库出库流量及流量变幅约束：

$$Q_{i,\min}(t) \leqslant Q_i(t) \leqslant Q_{i,\max}(t) \tag{11.9}$$

$$|Q_i(t) - Q_{i-1}(t)| \leqslant \Delta Q_i \tag{11.10}$$

式中：$Q_{i,\min}(t)$ 和 $Q_{i,\max}(t)$ 分别为第 i 水库 t 时刻最小和最大出库流量，$\mathrm{m^3/s}$，$Q_{i,\max}(t)$ 一般由水库最大出库能力、下游防洪任务确定；ΔQ_i 为第 i 水库日出库流量最大变幅，$\mathrm{m^3/s}$。

（4）电站出力约束：

$$N_{i,\min} \leqslant N_i(t) \leqslant N_{i,\max} \tag{11.11}$$

式中：$N_{i,\min}$ 和 $N_{i,\max}$ 分别为第 i 水库保证出力和装机出力，kW。

（5）电站出力约束：

$$I_i(t) = Q_{\mathrm{qj},i}(t) + Q_{i-1}(t - \tau_{i-1,i}) \tag{11.12}$$

式中：$I_i(t)$ 为蓄水期第 i 水库 t 时段的平均入库流量，$\mathrm{m^3/s}$；为上游第 $i-1$ 水库 $t-\tau$ 时段的平均出库 $Q_{i-1}(t)$ 与两库 t 时段的平均区间来水 $Q_{\mathrm{qj},i}(t)$ 之和，τ 为两库间水流传播时间。若第 i 水库为梯级首个水库，则其入库为上游来水。

11.3　溪洛渡-向家坝-三峡水库联合蓄水优化结果

11.3.1　蓄水方案的寻优范围

溪洛渡-向家坝-三峡梯级水库原设计蓄水调度方案如下：溪洛渡水库 9 月 10 日从 560m 开始蓄水，9 月底可蓄至汛后最高蓄水位 600m。向家坝水库 9 月 10 日从 370m 开始蓄水，9 月底可蓄至汛后最高蓄水位 380m。三峡水库原蓄水方案为 10 月 1 日起蓄，10 月底可蓄至 175m。而在目前的调度实践中，三库的蓄水时间已分别提前到了 9 月上旬、9 月上旬、9 月 10 日，同时控制三峡水库水位 9 月底不超过 165m，以保证水库自身与中下游的防洪安全。

在本章研究中，综合第 6 章中对长江上游干支流控制站的分期结果，以及现有三库蓄水的相关研究结果[5]，拟定溪洛渡、向家坝、三峡梯级水库的蓄水时间不会早于 8 月 20 日。同时取溪洛渡-向家坝-三峡梯级水库 9 月 10 日起蓄至 9 月底、9 月底、10 月底蓄满的线性蓄水为原设计蓄水方案，作为比较基准，以得到优化蓄水方案的效益增幅。

11.3.2　蓄水期防洪限制水位

计算蓄水调度模型的风险率目标函数时采用的防洪限制水位，定义为水库可抵御蓄水期分期设计洪水时，水库水位所能达到的上限值[18]。若水库水位出现高于此最高安全水位的情景，假设发生设计洪水的不利情况，则水库就不能完全调蓄该设计洪水，可能会造成上下游的洪灾损失。故将各水库水位高于防洪限制水位事件定义为模型目标函数中的风险率，较为合理。

具体计算方式为选取溪洛渡、溪洛渡至向家坝区间、向家坝至三峡区间同频率的各分期设计洪水，通过调洪演算，迭代求解得到各分期防洪限制水位，取其交集部分即得到防洪限制水位[18]，三库的计算结果见表 11.1。

表 11.1 经调洪演算得到的三库防洪限制水位

水库	分期设计洪水典型年份	防洪限制水位/m				
		8 月 20 日	8 月 25 日	9 月 1 日	9 月 5 日	9 月 10 日
溪洛渡	1952	564.4	566.5	570.3	574.6	578.8
	1964	565.8	567.1	572.9	576.4	579.5
向家坝	1952	371.8	372.6	372.9	374.3	374.6
	1964	372.2	372.9	373.2	374.7	375.3
三峡	1952	155.7	162.5	166.9	167.8	169.6
	1964	162.3	163.9	167.5	168.5	171.2

比较而言，1952 典型年得到的防洪限制水位更低，更为保守、安全。另考虑到，在调度实践中控制三峡水库 9 月水位不超过 165m 的约束。故在本章梯级水库群蓄水调度模型 8 月 20 日至 9 月 30 日计算中，所采用的防洪限制水位为 1952 典型年与 165m 的交集，具体见表 11.2。

表 11.2 蓄水调度模型中采用的防洪限制水位

水库	防洪限制水位/m								
	8 月 20 日	25 日	9 月 1 日	5 日	10 日	15 日	20 日	25 日	30 日
溪洛渡	564.4	566.5	570.3	574.6	578.8	600.0	600.0	600.0	600.0
向家坝	371.8	372.6	372.9	374.3	374.6	580.0	580.0	580.0	580.0
三峡	155.7	162.5	165.0	165.0	165.0	165.0	165.0	165.0	165.0

11.3.3 多种来水情景及多目标优化

为达到研究目标，需对随机模拟的 10000 年序列进行提取，得到不同来水情景的样本。常用的水文序列确定方法有距平法[19-20]和均值标准差法[21]，为确保可与第 4 章中预报结果建立一定的联系，此处采用距平法对模拟的径流序列进行分析处理，采用的分类标准与预报规范[22]一致，即枯水定义为月径流量的距平百分比低于−20%，丰水定义为月径流量的距平百分比高于 20%。

对模拟的 10000 年径流序列进行分析，以模拟得到的宜昌站 9 月径流量为提取依据，分别得到 10000 年中，宜昌站 9 月来水为丰、平、枯的蓄水期来水序列。同文献 [23] 类似，将以三站流量为形式的来水序列进行转化，根据华弹站、屏山站的径流系列资料，按水文比拟法生成溪洛渡、向家坝水库的入库径流系列，将二者相减即可得到溪洛渡-向家坝区间来水系列。以宜昌站径流系列资料，按水文比拟法生成三峡水库径流系列；以三峡和向家坝的入库径流系列确定向家坝-三峡区间径流系列。同时，考虑到三峡水库预报方案中向家坝至三峡的洪水传播时间约为2d。故向家坝出库至三峡入库的传播时间 τ 取为2d，模型中溪洛渡出库的传播时间较短，简化不计。最终得到宜昌站9月来水为丰、平、枯三种情况下，梯级水库蓄水模型研究所需的全部径流输入资料。

优化对象同样为梯级水库中各水库8月20日至9月30日的蓄水调度控制线，将三种来水情景对应的径流序列与各水库的蓄水调度控制线，输入到梯级水库多目标蓄水调度模型中，采用模拟优化的方式进行优化。模拟优化法将调度控制线节点坐标视为待优化参数，目标函数为蓄水调度控制线作为调度规则进行模拟调度得到的发电量、蓄满率与防洪风险。优化算法采用 NSGA-Ⅱ 算法，模拟优化后所得到的效益与风险，与知道全过程来水的确定性优化的理想结果不同。可以反映对应来水情景下，用调度控制线来指导蓄水调度，在实践中可以达到的效益与风险指标，更具有参考价值。

三种来水情景优化后得到了一系列帕累托前沿解，每个帕累托前沿解都代表一种具有不同偏好的水库群蓄水调度方案。表11.3中列出了丰、平、枯三种来水情景下，原设计方案的目标函数值，以及防洪风险最小，蓄水期多年平均发电量、加权后蓄满率最大，三个目标函数分别达到极值后的前沿解情况。

表 11.3　　　　　　　　　　三个目标函数达到极值后的帕累托前沿解

来水情况	前沿解	蓄满率/%	风险率/%	发电量/(亿 kW·h)
丰	设计方案	97.99	1.036	356.1
	风险率最小	91.48	0.994	365.8
	蓄满率最大	99.79 (1.84%)	1.363 (31.56%)	369.2 (3.68%)
	发电量最大	99.70 (1.75%)	1.488 (43.63%)	373.7 (4.94%)
平	设计方案	94.39	1.069	330.7
	风险率最小	97.03	0.966	343.2
	蓄满率最大	97.18 (2.96%)	1.301 (21.70%)	346.3 (4.72%)
	发电量最大	88.57	1.374	349.3
枯	设计方案	87.56	1.069	325.8
	风险率最小	91.23	1.054	332.1
	蓄满率最大	91.87 (4.92%)	1.467 (37.23%)	338.6 (3.93%)
	发电量最大	85.93	1.519	341.4

分析表11.3可知，由于风险与效益间的复杂关系，在这些帕累托前沿解中存在相互权衡的关系，如发电量和蓄满率有一定的矛盾，平枯水年尤为明显。大多数情况下，优化后的蓄水方案均好于设计方案。尤其是针对发电量，优化后方案要明显高于设计方案。特别对于平、枯水年，优化得到风险率最小解的三个目标函数均优于设计方案。比较不同来水情景下优化方案的效益，可以发现蓄满率与发电量指标，随着从枯水到丰水逐渐增加。这一结果解释起来较为容易，更充沛的来水情况、流量的增加，将有利于梯级水库的蓄水

与发电，并缓解这两目标间的矛盾情况。

11.3.4 蓄水调度控制线的规律分析

上述对多目标优化结果的分析，强调了水库蓄水调度中风险与效益的复杂关系。为进一步分析不同的调度目标对水库群蓄水调度的影响，图 11.4～图 11.6 绘制了不同来水情况与目标下的梯级水库蓄水调度控制线。分析这些调度控制线后可发现一些特征：

（1）不同来水情况与目标下优化后蓄水调度控制线高于原设计方案，蓄满率最大方案下调度控制线也要明显高于风险率最小的调度控制线。此处证实了优化结果的相对可靠性，蓄满率最大方案应当拥有较高的水位，且原设计线性蓄水方案较为保守，存在优化的空间。

（2）不同来水情况下，对于溪洛渡水库与三峡水库开始蓄水调度的初期，发电量最大方案下的调度控制线是最高的，而不是通常意义上的蓄满率最大调度控制线。造成此现象的原因可能为：水头是影响发电效率的重要因素，在蓄水调度的初期迅速提升水库的水位，从而抬高发电水头，无疑可以提高水库群的发电量。因向家坝水库的装机容量与库容相对较小，故该现象并不明显。

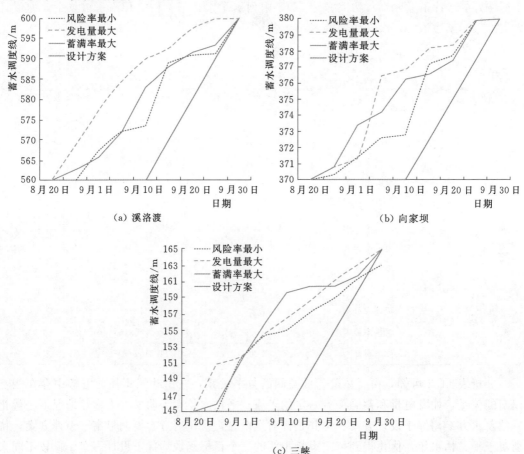

图 11.4 丰水来水情景下优化后溪洛渡-向家坝-三峡水库不同调度目标的蓄水调度控制线

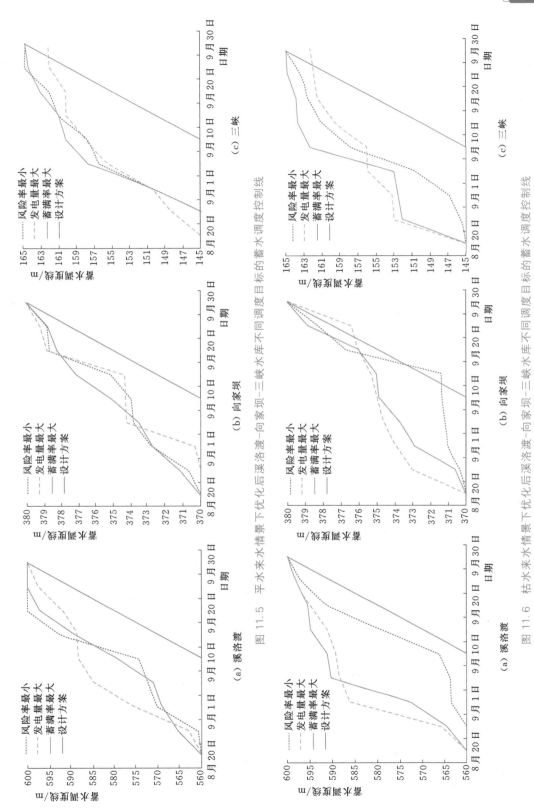

图 11.5　平水来水情景下优化后溪洛渡-向家坝-三峡水库不同调度目标的蓄水调度控制线

图 11.6　枯水来水情景下优化后溪洛渡-向家坝-三峡水库不同调度目标的蓄水调度控制线

（3）不同的来水情况下，溪洛渡与向家坝水库的风险率最小调度控制线在 9 月 10 日左右均存在明显的转折点，在该点之后，调度控制线将明显抬升。造成该特征的原因是，溪洛渡和向家坝水库两库的蓄水过程仅在 9 月 10 日之前受到防洪限制水位的约束。而三峡水库风险率最小调度控制线在整个 9 月均受到 165m 约束的限制，调度控制线更为平滑。

（4）特别针对三峡水库的调度控制线开展分析，发电量最大的调度控制线在平、枯水年的条件下，9 月末不能达到 165m 的目标水位，这意味着在来水不足的情况下，采用发电量最大调度控制线将影响水库群的蓄满率。从表 11.3 中也可以得到相同的结论，来水情况由丰水至枯水，发电量最大调度控制线方案的蓄满率依次降低。而风险率最小的调度控制线在丰水来水情况下，由于保守的操作，9 月末同样不能达到 165m 的目标水位，表 11.3 中仅为 91.48% 的蓄满率也证实了这一特征。

结合上述优化结果与调度控制线的分析，本书可以给出不同来水情况下调度目标的建议。在丰水的来水情景下，推荐使用发电量或蓄满率较大的蓄水方案，并承担一定程度的防洪风险；风险率最小的方案，过于保守，不利于水库综合效益的发挥。在平、枯水的来水情景下，推荐使用蓄满率较大的蓄水方案；追求发电量的蓄水方案将下泄过多的水量，影响水库的蓄满率；而这两种水情下的防洪压力有限，不必要采用风险率较小方案。与设计方案相比（表 11.3），在保证蓄水期风险率不超过 2% 的基础上，丰水情景下蓄满率可增加 1.75%～1.84%，发电量增加幅度为 3.68%～4.94%；平、枯水情景下，蓄满率增加幅度为 2.96%～4.92%，发电量增加幅度为 3.93%～4.72%。针对起蓄时间，现有溪洛渡、向家坝、三峡水库设计的 9 月 10 日较为保守，存在较大的提前空间，结合不同来水风险率最小的调度蓄水过程，8 月 25 日至 9 月 1 日的起蓄时机较为合适。

11.4　本章小结

本章引入多站日径流随机模拟模型，并结合梯级水库群蓄水调度模型，提出了能够考虑不同来水情景与蓄水期不同调度目标下的水库蓄水调度规则。以溪洛渡、向家坝和三峡梯级水库为实例，采用 NSGA-Ⅱ多目标优化算法对水库蓄水调度控制线进行优化，得到了丰、平、枯来水情景下，分别以风险、蓄满或发电为首要目标的蓄水调度控制线，并与设计线性蓄水方案的调度结果进行了比较，主要结论如下：

（1）采用 Kirsch Nowak Streamflow Generator 方法随机生成的径流序列，可以充分考虑多站点中时间、空间的相关结构，适用于随机模拟的研究目标，可合理再现研究区域的历史统计数据，扩展观测记录。

（2）原设计方案规定的 9 月 10 日起蓄时间，已不能满足上游条件的变化以及中下游取水的需求，为了保证水库充分发挥其防洪、发电、航运和生态等综合效益，汛末提前蓄水十分必要。

（3）在丰水的来水情景下，推荐使用发电量或蓄满率较大的蓄水方案，在平、枯水的来水情景下，推荐使用蓄满率较大的蓄水方案。在保证蓄水期风险率不超过 2% 的基础上，丰水情景下蓄满率可增加 1.75%～1.84%，发电量增加 3.68%～4.94%；平、枯水情景下，蓄满率增加 2.96%～4.92%，发电量增加 3.93%～4.72%。

（4）针对起蓄时间，结合不同来水风险率最小的调度蓄水过程分析，溪洛渡-向家坝和三峡梯级水库选择 8 月 25 日至 9 月 1 日的起蓄时机较为合适，防洪风险较小。

参 考 文 献

[1] 闵要武，张俊，邹红梅. 基于来水保证率的三峡水库蓄水调度图研究 [J]. 水文，2011，31（3）：27-30.

[2] 陈进. 长江流域大型水库群统一蓄水问题探讨 [J]. 中国水利，2010，50（8）：10-13.

[3] 欧阳硕，周建中，周超，等. 金沙江下游梯级与三峡梯级枢纽联合蓄放水调度研究 [J]. 水利学报，2013，44（4）：435-443.

[4] 彭杨，纪昌明，刘方. 梯级水库水沙联合优化调度多目标决策模型及应用 [J]. 水利学报，2013，44（11）：1272-1277.

[5] 周研来，郭生练，陈进. 溪洛渡-向家坝-三峡梯级水库联合蓄水方案与多目标决策研究 [J]. 水利学报，2015，46（10）：1135-1144.

[6] 何绍坤，郭生练，刘攀，等. 金沙江梯级与三峡水库群联合蓄水优化调度 [J]. 水力发电学报，2019，38（8）：27-36.

[7] 李占英. 梯级水电站群径流随机模拟及中长期优化调度 [D]. 大连：大连理工大学，2007.

[8] 王文圣，金菊良，李跃清. 水文随机模拟进展 [J]. 水科学进展，2007，18（5）：768-775.

[9] CELESTE A B，BILLIB M. Evaluation of stochastic reservoir operation optimization models [J]. Advances in Water Resources，2009，32（9）：1429-1443.

[10] 纪昌明，周婷，王丽萍，等. 水库水电站中长期隐随机优化调度综述 [J]. 电力系统自动化，2013，37（16）：129-135.

[11] 李雨，郭生练，周研来，等. 考虑入库洪水随机过程的梯级水库防洪优化调度 [J]. 四川大学学报（工程科学版），2012，44（6）：13-20.

[12] 陈璐，郭生练，周建中，等. 长江上游多站日流量随机模拟方法 [J]. 水科学进展，2013，24（4）：504-512.

[13] GIULIANI M，QUINN J D，HERMAN J D，et al. Scalable multiobjective control for large-scale water resources systems under uncertainty [J]. IEEE Transactions on Control Systems Technology，2018，26（4）：1492-1499.

[14] QUINN J D，REED P M，GIULIANI M，et al. Rival framings：A framework for discovering how problem formulation uncertainties shape risk management trade-offs in water resources systems [J]. Water Resources Research，2017，53（8）：7208-7233.

[15] SALAZAR J Z，REED P M，QUINN J D，et al. Balancing exploration，uncertainty and computational demands in many objective reservoir optimization [J]. Advances in Water Resources，2017，109：196-210.

[16] KIRSCH B R，CHARACKLIS G W，ZEFF H B. Evaluating the impact of alternative hydro-climate scenarios on transfer agreements：Practical improvement for generating synthetic streamflows [J]. Journal of Water Resources Planning and Management，2013，139（4）：396-406.

[17] 李雨. 水库防洪和蓄水优化调度方法及应用 [D]. 武汉：武汉大学，2013.

[18] 周研来. 梯级水库群联合优化调度运行方式研究 [D]. 武汉：武汉大学，2014.

[19] 王莉娜，李勋贵，王晓磊，等. 泾河流域枯水复杂性研究 [J]. 自然资源学报，2016，31（10）：1702-1712.

[20] 毕慈芬，郭岗，沈梅，等. 1933—2007 年黄河上中游连续枯水段的研究 [J]. 水文，2009，

29 (4)：59-63.

[21] 王文圣，向红莲，李跃清，等.基于集对分析的年径流丰枯分类新方法 [J].四川大学学报 (工程科学版)，2008，40 (5)：1-6.

[22] 国家质量监督检验检疫总局，国家标准化管理委员会.水文情报预报规范：GB/T 22482—2008 [S].北京：中国标准出版社，2008.

[23] 刘强，钟平安，徐斌，等.三峡及金沙江下游梯级水库群蓄水期联合调度策略 [J].南水北调与水利科技，2016，14 (5)：62-70.

第 12 章

金沙江下游梯级与三峡水库蓄水调度及影响分析

　　乌东德水库和白鹤滩水库于 2020 年和 2021 年先后蓄水运用，与溪洛渡水库、向家坝水库、三峡水库组成巨型梯级水库群，总装机容量和总调节库容世界第一，在长江流域水资源综合利用和管理中发挥着关键控制性作用，五座水库汛末的蓄水调度策略对整个长江中下游地区影响深远。水库汛末蓄水将使下游流量减少明显，枯季提前来临，枯水期延长。以洞庭湖为例，2006 年 9—10 月、2009 年 10 月和 2016 年 9 月出现了历史罕见的秋旱，致使湖区产生了一系列生态环境问题，引起了社会各界的广泛关注。随着我国经济社会的快速发展，水库的运用环境也在发生变化，为适应现阶段高度重视生态文明建设、长江经济带"共抓大保护"的时代要求。研究这五座水库的蓄水联合调度问题，对提高水资源利用率，减轻水库群蓄水对长江中下游供水、生态、航运等的影响，具有重要的理论价值和现实意义[1-3]。

　　王炎等[4]将生态流量作为约束条件，构建了三峡水库汛末蓄水多目标优化调度模型，得到了常规调度和生态调度相结合的最佳蓄水方案。蔡卓森等[5]和李英海等[6]分别采用 RVA 法、逐月最小生态径流法得到溪洛渡、向家坝梯级水库的下游适宜生态流量，并建立目标优化调度模型，制定了溪洛渡、向家坝梯级水库蓄水期的生态调度方案。针对蓄水对洞庭湖的影响，张冬冬等[7]基于江和湖的一、二维耦合水动力模型，定量分析了蓄水期三峡水库蓄水与洞庭湖出湖水量的响应关系。戴凌全等[8-9]、Mao 等[10]分别探讨了考虑洞庭湖生态需水下的三峡水库蓄水期优化调度，以减轻三峡水库蓄水对洞庭湖生态系统的不利影响。上述研究考虑了溪洛渡-向家坝梯级或三峡水库蓄水对下游生态流量及洞庭湖的影响，但缺少对梯级水库群联合蓄水调度的系统研究。在乌东德和白鹤滩水库即将投入使用的当下，亟须研究五座水库蓄水联合调度策略及其对下游的影响。

　　特别针对各水库选择合理的起蓄时间、蓄水方案极为关键，通过提前起蓄时间，延长蓄水期，加大最小下泄流量，可以减轻水库群蓄水产生的下游生态问题。针对三峡水库，陈柯兵等[11]通过聚类方法对 9 月来水进行分类，针对不同来水情况下三峡水库综合利用效益最大化问题，提出了丰、平水年 9 月 10 日，枯水年 9 月 1 日的起蓄方案。刘强等[12]以溪洛渡-向家坝-三峡-葛洲坝梯级四库为研究对象，建立了蓄水期多目标联合随机优化调度模型。何绍坤等[13]建立了基于防洪、发电和蓄水的乌东德、白鹤滩、溪洛渡、向家坝和三峡水库多目标调度模型，推荐了各水库在不同来水情景下的起蓄时间。在这些研究的基础上，进一步探讨不同起蓄时间、蓄水进程，在不同的最小生态流量约束下对洞庭湖水位的影响分析，对于科学制定水库群的蓄水计划，具有重大指导意义。

本章建立了金沙江下游梯级和三峡水库防洪、发电、蓄水的多目标调度模型，得到不同的蓄水条件下，梯级水库群蓄水效益均衡的优化调度方案，并建立以三峡水库日出库流量、清江流量、洞庭湖四水日合成流量为输入的洞庭湖出口水位模拟模型，以考虑水库群采用不同的最小生态流量约束对洞庭湖出口水位的影响。

12.1 水库群多目标蓄水调度模型

水库群多目标蓄水调度模型（以下简称蓄水模型）同样以蓄水调度控制线[13-14]作为调度规则指导调度，蓄水调度控制线能明确水库的蓄水时间和蓄水进程，通过设置分期防洪限制水位满足防洪的要求，如图 7.1 所示，蓄水模型优化对象为各水库的蓄水调度控制线中不同时间节点的水位。

与第 11 章中溪洛渡-向家坝-三峡水库的蓄水调度模型存在一定区别，考虑到乌东德、白鹤滩水库的防洪库容[15]分别为 24.40 亿 m^3、75.00 亿 m^3，远高于溪洛渡、向家坝水库的 46.50 亿 m^3、9.03 亿 m^3，蓄水期防洪风险的探讨更为复杂。本章改进了防洪风险最小的目标函数，同时，为在蓄水模型中考虑不同的生态流量，第 11 章模型所采用的固定最小下泄流量也相应调整为变量。

12.1.1 模型目标函数

在保留第 11 章中防洪风险最小目标风险率 R_f 的基础上，进一步计算防洪库容占用率（称为风险损失率 R_s），可用来表示风险事件发生后所造成的损失，其计算公式为

$$R_s = \begin{cases} \dfrac{V_f - V_0}{V_m - V_0} & V_f \geqslant V_0 \\ 0 & V_f < V_0 \end{cases} \tag{12.1}$$

式中：V_0 为蓄水期不同时间节点分期防洪限制水位对应的库容；V_f 为各年蓄水调度的最高库水位 Z_f 对应的库容；V_m 为水库最大的调洪库容（以三峡水库为例，175m 水位对应的库容）。故 $V_m - V_0$ 可表示水库蓄水期所预留的防洪库容；$V_f - V_0$ 则为预留防洪库容被占用的情况；$R_s = 0$ 时说明预留防洪库容未被占用，不存在风险；而 $R_s = 1$ 时说明预留防洪库容全部被占用，水库丧失了调洪能力。

故本章设置蓄水模型的目标函数为水库群防洪风险最小（包含风险率 R_f 与风险损失率 R_s），另同第 11 章一致，取蓄水期多年平均发电量、加权后蓄满率最大，以协同优化防洪、发电和蓄水等多目标，防洪风险最小目标函数如下：

$$\begin{cases} \min R_1 = \min\limits_{x \in X}[\max(R_{f,1}, R_{f,2}, \cdots, R_{f,i}, \cdots, R_{f,n})] = f_1(x) \\ \min R_2 = \min\limits_{x \in X}[\max(R_{s,1}, R_{s,2}, \cdots, R_{s,i}, \cdots, R_{s,n})] = f_2(x) \end{cases} \tag{12.2}$$

式中：$R_{f,i}$ 和 $R_{s,i}$ 分别为第 i 个水库的风险率和风险损失率，防洪风险最小即为函数值 R_1、R_2 最小化。

12.1.2　模型约束条件

水库出库流量及流量变幅约束，与第 11 章不同，各水库蓄水期最小出库流量 $Q_{i,\min}(t)$ 为变化值，其余的约束与前一致。

$$Q_{i,\min}(t) \leqslant Q_i(t) \leqslant Q_{i,\max}(t) \tag{12.3}$$

$$|Q_i(t) - Q_{i-1}(t)| \leqslant \Delta Q_i \tag{12.4}$$

式中：$Q_{i,\min}(t)$ 和 $Q_{i,\max}(t)$ 分别为第 i 个水库 t 时刻最小和最大出库流量，$\mathrm{m^3/s}$；$Q_{i,\max}(t)$ 一般由水库最大出库能力、下游防洪任务确定；ΔQ_i 为第 i 个水库日出库流量最大变幅，$\mathrm{m^3/s}$。

12.1.3　防洪限制水位

1952 年后汛期的洪水过程，具有长江流域典型洪水连续多峰、洪量集中的特点，洪峰形态及其时程分布对中下游防洪情势的影响较为恶劣，在洪水地区组成方面具有一定代表性，本章选定 1952 年洪水过程作为典型洪水，进行调洪演算，并根据《2019 年长江流域水工程联合调度运用计划》等相关文件、调度规程，共同确定了各水库的分期防洪限制水位[13]，见表 12.1。

表 12.1　　　　　　　　　　蓄水模型中采用的防洪限制水位

水库	防洪限制水位/m			
	8 月 1—20 日	8 月 21 日至 9 月 10 日	9 月 11—30 日	10 月 1—31 日
乌东德	965	975	975	975
白鹤滩	800	810	825	825
溪洛渡	—	575	600	600
向家坝	—	375	380	380
三峡	—	165	165	175

12.2　三峡入库流量演进模型

金沙江下游至三峡梯级水库区间流域概化图如图 12.1 所示。从图中可以看出，乌东德至向家坝水库区间的流域面积较小，未有大支流汇入，且各水库之间的汇流时间小于 24h，低于蓄水调度模型 1d 的时间步长，可考虑采用水文比拟法处理其汇流问题。向家坝至三峡水库区间流域面积大，并有岷江、沱江、嘉陵江、乌江等主要支流汇入，有必要研究探讨水库区间流域的汇流计算。考虑到屏山、高场、富顺、北碚、武隆控制站的洪水至三峡的传播时间差别大，汇流关系复杂。若采用马斯京根法进行洪水演进，不仅计算困难，且精度较差，故采用多输入单输出（MISO）系统模型，模拟三峡入库流量的演进过程。

MISO 模型的输入为金沙江向家坝出库，支流高场站、富顺站、北碚站、武隆站流量，以及向家坝—寸滩、寸滩—万县、万县—三峡坝址子区间面净雨量，输出为三峡入库流量。MISO 模型属于系统模型的一种，其基本方程可表示为

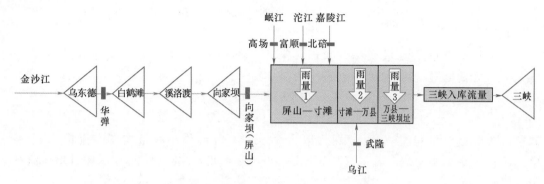

图 12.1　金沙江下游至三峡梯级水库区间流域概化图

$$y = \sum_{j=1}^{m} x_j h_j \tag{12.5}$$

式中：x_j 为第 j 个输入变量序列；y 为输出序列；h_j 为第 j 个输入的脉冲响应函数的纵坐标。如果 x 代表入流或者区间流域的净雨量，y 为流域出口断面的径流量，那么两者应该相等。但在实际的汇流过程中，不可避免地会出现水量的损失，即时间轴与脉冲响应函数所包围的面积常常不等于 1，这个数值被定义为增益因子 G，表示输入转化为输出总径流量的比例。式（12.5）可表示为

$$y_t = G \sum_{j=1}^{n} \sum_{k=1}^{m(j)} u_k^{(j)} x_{t-k+1}^{(j)} + e_t \tag{12.6}$$

式中：$u^{(j)}$ 和 $m(j)$ 分别第 j 个输入系列的标准脉冲响应函数的纵坐标值和记忆长度；e_t 为误差项；n 为输入的个数。模型的关键在于求解脉冲响应函数的纵坐标值 h 以及确定记忆长度 m 的大小。脉冲响应函数 H 可采用最小二乘法进行估计。

　　考虑到向家坝至三峡水库区间，流量的演进与三峡水库的水位有关，库水位为 145m 或 175m 时，汇流时间势必差异较大。故选用三峡水库 2008 年开始启动 175m 试验性蓄水后的 2008—2016 年 5 个控制站（屏山、高场、富顺、北碚、武隆站）和 3 个区间（向家坝—寸滩、寸滩—万县、万县—三峡坝址）降雨径流资料，建立两种 MISO 模型：其一为 MISO - 1，输入为 8 月、9 月两月的资料，体现三峡水库水位较低时的汇流特性；其二为 MISO - 2，输入为 10 月、11 月两月的资料，体现三峡水库水位较高时的汇流特性。模型的计算时段为 1d，率定期为 2008—2013 年，检验期为 2014—2016 年。各子区间面雨量数据采用前期雨量指数模型（API）进行产流计算，得到的区间净雨量再作为模型输入。采用纳什效率系数（NS）、相关系数（R）、水量相对误差（RE）对模型的模拟能力进行评价，结果见表 12.2。

表 12.2　　　　　　　　　　　　　MISO 模型模拟精度评估结果

模型	率定期（2003—2013 年）			检验期（2014—2016 年）		
	NS	R	RE	NS	R	RE
MISO - 1	94.11%	0.97	0.35%	92.69%	0.96	0.11%
MISO - 2	97.92%	0.99	0.22%	95.88%	0.98	−0.32%

三峡入库 MISO-1 模型率定期和检验期的纳什效率系数分别为 94.11％和 92.69％，相关系数分别为 0.97 和 0.96，水量相对误差分别为 0.35％和 0.11％；三峡入库 MISO-2 模型率定期和检验期的纳什效率系数分别为 97.92％和 95.88％，相关系数分别为 0.99 和 0.98，水量相对误差分别为 0.22％和 -0.32％。结果表明所建立的两种 MISO 模型模拟精度很高，可供水库群多目标蓄水调度模型使用。

12.3　水库群蓄水运行期对下游的影响

12.3.1　生态流量分析

金沙江下游为长江上游珍稀特有鱼类国家级自然保护区（简称保护区）的重要组成部分，保护区范围自向家坝坝轴线下游 1.8km 至重庆地维长江大桥江段，长度约为 360km。保护区以其得天独厚的水流流态、气候和自然生态环境，孕育了丰富多样的水生生物，其中鱼类资源尤其丰富，拥有圆口铜鱼、达氏鲟、胭脂鱼等 70 余种珍稀鱼类[5]。在进行金沙江下游水库群蓄水调度时，减小对下游生态环境的不利影响十分必要。

生态流量的定义为：为了维护河流生态系统各项功能的有序运转，河道中应当保留的流量[16]。国内学者已采用多种方法，计算分析了金沙江下游屏山站的生态流量[5,16-17]，结果见表 12.3。其中最小月平均流量指以最小月平均实测流量的多年平均值作为各月生态流量的基本要求；Tennant 法指以 Tennant 方法推荐的河流流量状况分级中"好"等级的基流标准，作为各月生态流量的下限；变化范围法指结合历史流量资料并考虑河流流量大小、频率和变化特征来综合判断河流适宜生态流量；历年逐日最小值指以长系列历史日径流数据为基础，多年 9 月 1—30 日的逐日径流系列，选择每日最小值组成 9 月蓄水期的最小生态流量过程；年内展布法是基于河流天然径流特性，选取多年年均径流量与最小年均径流量这两个水文特征变量，进行均值比的计算；改进流量历时曲线（Flow Duration Curve，FDC）法是将各月流量过程划分为丰、平、枯的来水，对各组包含的相应年份对应的日流量数据按照由大到小排序，并进行累积频率计算，选取流量历时曲线上 90％分位点对应的日流量作为各组的最小生态流量。

表 12.3　　　　　　　　金沙江下游屏山站生态流量研究成果　　　　　　　　单位：m³/s

计　算　方　法	8 月	9 月
最小月平均流量	4720	5855
Tennant 法	4830	4795
变化范围法	9264	8957
历年逐日最小值	—	4654
年内展布法	5439	5596
改进 FDC 法	6150	6730
平均值	6080	6098

考虑到《2019 年长江流域水工程联合调度运用计划》及三峡、溪洛渡、向家坝调度

规程中确定的三库最小下泄流量：三峡 9 月为 10000m³/s、10 月为 8000m³/s，溪洛渡、向家坝全年为 1200m³/s；以及乌东德调度规程确定的全年 900～1160m³/s 最小下泄流量范围。本书分别选取调度规程以及生态流量研究成果的平均值作为蓄水模型中的最小下泄流量约束（表 12.4）。其中因乌东德、白鹤滩的生态流量，没有直接的计算成果可供使用，故按表 12.3 中平均值与华弹、屏山站多年平均 8 月、9 月的来水比例计算。

表 12.4　　　　　　金沙江下游与三峡水库群蓄水期最小下泄流量　　　　　　单位：m³/s

类　　别	水库	8 月	9 月	10 月
调度规程约束	乌东德	1160	1160	1160
	白鹤滩	1160	1160	1160
	溪洛渡	1200	1200	1200
	向家坝	1200	1200	1200
	三峡	>10000	10000	8000
生态流量约束	乌东德	5571	5582	1160
	白鹤滩	5571	5582	1160
	溪洛渡	6080	6098	1200
	向家坝	6080	6098	1200
	三峡	>10000	10000	8000

12.3.2　洞庭湖出口水位模拟模型

城陵矶扼守洞庭湖出口，作为洞庭湖和长江干流交互作用之间的纽带，研究其水位的变化特征和原因具有非常重要的意义[18-19]。三峡水库及洞庭湖水系如图 12.2 所示。国内学者已开展了三峡水库蓄水期对城陵矶水位影响的研究，如黄群等[20]利用 BP 神经网络对洞庭湖出口城陵矶站的水位过程进行模拟，量化了三峡水库蓄水对水位的影响。王蒙蒙等[21]建立了基于支持向量机的回归模型，定量描述了三峡逐日出库流量与洞庭湖代表水文站之间的关系。桂梓玲等[22]利用简化运行策略分析了长江上游已建 21 座水库群蓄水对鹿角水位和城陵矶流量的影响。但上述研究均缺乏水库群在不同运行方案对洞庭湖出口水位的量化分析，难以指导制定乌东德、白鹤滩水库影响下的蓄水计划。

人工神经网络（Artificial Neural Network，ANN）被广泛运用于科学、工程等诸多领域，其具有并行性、非线性映射能力、鲁棒性和容错

图 12.2　三峡水库及洞庭湖水系示意图

性、自学习和自适应等特点。基于人工神经网络构建洞庭湖出口水位模拟预测模型，尝试量化不同蓄水方案对洞庭湖水位的影响。具体以三峡水库日出库流量、清江（控制站点：高坝洲）日流量、洞庭湖四水（控制站点：湘潭、桃江、桃源、石门）日合成流量为输入，模拟洞庭湖出口城陵矶（七里山）站日水位过程。相关研究[20]表明，由于河槽及湖泊调蓄作用，七里山站水位过程相对于上游流量过程较为平缓并存在一定的时滞；水位的变化不仅取决于当期流量，还受到前期多个时段流量的综合影响。根据研究所采用的数据特征及相关文献的研究结果[20-21]，选取时滞为 4d 并利用窗口为 5d 的滑动平均流量取代实测日均流量，并选用连续 5d 的滑动平均流量作为输入，即输入层共计 3 个节点，经试算后构建三层 BP 神经网络，隐含层 12 个节点，输出层 1 个节点，并利用动态自适应性学习率的梯度下降算法训练得到城陵矶（七里山）站水位模拟模型。公式如下：

$$H = f(Q_1, Q_2, Q_3) \tag{12.7}$$

其中：H 为待模拟的城陵矶（七里山）站水位；Q_1 为平滑后三峡出库流量；Q_2 为平滑后清江流量；Q_3 为平滑后四水合成流量；$f(\ )$ 代表 ANN 建立的输入输出变量关系。

收集三峡水库蓄水运行后的 2003—2016 年的数据资料系列，其中 2003—2013 年的实测数据用来率定模型，2014—2016 年数据进行模型检验，并采用纳什效率系数（NS）、相关系数（R）、最高水位时相对误差（ΔWL_p）对模型的模拟预测能力进行评价，结果见表 12.5。最终得到的城陵矶（七里山）站水位模拟模型的精度较高，率定期和检验期纳什效率系数均超过 0.90，相关系数超过 0.97，对峰值水位的模拟情况也较好，误差小于 3%。图 12.3 展示了七里山站水位实测值与模型模拟值的对比情况，二者具有相近的变化规律。该模型可较好地模拟实际水位过程，为分析水库群蓄水调度对洞庭湖出口水位的影响提供有效的工具。

表 12.5　　　　　　　　　　七里山站日水位过程模拟精度评估结果

率定期（2003—2013 年）			检验期（2014—2016 年）		
NS	R	ΔWL_p	NS	R	ΔWL_p
0.9596	0.9745	2.24%	0.9332	0.9648	0.31%

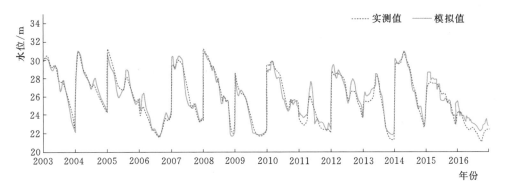

图 12.3　七里山站日水位过程模拟结果

12.3.3　水库群蓄水方案对下游的影响

结合第 11 章研究成果以及现有运用计划、调度规程中对水库群蓄水时间的安排。本章拟订了两种蓄水方案，分别为目前的调度实践中实际使用的蓄水方案（方案 A）以及前期研究推荐的提前蓄水方案（方案 B），两方案起止时间见表 12.6。

表 12.6　　　　　　　　　　　　梯级水库群蓄水方案的起止时间

水库	设计蓄水方案（方案 A）			提前蓄水方案（方案 B）		
	起蓄时间	预计蓄满时间	计算终止时间	起蓄时间	预计蓄满时间	计算终止时间
乌东德	8 月 10 日	9 月 10 日	11 月 30 日	8 月 1 日	8 月 31 日	11 月 30 日
白鹤滩	8 月 10 日	9 月 30 日	11 月 30 日	8 月 1 日	9 月 30 日	11 月 30 日
溪洛渡	9 月 10 日	9 月 30 日	11 月 30 日	9 月 1 日	9 月 30 日	11 月 30 日
向家坝	9 月 10 日	9 月 30 日	11 月 30 日	9 月 1 日	9 月 30 日	11 月 30 日
三峡	9 月 10 日	10 月 31 日	11 月 30 日	9 月 1 日	10 月 31 日	11 月 30 日

对于调度实践方案 B 的选取也具有一定的实际意义，针对长江上游，欧洲中期天气预报中心（ECMWF）结合最新一代的季节性气象预报系统 SEAS5，在 2018 年首次发布了全球尺度的中长期水文气象预报系统 GloFAS Seasonal，并提供公开可用的预报产品[23]。Chen 等[24]在论文第 4 章与前期研究中证明了产品的降水与径流预报在长江上游水库群的蓄水期，可提前一个月较好地判断枯水雨情，对于蓄水方案的编制有一定的参考价值。通过月初更新的预报产品对该月来水情况的预测，采用方案 B 提前水库群的起蓄时间，可延长蓄水期，以达到加大最小下泄流量，减小对下游影响的同时，提高水库群蓄满率的目的。

利用华弹、屏山等水文站 2003—2016 年（共 14 年）8 月 1 日至 11 月 30 日资料，采用 NSGA - Ⅱ算法对各水库的蓄水调度控制线进行优化计算，以得到防洪风险可控、发电量与蓄满率较优的可行方案。

12.3.3.1　设计蓄水方案

首先计算现有情景下溪洛渡-向家坝和三峡三座梯级水库蓄水对下游的影响（情景①），采用 NSGA - Ⅱ多目标优化算法结合蓄水模型，对三库的水库蓄水调度控制线进行了优化，蓄水方案 A 中起蓄与蓄满时间为现有运用计划、调度规程中规定值，采用最小下泄流量为调度规程约束。针对 2003—2016 年的来水情况，通过蓄水调度控制线的模拟优化后得到的效益与风险，与知道全过程来水的确定性优化的理想结果不同，可以体现研究的三库采用蓄水方案 A 与调度规程约束，在实践中可以达到的效益与风险指标更具有参考价值。

表 12.7 中列出了 2003—2016 年该情景下优化得到的帕累托前沿解发电、蓄满、风险等目标的平均值。可以看出目前三库蓄水的情况下，可以得到较高的蓄满率 95.97％。同时，表 12.8 中列出了向家坝与三峡水库两水库（直接影响保护区与洞庭湖）各前沿解在蓄水期 8—10 月的月均出库流量。从表中可以看出，除 2006 年金沙江下游与三峡下游发生较为严重枯水水情外，目前的三库蓄水对下游的影响有限，大都满足了水库调度规程的

要求。且 2003—2016 年向家坝水库的平均出库流量也超过了现有研究中 6080m³/s、6098m³/s 生态流量的推荐值。

表 12.7　　　梯级水库群不同蓄水方案下多目标帕累托前沿解的平均值

计　算　情　景				目　标　函　数			
编号	蓄水方案	水库数量	下泄约束	发电量/(亿 kW·h)	蓄满率/%	风险率/%	风险损失率/%
情景①	A	三库	调度规程	696.13	95.97	0	0
情景②	A	五库	调度规程	1119.33	95.90	0	0
情景③	B	五库	生态流量	1137.27	91.45	0	0
③对比②的增幅				1.60%	−4.64%	—	—

表 12.8　　　溪洛渡-向家坝-三峡水库采用设计蓄水方案的向家坝与三峡出库流量　　单位：m³/s

年份	向家坝出库流量			三峡出库流量		
	8 月	9 月	10 月	8 月	9 月	10 月
2003	8480	11563	6117	22194	25670	9881
2004	9252	9142	7030	19970	23220	10601
2005	13446	9743	6913	35283	18936	12193
2006	4331	2647	5229	9544	8872	7784
2007	8263	8372	5449	23798	19403	8000
2008	11565	8391	5602	27670	20742	8739
2009	13034	5141	5296	30322	12851	8000
2010	7623	7442	6337	23792	17767	8543
2011	6087	2603	3673	19261	14006	8000
2012	9433	7904	7176	22874	20532	11116
2013	6222	5035	4819	19009	13797	8000
2014	10290	8157	5609	26062	26768	10452
2015	8517	6196	5569	21634	18635	8740
2016	9514	8134	5942	24995	18488	9813
平均	9005	7177	5769	23315	18550	9276

然后计算乌东德-白鹤滩-溪洛渡-向家坝-三峡五座梯级水库蓄水对下游的影响（情景②），采用蓄水方案 A 与调度规程约束作为最小下泄流量。针对 2003—2016 年的来水情况，通过蓄水调度控制线的模拟优化，可体现五座水库在使用设计蓄水方案下对下游保护区及洞庭湖的影响。表 12.7 中同样列出了优化得到的帕累托前沿解中发电、蓄满、风险等目标的平均值。可以看出：五库蓄水可以得到较高的蓄满率 95.90%，但五座水库在蓄水期对下游的影响不可避免地增强了。

表 12.9 展示了 2003—2016 年，向家坝与三峡蓄水分别在情景①与情景②下的平均出库情况。受到上游新建乌东德与白鹤滩水库的影响，情景②向家坝的出库流量在 8 月与 9

月消减明显，8 月达到了 16.76%，在 9 月更是超过了 25%，且多年平均的 9 月下泄流量为 5380m³/s，达不到 6098m³/s 生态流量的需求。故现有的蓄水方案 A 与调度规程最小下泄约束的组合，在乌东德、白鹤滩水库运用后，会对下游造成较大的影响，存在进一步优化的空间。

表 12.9　　　　　　　不同计算情景下向家坝水库与三峡水库蓄水期出库流量　　　　　单位：m³/s

计算情景	向家坝出库流量			三峡出库流量		
	8 月	9 月	10 月	8 月	9 月	10 月
情景①	9005	7177	5769	23315	18550	9276
情景②	7496	5380	5471	21899	16936	9141
②对比①的增幅	−16.76%	−25.04%	−5.17%	−6.07%	−8.70%	−1.46%
情景③	7561	6583	5491	21971	16967	9651
③对比①的增幅	−16.04%	−8.28%	−4.82%	−5.76%	−8.53%	4.04%
③对比②的增幅	0.87%	22.36%	0.37%	0.33%	0.18%	5.58%

12.3.3.2　提前蓄水方案

为解决乌东德、白鹤滩水库运用后，会对下游造成较大影响的问题，通过蓄水方案 B 提前起蓄时间，同时采用生态流量作为最小下泄流量的约束（情景③），可达到延长蓄水期、加大最小下泄流量、减小对下游影响的目的。表 12.7 中同样列出了该组合下，2003—2016 年五座水库的发电、蓄满、风险等目标的平均值。

可以发现该方案由于在蓄水期增大了下泄流量，从而获得了更多的发电量，蓄满率受到了一定的影响，与情景②相比，发电量增加 1.60%，蓄满率减小 4.64%。同时见表12.9，可以发现情景③比情景②明显能提高下泄流量，尤其针对向家坝的 9 月出库流量与三峡 10 月出库流量，分别提升了 16.67% 与 5.48%，效果显著。对比情景①时的下泄流量，三峡 10 月的出库流量也提高了 4.04%。据此，为减轻新建乌东德、白鹤滩水库蓄水后对下游所造成的额外影响，推荐蓄水方案 B 并结合生态流量作为约束（情景③）应用于五座水库的蓄水调度中。

为进一步对比情景②与情景③对下游影响的差异，以两情景蓄满率最大的帕累托前沿解，水库群最下游的三峡水库为例，考虑来水较枯的 2010 年与 2012 年为典型年，具体分析该水库的调度过程以及对洞庭湖出口水位的影响。两个典型年的三峡水库蓄水过程详见图 12.4，采用两种蓄水方案在 2010 年与 2012 年均能在 10 月底蓄至 175m，并控制蓄水水位 9 月底不超过 165m，确保了汛末实测大洪水下的防洪安全。

但两种方案的差异对水库的蓄水过程产生了一定的影响，如 9 月至 10 月上旬，情景③下的水库水位要明显高过情景②。8 月及 10 月，情景③下的三峡出库流量要高于情景②，与表 12.9 中的计算结果一致，对于三峡水库出库流量，平均而言，情景③将在 8 月、10 月增大下泄 0.31%、5.48%，要高于 9 月的 0.17%。分析产生该结果的原因，对于情景③的金沙江下游四库而言，在 8 月拥有更长的蓄水期，增大了蓄水过程中的下泄流量（见表 12.9 中的向家坝下泄流量），而此时三峡水库并未开始蓄水，即相当于间接增加了三峡水库的下泄流量。10 月，由于拥有更长的蓄水期，情景③下的金沙江四库蓄水情

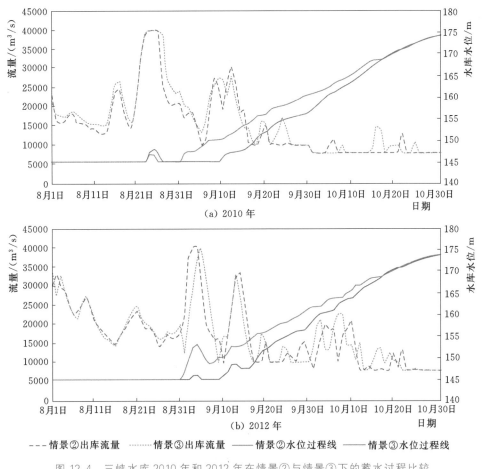

图 12.4 三峡水库 2010 年和 2012 年在情景②与情景③下的蓄水过程比较

况将好于情景②，且此时情景③下的三峡水库水位也更高，对于水库群而言，10 月的蓄水压力较小，故可更多下泄以增加发电量。

此外，利用前述建立的洞庭湖出口水位模拟模型，定量地计算了 2010 年与 2012 年两典型年，情景②和情景③下洞庭湖出口水位的变化情况，见图 12.5。可以发现，9 月初两情景下的水位互有高低，但在特定日期后，采用情景③下的城陵矶水位将持续高于情景②。对于 2010 年，特定日期是 9 月 22 日及 9 月 22 至 10 月 31 日，情景③平均可以提高城陵矶水位 0.31m；对于 2012 年，从 9 月 20 日至 10 月 31 日，情景③平均可以提高水位 0.26m。

通过上述研究可以看出，使用较早起蓄的方案 B 与生态流量约束的组合（情景③）将明显抬高城陵矶 10 月的水位，且在 9 月能显著提高向家坝水库的下泄流量，幅度达 16.67%。从金沙江下游保护区及城陵矶水位的角度出发，为避免来水较少的年份，水库群蓄水所产生的不利影响，推荐结合中长期水文气象预报，提前水库群的起蓄时间，延长蓄水期，增大最小下泄流量，在确保防洪安全的情况下，提高水库群的综合效益。

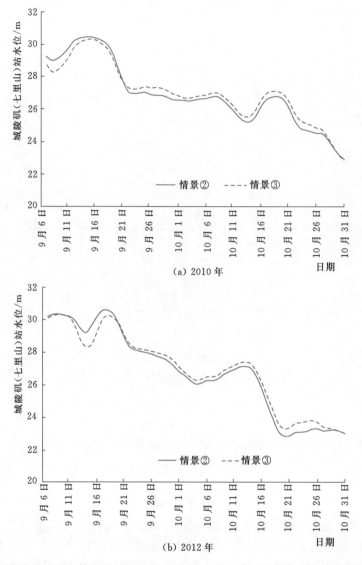

图 12.5　城陵矶出口控制断面 2010 年、2012 年情景②和情景③水位过程对比分析

12.4　本章小结

　　本章建立了金沙江下游和三峡梯级水库群防洪、发电、蓄水的多目标调度模型，得到不同起蓄时间下梯级水库群蓄水效益均衡的优化调度方案。并建立以三峡水库日出库流量、清江流量、洞庭湖四水日合成流量为输入的洞庭湖出口水位模拟模型，以考虑水库群采用不同的最小生态流量约束对洞庭湖出口水位的影响。主要结论如下：

　　（1）以 2003—2016 年来水情况下，现有溪洛渡、向家坝、三峡水库蓄水对下游的影响为基础，新建的乌东德水库、白鹤滩水库若采用目前规划的起蓄时间与下泄约束，会对下游造成较大的影响。

（2）若提前乌东德、白鹤滩、溪洛渡、向家坝、三峡等水库群的起蓄时间，并采用生态流量作为水库下泄的约束。在略微降低水库群蓄满率4.64%的情况下，可以提高向家坝水库9月出库流量16.67%，提高三峡水库10月出库流量5.48%，并提高水库群的发电量1.60%，9月底至10月末城陵矶水位提高约0.3m。

参 考 文 献

[1] 陈进. 长江流域大型水库群统一蓄水问题探讨 [J]. 中国水利，2010，50 (8)：10 - 13.

[2] 丁毅，傅巧萍. 长江上游梯级水库群蓄水方式初步研究 [J]. 人民长江，2013，44 (10)：72 - 75.

[3] 陈炯宏，陈桂亚，宁磊，等. 长江上游水库群联合蓄水调度初步研究与思考 [J]. 人民长江，2018，49 (15)：1 - 6.

[4] 王炎，李英海，权全，等. 考虑生态流量约束的三峡水库汛末提前蓄水方式研究 [J]. 水资源与水工程学报，2016，27 (3)：160 - 165.

[5] 蔡卓森，戴凌全，刘海波，等. 兼顾下游生态流量的溪洛渡-向家坝梯级水库蓄水期联合优化调度研究 [J]. 长江科学院院报，2020，51 (4)：1 - 9.

[6] 李英海，夏青青，张琪，等. 考虑生态流量需求的梯级水库汛末蓄水调度研究——以溪洛渡-向家坝水库为例 [J]. 人民长江，2019，50 (8)：217 - 223.

[7] 张冬冬，戴明龙，徐高洪，等. 三峡水库蓄水期洞庭湖出湖水量变化 [J]. 水科学进展，2019，30 (5)：613 - 622.

[8] 戴凌全，毛劲乔，戴会超，等. 面向洞庭湖生态需水的三峡水库蓄水期优化调度研究 [J]. 水力发电学报，2016，35 (9)：18 - 27.

[9] DAI L，MAO J，WANG Y，et al. Optimal operation of the Three Gorges Reservoir subject to the ecological water level of Dongting Lake [J]. Environmental Earth Sciences，2016，75 (111114).

[10] MAO J，ZHANG P，DAI L，et al. Optimal operation of a multi-reservoir system for environmental water demand of a river-connected lake [J]. Hydrology Research，2016，471：206 - 224.

[11] 陈柯兵，郭生练，何绍坤，等. 基于月径流预报的三峡水库优化蓄水方案 [J]. 武汉大学学报（工学版），2018，51 (2)：112 - 117.

[12] 刘强，钟平安，徐斌，等. 三峡及金沙江下游梯级水库群蓄水期联合调度策略 [J]. 南水北调与水利科技，2016，14 (5)：62 - 70.

[13] 何绍坤，郭生练，刘攀，等. 金沙江梯级与三峡水库群联合蓄水优化调度 [J]. 水力发电学报，2019，38 (8)：27 - 36.

[14] 周研来，郭生练，陈进. 溪洛渡-向家坝-三峡梯级水库联合蓄水方案与多目标决策研究 [J]. 水利学报，2015，46 (10)：1135 - 1144.

[15] 熊丰，郭生练，陈柯兵，等. 金沙江下游梯级水库运行期设计洪水及汛控水位 [J]. 水科学进展，2019，30 (3)：401 - 410.

[16] 龙凡，梅亚东. 金沙江下游溪洛渡-向家坝梯级生态调度研究 [J]. 中国农村水利水电，2017，(3)：81 - 84.

[17] 尹正杰，杨春花，许继军. 考虑不同生态流量约束的梯级水库生态调度初步研究 [J]. 水力发电学报，2013，32 (3)：66 - 70.

[18] 柴元方，李义天，吕宜卫，等. 各时段城陵矶水位变化特征及其成因分析 [J]. 水电能源科学，2017，35 (5)：25 - 28.

[19] 柴元方，李义天，李思璇，等. 不同因素对城陵矶水位变化贡献率的分析 [J]. 水电能源科学，2017，35 (8)：60 - 64.

[20] 黄群，孙占东，姜加虎. 三峡水库运行对洞庭湖水位影响分析 [J]. 湖泊科学，2011，23 (3)：

424 - 428.

[21] 王蒙蒙，戴凌全，戴会超，等. 基于支持向量回归的洞庭湖水位快速预测 [J]. 排灌机械工程学报，2017，35 (11)：954 - 961.

[22] 桂梓玲，李军，刘攀，等. 长江上游梯级水库群对洞庭湖水资源影响研究 [J]. 水资源研究，2018，7 (05)：445 - 455.

[23] EMERTON R，ZSOTER E，ARNAL L，et al. Developing a global operational seasonal hydro-meteorological forecasting system：GloFAS-Seasonal-V1.0 [J]. Geoscientific Model Development，2018，11 (8)：3327 - 3346.

[24] CHEN KB，GUO SL，WANG J，et al. Evaluation of GloFAS - Seasonal forecasts for cascade reservoir impoundment operation in the upper Yangtze River [J]. Water，2019，11 (12)：2539.